LEÇONS

DE

CINÉMATIQUE

PAR

Raoul BRICARD

Ingénieur des Manufactures de l'État
Professeur au Conservatoire National des Arts et Métiers
et à l'École Centrale des Arts et Manufactures

TOME I

CINÉMATIQUE THÉORIQUE

PARIS,

GAUTHIER-VILLARS ET Cⁱᵉ, ÉDITEURS

LIBRAIRES DU BUREAU DES LONGITUDES ET DE L'ÉCOLE POLYTECHNIQUE

Quai des Grands-Augustins, 55.

1926

LEÇONS

DE

CINÉMATIQUE

PARIS. — IMPRIMERIE GAUTHIER-VILLARS ET Cⁱᵉ

75431-25   Quai des Grands-Augustins, 55.

LEÇONS

DE

CINÉMATIQUE

PAR

Raoul BRICARD

Ingénieur des Manufactures de l'État
Professeur au Conservatoire National des Arts et Métiers
et à l'École Centrale des Arts et Manufactures

TOME 1

CINÉMATIQUE THÉORIQUE

PARIS,

GAUTHIER-VILLARS ET Cⁱᵉ, ÉDITEURS

LIBRAIRES DU BUREAU DES LONGITUDES ET DE L'ÉCOLE POLYTECHNIQUE

Quai des Grands-Augustins, 55.

1926

PRÉFACE.

Ce Livre est le développement d'un cours que je professe depuis 1922 à l'École Centrale des Arts et Manufactures.

Je suppose que le lecteur possède en Géométrie pure, en Géométrie analytique et en Analyse les connaissances exigées par le programme d'admission à cette École et données dans les classes de Mathématiques spéciales des Lycées. Elles ne suffisent pas tout à fait pour aborder la Cinématique, et les compléments nécessaires font l'objet du Livre I. Celui-ci débute même par un chapitre sur la théorie des vecteurs, chapitre dont j'aurais pu me dispenser à la rigueur, car cette théorie rentre dans le programme de Mathématiques spéciales. Mais j'ai cru intéressant de la reprendre par le calcul vectoriel, dont j'use ensuite assez largement et dont j'expose les principes. Longtemps négligé en France, ce calcul tend à prendre dans notre enseignement la place qui lui est due, comme en témoignent de remarquables ouvrages récents, par exemple les *Leçons de Géométrie vectorielle* de M. Georges Bouligand ([1]) et le *Calcul vectoriel* de MM. A. Chatelet et J. Kampé de Fériet ([1]). J'ai tenu à contribuer modestement à une œuvre utile.

J'emploie, je le répète, le calcul vectoriel dans les cas où ses avantages me paraissent certains. Il est des fanatiques qui ne connaissent pas d'autres cas. Je ne partage pas leur sentiment, et j'estime qu'en

---

([1]) Paris, 1924.

mainte occasion la Géométrie analytique classique conserve toute sa valeur, pour la recherche comme pour l'exposition. Je crois aussi que méthodes vectorielle et cartésienne doivent céder le pas à la Géométrie pure (dite, je ne sais pourquoi, *synthétique*), chaque fois que la rigueur n'a pas à en souffrir ([1]).

Sans doute, l'uniformité de méthode a sa valeur. Elle donne aux ouvrages une sorte de dignité. Mais, en Mathématiques (surtout dans une partie de la science aussi voisine de l'application que l'est la Cinématique), il importe moins de prendre une attitude que de résoudre des problèmes. Pour cela, tous les moyens sont bons, à la condition qu'on respecte la règle du jeu, qui est de raisonner juste. Et ce ne sont pas toujours les mêmes moyens qui sont les meilleurs. L'artisan qui s'obstinerait à n'employer qu'un seul outil, ou bien laisserait de côté certains travaux, ou bien les accomplirait maladroitement. La science exposée en vue d'illustrer une méthode est une science de professeur et non de chercheur. Il s'agissait ici d'aborder les questions fort variées de la Cinématique. Pour chacune d'elles, j'ai choisi le procédé qui m'a paru le plus direct, sans me soucier que quelques lignes de calcul vectoriel fussent intercalées dans un raisonnement de Géométrie pure, ou qu'il s'y mêlât des formules cartésiennes.

Quant à l'ordonnance de l'Ouvrage, aux idées fondamentales que je me suis efforcé de mettre en lumière, aux questions que j'ai cru devoir approfondir, à celles que j'ai laissées de côté, j'estime superflu d'en parler ici. Il est toujours imprudent de dire ce qu'on a tenté de faire. Le lecteur voit bien, et parfois trop bien, ce qu'on a fait. J'indique seulement que j'ai voulu étudier la Cinématique *en soi*, et non pas comme introduction à la Dynamique, ainsi qu'elle

---

([1]) Dans mon cours oral, qui n'est pas consacré seulement à l'enseignement de la Cinématique, je n'ai pas le temps d'exposer la méthode vectorielle, et je traite toutes les questions par la Géométrie pure ou par la Géométrie analytique ordinaire.

est généralement exposée dans les traités de Mécanique rationnelle
(à juste titre, étant donné leur objet).

Ce premier volume est théorique. Un second, plus rapproché de
la pratique et de l'industrie, sera consacré aux Mécanismes.

En terminant, je remercie la Maison Gauthier-Villars et Cie
d'avoir accepté d'éditer ce Livre, à l'impression duquel elle a
apporté son soin ordinaire, et mon ami M. Léon Pomey, ingénieur
des Manufactures de l'État, docteur ès sciences, qui m'a apporté
une aide précieuse dans la correction des épreuves.

Paris, le 20 octobre 1925.

RAOUL BRICARD.

LEÇONS DE CINÉMATIQUE

LIVRE I.

PRÉLIMINAIRES GÉOMÉTRIQUES.

CHAPITRE I.

THÉORIE DES VECTEURS.

A. — GÉNÉRALITÉS.

1. **Axe.** — Une droite donnée $X'X$ peut être décrite par un point dans deux sens opposés, le sens $X'X$ et le sens XX'. On appellera l'un de ces sens, le premier par exemple, *sens positif*, et l'autre *sens négatif*. Une droite supposée parcourue dans un certain sens est dite *droite orientée* ou *axe*. Sur une figure, on peut distinguer un axe d'une droite non orientée au moyen d'une flèche tracée suivant cet axe, ou parallèlement (*fig.* 1).

Fig. 1.

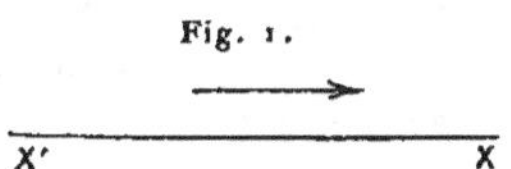

Si, dans une figure, on considère simultanément plusieurs droites parallèles, la convention par laquelle on oriente l'une de ces droites peut servir à orienter toutes les autres. Mais, étant données des droites non parallèles, chacune d'elles doit être orientée par une convention spéciale.

2. **Sens positif et sens négatif de rotation.** — Soit $X'X$ un axe, orienté comme l'indique la flèche de la figure 1. Supposons qu'un corps solide A tourne autour de $X'X$. On peut imaginer un observateur couché le long de $X'X$, ayant les pieds du côté de X' et la tête du côté de X. Pour cet observateur, les points de A que la rotation supposée fait passer devant lui paraissent se diriger soit de sa droite vers sa gauche, soit de sa gauche vers sa droite. On dira, dans un cas, que le sens de la rotation est *positif*, dans l'autre, qu'il est *négatif*. On peut encore employer les expressions de *sens direct* et de *sens indirect* ou *rétrograde*.

Le choix du sens considéré comme positif dépend d'une convention arbitraire, et, dans le fait, l'accord sur ce choix n'est pas encore définitif. La tendance la plus marquée de nos jours paraît être d'appeler *positif* le sens de rotation de *droite à gauche*, et je m'y conformerai dans cet Ouvrage.

Il y a plusieurs avantages à cela. D'abord, la convention dont il s'agit est d'accord avec celle de la trigonométrie, universellement admise, d'après laquelle le sens positif de rotation, dans le plan, est le sens contraire à celui des aiguilles d'une montre. En second lieu, cette convention conduit à considérer comme positif le sens de rotation de la Terre (et de la plupart des planètes) pour un observateur debout, placé au pôle nord ([1]). Enfin, elle s'harmonise avec celles de l'électrodynamique sur le sens du courant électrique et sur le magnétisme positif : d'après la règle d'Ampère, le champ créé par un courant exerce sur un pôle magnétique positif une force qui pousse celui-ci vers la *gauche* du courant.

3. **Disposition d'un trièdre.** — Un trièdre trirectangle ou non, $Oxyz$, dont les arêtes sont considérées dans l'ordre Ox, Oy, Oz, peut affecter deux *dispositions* (*fig.* 2, I et II), suivant que, pour un observateur traversé des pieds à la tête par Oz, le sens de la rotation

---

([1]) Le pôle nord nous paraît être la place normale d'un personnage observant les phénomènes astronomiques, non pas sans doute pour des raisons absolues, mais pour des motifs historiques : la civilisation ayant été plus précoce dans l'hémisphère nord que dans l'hémisphère sud, c'est le pôle nord qui est pour nous « le pôle par excellence ». Ce serait le contraire si la civilisation avait débuté en Patagonie.

d'un angle inférieur à 180° qui amène le demi-plan ayant comme
frontière Oz et contenant Ox sur le demi-plan ayant comme frontière Oz et contenant Oy est positif ou négatif. Dans le premier
cas, je dirai que la disposition du trièdre est *positive*; dans le second,
qu'elle est *négative*.

Les trièdres de coordonnées dont je ferai usage, pour les démonstrations analytiques, seront toujours de disposition positive.

Fig. 2.

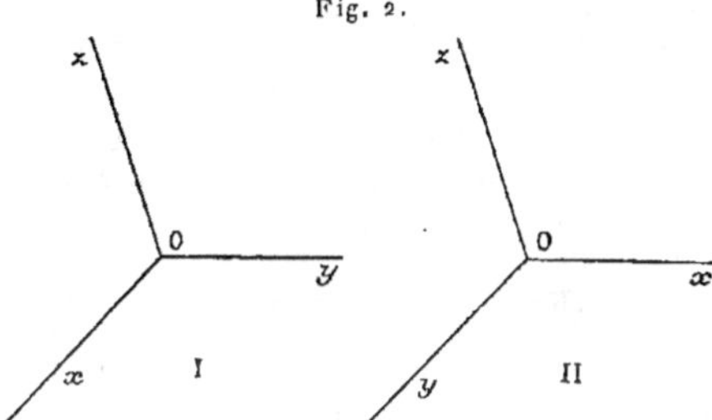

On observera que les trièdres $Oxyz$, $Oyzx$, $Ozxy$ sont toujours
de même disposition. Les trièdres $Ozzy$, $Oyxz$, $Ozyx$ ont aussi une
même disposition, opposée à la précédente.

B. — VECTEURS LIBRES.

4. Segments et segments orientés. — Un *segment* AB est une
portion de droite limitée à deux points A et B. La droite AB, indéfiniment prolongée dans les deux sens, est dite *support* du segment.

Quand une figure contient plusieurs segments, on peut donner
à l'un d'eux, $A_0 B_0$, le nom de *segment unitaire*. On appellera alors
module d'un autre segment AB le rapport de la longueur AB à la
longueur $A_0 B_0$. Le module d'un segment est un nombre essentiellement positif.

Un segment donné AB peut être considéré comme parcouru par
un point qui se déplace, soit de A vers B, soit de B vers A. En adjoi-
gnant au segment cette notion de sens de parcours, on donne naissance à un nouvel être géométrique, qu'on appelle *segment orienté*.

On attache ainsi au segment AB deux segments orientés, correspondant aux deux sens de parcours indiqués ci-dessus. On peut continuer à désigner le premier de ces segments orientés par AB, le second étant désigné par BA. Quand on veut écarter toute confusion entre le segment non orienté et le segment orienté, on emploie la notation $\overrightarrow{AB}$ pour ce dernier. On peut souvent se dispenser sans inconvénient de cette complication.

Le point A est dit *origine* et le point B *extrémité* du segment orienté AB.

Quand un segment orienté AB a pour support un axe, on peut considérer sa *longueur algébrique*; c'est son module, précédé du signe $+$ ou du signe $-$, selon que le segment et l'axe ont même orientation ou non. Cette longueur algébrique peut être notée par AB même, le module étant désigné par mod AB.

On a

$$AB = -BA = \pm \operatorname{mod} AB.$$

Plus généralement, quand divers segments ont pour supports des droites parallèles, il suffit d'orienter l'une d'elles pour orienter toutes les autres, et l'on peut, dès lors, considérer les longueurs algébriques de tous ces segments.

Mais si les supports ne sont pas tous parallèles, il faut une convention spéciale pour chacun d'eux (n° 1).

5. **Équipollence.** — Soient $\overrightarrow{AB}$, $\overrightarrow{A'B'}$ deux segments orientés.

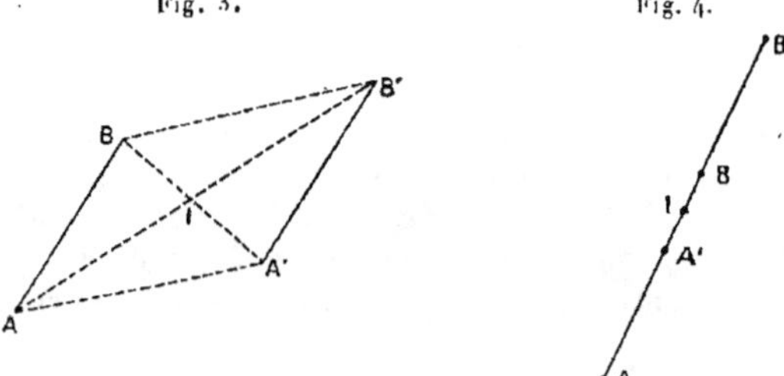

On dit qu'ils sont *équipollents* quand les segments AB' et A'B ont même point milieu I, autrement dit quand la figure ABB'A' est un parallélogramme (*fig.* 3) ou un « parallélogramme aplati » (*fig.* 4). L'équipollence de deux segments orientés est une propriété réciproque, et deux segments orientés équipollents à un troisième sont équipollents entre eux.

6. **Vecteurs libres.** — Soient $\overrightarrow{AB}$, $\overrightarrow{A'B'}$ deux segments orientés équipollents. On peut convenir d'écrire de la manière suivante cette relation entre les deux segments orientés :

$$\text{vecteur libre de } \overrightarrow{AB} = \text{vecteur libre de } \overrightarrow{A'B'},$$

ou, d'une manière plus concise,

$$\text{vect } \overrightarrow{AB} = \text{vect } \overrightarrow{A'B'}.$$

Tout se passe donc, dans le langage et dans l'écriture, comme si nous introduisions une certaine fonction d'un segment orienté, fonction prenant une même valeur pour tous les segments orientés équipollents à un même segment orienté, et pour ceux-là seulement. Cette fonction est le *vecteur libre* du segment orienté.

Un vecteur libre, étant une abstraction, ne peut être figuré *en soi*. Tout ce que l'on peut faire, c'est de figurer un segment orienté ayant ce vecteur libre, le segment orienté pouvant être d'ailleurs remplacé par tout autre segment orienté équipollent.

Pour noter un vecteur libre, on peut écrire vect $\overrightarrow{AB}$, comme plus haut. Une notation très avantageuse est celle de *Grassmann*. On écrit

$$\text{vect} \overrightarrow{AB} = B - A;$$

un vecteur libre est donc considéré comme *la différence symbolique de deux points*. L'équipollence de deux segments orientés AB, A'B' s'écrira donc

$$(1) \qquad B - A = B' - A'.$$

Ce qui légitime cette écriture, c'est que, si l'on traite l'égalité (1) comme une égalité algébrique, on en tire les conséquences suivantes :

$$A - B = A' - B', \qquad A - A' = B - B', \qquad A' - A = B' - B,$$

qui sont exactes, ainsi qu'on le reconnaît immédiatement sur les figures 3 et 4.

Nous représenterons enfin souvent un vecteur libre par une lettre unique, telle que u, v, w, ..., d'un caractère spécial (**égyptienne**), pour éviter la confusion avec les lettres qui désignent des quantités algébriques. On écrira, par exemple,

$$B - A = u.$$

Si l'on traite cette égalité comme une égalité algébrique, on en tire

$$B = A + u.$$

L'extrémité d'un segment orienté est donc considérée comme étant la somme de son origine et de son vecteur libre. Cette convention abrège le langage. Au lieu de dire (et l'on a souvent à le faire) : *A étant un point donné, construisons le point B tel que le segment orienté AB soit équipollent à un segment donné de vecteur libre* u, on dit simplement : *construisons le point* B = A + u.

J'ajoute enfin qu'il m'arrivera parfois de supprimer l'épithète *libre* et de dire simplement *vecteur*, quand il n'y aura pas de confusion à redouter avec les *vecteurs glissants*, dont il sera question plus loin.

7. Définitions et propriétés diverses. — Les expressions suivantes se comprennent d'elles-mêmes :

Vecteurs libres parallèles; vecteurs parallèles et de même sens; vecteurs perpendiculaires; vecteur parallèle ou perpendiculaire à une droite ou à un plan.

Des segments de même vecteur, c'est-à-dire équipollents entre eux, se projettent évidemment sur un plan ou sur une droite, suivant des segments équipollents entre eux, c'est-à-dire de même vecteur. On peut donc parler du vecteur *projection* d'un vecteur donné sur une droite ou sur un plan, et même sur un vecteur.

L'*angle de deux vecteurs* est celui de deux segments orientés, de même origine, représentatifs des deux vecteurs donnés. Cet angle est toujours ≥ 0 et $\leq \pi$.

Le *module* d'un vecteur est celui d'un segment orienté représentatif. On désignera par mod u le module du vecteur u. Un vecteur de module nul est dit *vecteur nul*. D'après la définition de l'égalité des vecteurs, tous les vecteurs nuls sont égaux, c'est-à-dire qu'il n'existe qu'un vecteur nul. Il peut être considéré comme parallèle à tous les vecteurs. Si u est nul, on écrit $u = 0$.

Un vecteur de module égal à l'unité est dit *vecteur unitaire*.

Etant donnés deux vecteurs parallèles **u** et **v**, dont le premier n'est pas nul, on appelle *rapport du second au premier de ces vecteurs* le nombre relatif k, tel que

$$|k| = \frac{\operatorname{mod} \mathbf{v}}{\operatorname{mod} \mathbf{u}},$$

ce nombre étant positif ou négatif, selon que **u** et **v** sont de même sens ou de sens contraires. On peut écrire

$$\mathbf{v} = k\mathbf{u}.$$

Ce rapport n'a pas de signification si **u** et **v** ne sont pas parallèles. Si $k = -1$, on dit que les deux vecteurs sont *opposés*. On écrit, comme en algèbre,

$$(-1)\mathbf{u} = -\mathbf{u}.$$

Si l'on note un vecteur comme différence de points, on voit qu'on peut écrire, comme en algèbre,

$$-(B - A) = A - B.$$

8. Addition des vecteurs libres. — Soient d'abord **u** et **v** deux

Fig. 5.

vecteurs libres. O étant un point quelconque (*fig. 5*), construisons les points

$$A = O + \mathbf{u}, \qquad B = A + \mathbf{v}.$$

Le vecteur $\mathbf{w} = B - O$ est évidemment indépendant de l'origine de la construction.

On l'appelle *somme géométrique*, ou plus brièvement *somme* des vecteurs $\mathbf{u}$ et $\mathbf{v}$.

Par des considérations de géométrie élémentaire, on justifie immédiatement les égalités suivantes :

$$\mathbf{u} + \mathbf{v} = \mathbf{v} + \mathbf{u}, \quad \text{(propriété } commutative\text{)},$$
$$\mathbf{u} + (-\mathbf{u}) = 0,$$
$$k\mathbf{u} + k\mathbf{v} = k(\mathbf{u} + \mathbf{v}),$$

k étant un nombre relatif quelconque, dans la troisième égalité. On écrit, comme en algèbre,

$$\mathbf{u} + (-\mathbf{v}) = \mathbf{u} - \mathbf{v}.$$

De même encore qu'en algèbre, $\mathbf{u} - \mathbf{v} = \mathbf{w}$ entraîne $\mathbf{u} = \mathbf{v} + \mathbf{w}$. La somme de trois vecteurs $\mathbf{u}$, $\mathbf{v}$, $\mathbf{w}$ se définit par l'égalité

$$\mathbf{u} + \mathbf{v} + \mathbf{w} = (\mathbf{u} + \mathbf{v}) + \mathbf{w}.$$

On reconnaît que l'on a

$$\mathbf{u} + \mathbf{v} + \mathbf{w} = \mathbf{u} + (\mathbf{v} + \mathbf{w}) \quad \text{(propriété } associative\text{)}.$$

Tout cela s'étend à la somme d'un nombre quelconque de vecteurs. En raisonnant comme en arithmétique et en algèbre élémentaire, on reconnaît que l'on peut opérer sur les égalités entre sommes de vecteurs exactement comme sur les sommes de quantités algébriques. Par exemple de

$$\mathbf{u}_1 + \mathbf{u}_2 = \mathbf{u}_3 - \mathbf{u}_4 + \mathbf{u}_5,$$

on tirera

$$\mathbf{u}_1 + \mathbf{u}_4 = -\mathbf{u}_2 + \mathbf{u}_3 + \mathbf{u}_5.$$

9. Vecteurs complanaires. Composantes d'un vecteur. — On dit que des vecteurs libres sont *complanaires* quand ils sont parallèles à un même plan.

Étant donnés deux vecteurs non parallèles $\mathbf{a}$ *et* $\mathbf{b}$, *et un vecteur quelconque* $\mathbf{u}$ *complanaire à ceux-ci, il existe un couple unique de nombres relatifs* x *et* y *tels que l'on ait*

$$(1) \qquad \mathbf{u} = x\mathbf{a} + y\mathbf{b}.$$

En effet, O étant un point quelconque, construisons (*fig.* 6) les

points
$$A = O + a, \qquad B = O + b, \qquad N = O + u.$$

Les vecteurs **a** et **b** n'étant pas parallèles, OA et OB déterminent un plan. Le vecteur **u** étant complanaire à **a** et **b**, N est dans ce plan. Menons par le point N une parallèle à OB. Elle rencontre OA

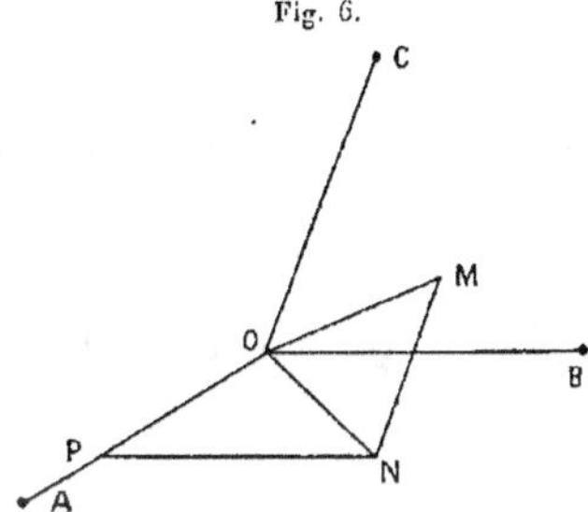

Fig. 6.

en un point P (qui peut être confondu avec le point N ou avec le point O). On a
$$u = N - O = (P - O) + (N - P).$$

Or, les vecteurs $P - O$, $N - P$ étant respectivement parallèles à **a** et **b**, il existe deux nombres relatifs x et y, tels que l'on ait
$$P - O = x\,a, \qquad N - P = y\,b,$$

d'où l'égalité (1).

Le couple (x, y) est bien unique. Supposons, en effet, que l'on ait
$$x\,a + y\,b = x'\,a + y'\,b,$$

avec $x \neq x'$, par exemple. On tirerait de là
$$a = \frac{y' - y}{x - x'}\,b,$$

et, par conséquent, **a** serait parallèle à **b**, contrairement à l'hypothèse.

Réciproquement, tout vecteur de la forme $x\,a + y\,b$ est complanaire à **a** et **b**.

Soient maintenant **a**, **b**, **c**, trois vecteurs non complanaires, **v** un vecteur quelconque. *Il existe un système unique de nombres relatifs x, y, z, tels que l'on ait*

$$(2) \qquad\qquad \mathbf{v} = x\mathbf{a} + y\mathbf{b} + z\mathbf{c}.$$

En effet, O étant un point quelconque (*fig.* 6), construisons les points

$$A = O + \mathbf{a}, \quad B = O + \mathbf{b}, \quad C = O + \mathbf{c}, \quad M = O + \mathbf{v}.$$

Les vecteurs **a**, **b**, **c** n'étant pas complanaires, OA, OB et OC forment un trièdre. Menons par le point M une parallèle à OC. Elle rencontre le plan AOB en un point N (qui peut être confondu avec M). On a

$$\mathbf{v} = M - O = (N - O) + (M - N).$$

Le vecteur N — O étant complanaire à **a** et **b**, on peut poser, comme on vient de le voir,

$$N - O = x\mathbf{a} + y\mathbf{b}.$$

Le vecteur M — N étant parallèle à **c**, on peut poser

$$M - N = z\mathbf{c}.$$

D'où l'égalité (2).

Pour reconnaître que le système de nombres relatifs (x, y, z) est unique, supposons que l'on ait

$$x\mathbf{a} + y\mathbf{b} + z\mathbf{c} = x'\mathbf{a} + y'\mathbf{b} + z'\mathbf{c},$$

avec $x \neq x'$, par exemple. On tirerait de là

$$\mathbf{a} = \frac{y' - y}{x - x'}\,\mathbf{b} + \frac{z' - z}{x - x'}\,\mathbf{c},$$

et **a** serait complanaire à **b** et **c**, contrairement à l'hypothèse.

Les vecteurs $x\,\mathbf{a}$, $y\,\mathbf{b}$, $z\,\mathbf{c}$, sont appelés les *composantes* du vecteur **v** suivant les vecteurs **a**, **b**, **c**. Tout vecteur, dont la composante suivant l'un de ces vecteurs est nulle, est complanaire aux deux autres. Tout vecteur, dont les composantes suivant deux des mêmes vecteurs sont nulles, est parallèle au troisième.

10. Système de points massifs. Barycentre. — J'appelle *point massif*

un point M_i auquel on attache un nombre relatif ou *masse* m_i
On peut désigner ce point massif par la notation (M_i, m_i).

(M_1, m_1), (M_2, m_2), ..., (M_k, m_k) étant un système de k points massifs
on appellera *masse totale* du système le nombre $m = m_1 + \ldots + m_k$.

Un tel système étant donné, soit O un point quelconque. Considérons le vecteur

$$(1) \qquad u = m_1(M_1 - O) + m_2(M_2 - O) + \ldots + m_k(M_k - O).$$

Deux cas sont à distinguer.

1° *La masse totale m est nulle.* — Alors, *le vecteur* u *défini par* (1) *est indépendant du point* O.

En effet, O' étant un point différent du point O, posons

$$(2) \qquad u' = m_1(M_1 - O') + m_2(M_2 - O') + \ldots + m_k(M_k - O').$$

Retranchons (1) de (2). On a

$$(M_i - O') - (M_i - O) = (M_i - O) + (O - O') - (M_i - O) = O - O'.$$

On aura, par conséquent,

$$u' - u = m_1(O - O') + m_2(O - O') + \ldots + m_k(O - O') = m(O - O') = 0.$$

Donc, u' est identique à u.   C. Q. F. D.

On peut donc attacher, à un système de points massifs de masse
totale nulle, un vecteur u bien déterminé, qui sera dit *le vecteur
du système*. Pour le construire le plus simplement possible, on peut
faire dans (1) le point O identique au point M_1 par exemple, ce qui
donne

$$u = m_2(M_2 - M_1) + \ldots + m_k(M_k - M_1).$$

2° *La masse totale m n'est pas nulle.* — Alors, il existe un point G
tel que l'on ait

$$G = O + \frac{1}{m}u,$$

ou encore

$$(3) \qquad m(G - O) = u = \sum_1^k m_i(M_i - O),$$

en adoptant une notation abrégée pour la valeur (1) de u.

Je dis que *le point* G *est indépendant du point* O. En effet, soit G' le

point que l'on obtiendrait en remplaçant le point O par un point O'.
On a

$$(4) \qquad m(G' - O') = \sum_{1}^{k} m_i(M_i - O').$$

Retranchons (3) de (4), en opérant comme on l'a fait au 1°, pour
le second membre, et en remarquant que l'on a

$$(G' - O') - (G - O) = [(G' - G) + (G - O')] - [(G - O') + (O' - O)]$$
$$= (G' - G) + (O - O').$$

Il vient alors

$$m(G' - G) + m(O - O') = \sum_{1}^{k} m_i(O - O') = \left(\sum_{1}^{k} m_i \right)(O - O'),$$

et, puisque $m = \Sigma\, m_i$,

$$m(G' - G) = o,$$

ce qui exige, m n'étant pas nul, que le vecteur $G' - G$ soit nul,
c'est-à-dire que le point G' coïncide avec le point G.

C. Q. F. D.

Le point G est dit *barycentre* du système considéré de points
massifs.

Pour le construire, on peut employer un procédé de récurrence.
Remarquons d'abord que les nombres m_1, ..., m_k ayant une somme
non nulle, les sommes de ces nombres, pris $k - 1$ à $k - 1$, ne sont
certainement pas toutes nulles. Supposons que l'on ait

$$m' = m_2 + \ldots + m_k \neq o,$$

et soit alors G' le barycentre du système (M_2, m_2), ..., (M_k, m_k).
On a

$$(5) \qquad m'(G' - O) = \sum_{2}^{k} m_i(M_i - O),$$

et, par conséquent, en retranchant (5) de (4),

$$m(G - O) - m'(G' - O) = m_1(M_1 - O).$$

Cette égalité est vraie si O coïncide avec G'. Elle se réduit alors à

$$m(G - G') = m_1(M_1 - G'),$$

ce qui donne une construction simple du point G, le point G' étant supposé connu. Cette construction s'exprime ainsi, en langage ordi-

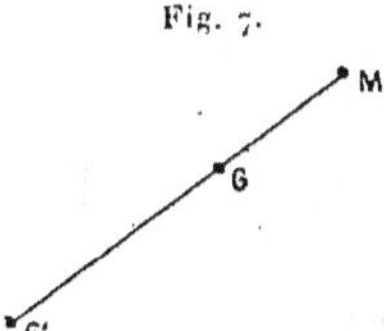

naire : mener la droite G'M₁ (*fig.* 7) et y marquer le point G tel que l'on ait, en tenant compte des signes,

$$G'G = \frac{m_1}{m}\, G'M_1.$$

Comme le barycentre d'un système de points massifs réduit à un seul point est ce point même, on saura construire de proche en proche le barycentre d'un nombre quelconque de points.

Soient, par exemple, les trois points (A, 1), (B, 1), (C, 1) (*fig.* 8).

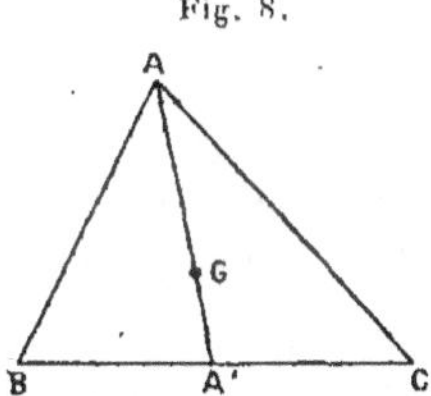

Le barycentre du système (B, 1), (C, 1) est le point A' tel que

$$2(A' - B) = C - B,$$

c'est-à-dire le milieu du segment BC, et le barycentre G du système considéré est le point G tel que

$$3(G - A') = A - A'.$$

Comme on peut permuter, dans la construction, les points A, B, C, on retrouve les propriétés classiques des médianes et du centre de gravité d'un triangle.

C. — PRODUIT SCALAIRE ET PRODUIT VECTORIEL.

11. Produit scalaire de deux vecteurs libres. — Soient **u** et **v** deux vecteurs, φ leur angle. On appelle *produit scalaire* [1] (ou *intérieur*) de ces vecteurs le nombre produit des trois nombres mod **u**, mod **v**, cos φ. Je le désignerai par **u** $\times$ **v**. Ainsi

$$\mathbf{u} \times \mathbf{v} = \operatorname{mod} \mathbf{u}.\ \operatorname{mod} \mathbf{v}.\ \cos\varphi.$$

Le produit scalaire jouit des propriétés suivantes :

1º On a

$$\mathbf{u} \times \mathbf{v} = \mathbf{v} \times \mathbf{u}.$$

C'est une conséquence immédiate de la définition. On dit que *la multiplication scalaire de deux vecteurs est commutative.*

2º Pour que le produit scalaire **u** $\times$ **v** soit nul, il faut et il suffit que l'une au moins des égalités suivantes soit vérifiée :

$$\operatorname{mod}\mathbf{u} = 0, \qquad \operatorname{mod}\mathbf{v} = 0, \qquad \cos\varphi = 0, \quad \text{d'où} \quad \varphi = \frac{\pi}{2}.$$

Il faut retenir que le produit scalaire de deux vecteurs libres non nuls est nul s'ils sont perpendiculaires, et dans ce cas seulement.

3º Le produit scalaire d'un vecteur par lui-même est égal au carré de son module, puisqu'ici cos $\varphi = 1$. On écrit pour abréger **u** $\times$ **u** $= \mathbf{u}^2$ en sorte que

$$\mathbf{u}^2 = (\operatorname{mod}\mathbf{u})^2.$$

---

[1] D'une manière générale, on appelle *grandeurs scalaires* celles qui s'expriment par un simple nombre, une fois l'unité choisie, et *grandeurs vectorielles* celles auxquelles s'attache une idée de direction. Cette distinction est importante en physique. Ainsi, la masse d'un corps, le potentiel électrique, la charge électrique, etc., sont des grandeurs scalaires; la force électrique, la force magnétique, etc., sont des grandeurs vectorielles.

4° m et n étant deux nombres relatifs quelconques, on a

(1)
$$(m\mathbf{u}) \times (n\mathbf{v}) = mn . \mathbf{u} \times \mathbf{v}.$$

En effet, on a
$$\operatorname{mod}(m\mathbf{u}) = |\,m\,| \operatorname{mod}\mathbf{u},$$
$$\operatorname{mod}(n\mathbf{v}) = |\,n\,| \operatorname{mod}\mathbf{v}.$$

En outre, l'angle de $m\,\mathbf{u}$ et de $n\,\mathbf{v}$ est égal à celui de $\mathbf{u}$ et de $\mathbf{v}$ ou bien lui est supplémentaire, suivant que le produit mn est positif ou négatif.

Il résulte de tout cela que l'égalité (1) est bien vraie en grandeur et en signe.

5° Soient X un axe, $\mathbf{a}$ un vecteur unitaire parallèle à cet axe et de même sens, $\mathbf{u}$ un vecteur quelconque. *Le produit scalaire* $\mathbf{a} \times \mathbf{u}$ *est égal à la grandeur algébrique de la projection de* $\mathbf{u}$ *sur* X.

En effet, φ étant l'angle de $\mathbf{a}$ et de $\mathbf{u}$, on a par définition

$$\mathbf{a} \times \mathbf{u} = \operatorname{mod}\mathbf{a}. \operatorname{mod}\mathbf{u}. \cos\varphi = \operatorname{mod}\mathbf{u}. \cos\varphi,$$

puisque $\mathbf{a}$ est unitaire. Le dernier membre a bien pour valeur la grandeur algébrique de la projection de $\mathbf{u}$ sur X.

6° $\mathbf{u}$, $\mathbf{v}$, $\mathbf{w}$ étant trois vecteurs quelconques, on a

(2)
$$\mathbf{u} \times (\mathbf{v} + \mathbf{w}) = \mathbf{u} \times \mathbf{v} + \mathbf{u} \times \mathbf{w},$$

ce que l'on exprime en disant que *la multiplication scalaire est distributive par rapport à l'addition*.

Soit, en effet, $\mathbf{a}$ un vecteur unitaire parallèle à $\mathbf{u}$. Il existe un nombre relatif m tel que l'on ait $\mathbf{u} = m\,\mathbf{a}$.

On a, en tenant compte du 5°,
$$\mathbf{u} \times \mathbf{v} = m\mathbf{a} \times \mathbf{v} = m \operatorname{proj}\mathbf{v},$$
$$\mathbf{u} \times \mathbf{w} = m \operatorname{proj}\mathbf{w},$$
$$\mathbf{u} \times (\mathbf{v} + \mathbf{w}) = m \operatorname{proj}(\mathbf{v} + \mathbf{w}),$$

les projections étant faites sur un axe X, parallèle à $\mathbf{a}$ et orienté comme ce vecteur. Mais, d'après le théorème classique des projections,

$$\operatorname{proj}(\mathbf{v} + \mathbf{w}) = \operatorname{proj}\mathbf{v} + \operatorname{proj}\mathbf{w}.$$

En multipliant par m, on a la relation (2).

12. Application. — Pour donner dès maintenant un exemple d'application de la multiplication scalaire, j'établirai le théorème bien connu suivant : *Si, dans un tétraèdre ABCD, deux couples d'arêtes opposées sont rectangulaires, il en est de même du troisième couple.*

Montrons d'abord que A, B, C, D étant quatre points quelconques, on a l'identité

$$(1) \quad (D - A) \times (B - C) + (D - B) \times (C - A) + (D - C) \times (A - B) = 0.$$

Posons, en effet,

$$D - A = u, \quad D - B = v, \quad D - C = w.$$

On en tire

$$B - C = w - v, \quad C - A = u - w, \quad A - B = v - u.$$

L'identité à démontrer s'écrit donc

$$u \times (w - v) + v \times (u - w) + w \times (v - u) = 0,$$

ce qui se vérifie immédiatement, en développant les produits scalaires et en se rappelant que la multiplication scalaire est commutative.

Cela posé, supposons que les arêtes DA et BC soient rectangulaires, et de même les arêtes DB et CA. Ces hypothèses se traduisent par

$$(D - A) \times (B - C) = 0, \quad (D - B) \times (C - A) = 0.$$

(1) se réduit donc à

$$(D - C) \times (A - B) = 0.$$

Par conséquent, DC est perpendiculaire à AB, ce qui démontre la proposition ([1]).

([1]) Si l'on veut démontrer le théorème par la géométrie analytique ordinaire, on procédera comme il suit : soient (x_1, y_1, z_1), ..., (x_4, y_4, z_4) les coordonnées des points A, B, C, D, les axes étant rectangulaires. Les hypothèses se traduisent par

$$(x_4 - x_1)(x_2 - x_3) + (y_4 - y_1)(y_2 - y_3) + (z_4 - z_1)(z_2 - z_3) = 0,$$
$$(x_4 - x_2)(x_3 - x_1) + (y_4 - y_2)(y_3 - y_1) + (z_4 - z_2)(z_3 - z_1) = 0.$$

On en tire, en s'appuyant sur l'identité (1) du texte, qui est vraie au sens

13. Produit vectoriel de deux vecteurs libres. — Dans ce qui suit, je dirai qu'un système de trois vecteurs non parallèles à un même plan u, v, w, pris dans cet ordre, a une *disposition positive*, s'il en est de même d'un trièdre ayant ses axes parallèles à ces vecteurs, orientés de même et pris dans le même ordre.

Soient u et v deux vecteurs faisant entre eux l'angle φ. On appelle *produit vectoriel* (ou *extérieur*) de u par v un vecteur w satisfaisant aux conditions suivantes :

1° w $= 0$, si l'un au moins des vecteurs u et v est nul, ou bien s'ils sont parallèles ($\varphi = 0$ ou π);

2° En dehors de ces cas, w est perpendiculaire à la fois à u et à v, et le système u, v, w est de disposition positive;

3° On a
$$\operatorname{mod} w = \operatorname{mod} u . \operatorname{mod} v . \sin \varphi.$$

On peut dire encore que mod w est égal à l'aire d'un parallélogramme construit sur deux segments orientés, de même origine, ayant pour vecteurs respectifs u et v.

On posera
$$w = u \wedge v.$$

Le produit vectoriel jouit des propriétés suivantes :

1° Il n'est nul que dans les cas expressément visés dans la définition. C'est évident.

2° On a
$$u \wedge v = - v \wedge u.$$

En effet, l'échange de u et de v remplace le vecteur w par le vecteur opposé. Donc, à la différence de la multiplication scalaire, *la multiplication vectorielle n'est pas commutative.*

---

algébrique,
$$(x_4 - x_3)(x_1 - x_2) + (y_4 - y_3)(y_1 - y_2) + (z_4 - z_3)(z_1 - z_2) = 0,$$

d'où la proposition. Bien entendu, cette démonstration revient au fond à celle du texte, mais elle oblige à écrire *trois fois* la même chose.

3º m et n étant deux nombres relatifs quelconques, on a

$$(m\mathbf{u}) \wedge (n\mathbf{v}) = mn\,\mathbf{u} \wedge \mathbf{v}.$$

On le reconnaît encore immédiatement.

4º $\mathbf{u}$, $\mathbf{v}$, $\mathbf{w}$ étant trois vecteurs quelconques, on a

$$(1)\qquad\qquad \mathbf{u} \wedge (\mathbf{v} + \mathbf{w}) = \mathbf{u} \wedge \mathbf{v} + \mathbf{u} \wedge \mathbf{w}.$$

Autrement dit, *la multiplication vectorielle est, comme la multiplication scalaire, distributive par rapport à l'addition.*

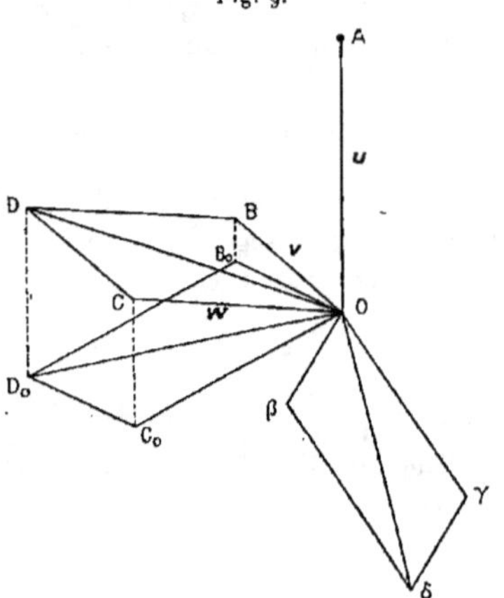
Fig. 9.

Pour démontrer cela, donnons-nous un point quelconque O (*fig.* 9) et construisons les points

$$\mathbf{A} = \mathbf{O} + \mathbf{u}, \qquad \mathbf{B} = \mathbf{O} + \mathbf{v}, \qquad \mathbf{C} = \mathbf{O} + \mathbf{w}, \qquad \mathbf{D} = \mathbf{O} + \mathbf{v} + \mathbf{w}.$$

OBDC est un parallélogramme (qui peut être aplati). Soit $\mathrm{OB_0\,D_0\,C_0}$ sa projection sur le plan P mené par O perpendiculairement au vecteur $\mathbf{u}$. $\mathrm{OB_0\,D_0\,C_0}$ est encore un parallélogramme (qui peut être aplati, même si OBDC ne l'est pas).

Soit β le point $\mathbf{O} + \mathbf{u} \wedge \mathbf{v}$. Le vecteur $\mathbf{u} \wedge \mathbf{v}$ étant perpendiculaire à u et v, β est dans le plan P et le vecteur $\beta - O$ est perpendiculaire au vecteur $B_0 - O$. On a, de plus,

$$\operatorname{mod}(\beta - O) = \operatorname{mod} u . \operatorname{mod} v . \sin \widehat{AOB} = \operatorname{mod} u . \operatorname{mod}(B_0 - O).$$

On voit donc que le point β dérive du point B_0 par une rotation *positive* d'un angle droit dans le plan P autour du point O, suivie d'une homothétie de centre O et de rapport égal à mod u. La même chose peut se dire des points

$$\gamma = O + u \wedge w \qquad \text{et} \qquad \delta = O + u \wedge (v + w)$$

relativement aux points C_0 et D_0. Par conséquent, la figure $O \beta \delta \gamma$ est semblable à la figure $OB_0 D_0 C_0$. C'est donc un parallélogramme, et l'on a bien la formule (1).

On a aussi

$$(v + w) \wedge u = v \wedge u + w \wedge u,$$

car les deux membres de cette égalité sont respectivement opposés à ceux de l'égalité (1).

14. **Autres produits.** — Quand on poursuit l'étude du calcul vectoriel, on est amené à considérer des produits de vecteurs en nombre supérieur à deux. Deux de ces produits jouent un rôle important. Ce sont :

1° *Le produit mixte* de trois vecteurs u, v, w. C'est le produit scalaire du premier par le produit vectoriel des deux autres, c'est-à-dire

$$u \times (v \wedge w);$$

2° *Le double produit vectoriel de trois vecteurs* u, v, w. C'est le produit vectoriel du premier par le produit vectoriel des deux autres, c'est-à-dire

$$u \wedge (v \wedge w).$$

La considération de ces produits est indispensable pour des applications un peu étendues à la géométrie, à la mécanique ou à la physique. Mais nous n'en aurons pas besoin dans ce qui suit.

D. — VECTEURS GLISSANTS.

15. Vecteurs glissants. — La notion de vecteur libre revient à considérer comme identiques des segments orientés équipollents entre eux. On peut, d'une manière plus restrictive, ne considérer comme identiques deux segments orientés équipollents *que s'ils ont le même support* et l'on aboutit ainsi à la notion de *vecteur glissant.*

Plus formellement, je définirai un vecteur glissant comme étant *le système formé par l'association d'une droite* D *et d'un vecteur libre* u *parallèle à cette droite.* Un segment orienté de support D et de vecteur libre u sera dit *représentatif* du vecteur glissant considéré. Un tel segment représentatif définit sans ambiguïté un vecteur glissant, mais un vecteur glissant a une infinité de segments représentatifs, tous équipollents entre eux et ayant le même support.

Comme pour les vecteurs libres, il est avantageux de pouvoir noter les vecteurs glissants de diverses manières. Le plus précis est de désigner par (D, u) le vecteur glissant de support D et de vecteur libre u. On peut encore le désigner par la même notation $\overrightarrow{AB}$ que l'un de ses segments orientés représentatifs.

J'emploierai souvent enfin la notation Au, où u est le vecteur libre du vecteur glissant, et A l'origine d'un segment représentatif de ce vecteur glissant [1].

Les notions de vecteurs glissants parallèles ou perpendiculaires, d'angle de deux vecteurs glissants, de vecteur glissant projection d'un vecteur glissant sur un plan ou sur une droite, de module d'un vecteur glissant, etc., se comprennent d'elles-mêmes.

16. Moment d'un vecteur glissant par rapport à un point. — Soient (*fig.* 10) (D, u) un vecteur glissant, $\overrightarrow{AB}$ un segment orienté représentatif de ce vecteur, O un point quelconque. On appelle *moment*

---

[1] Cette dernière notation revient à considérer un vecteur glissant comme le *produit* d'un point et d'un vecteur. C'est bien ainsi qu'il se présente dans la *théorie de Grassmann*, sur laquelle ce n'est pas ici le lieu de s'étendre.

de (D, u) *par rapport au point* O le vecteur *libre*

$$(1) \qquad\qquad \mathbf{m} = (\mathrm{A} - \mathrm{O}) \wedge \mathbf{u}.$$

Sur la figure **m** est représenté par le segment orienté $\overrightarrow{\mathrm{OC}}$ ([1]).

La définition fait intervenir un segment orienté représentatif $\overrightarrow{\mathrm{AB}}$ de (D, u).

Il importe de reconnaître que l'intervention n'est qu'apparente,

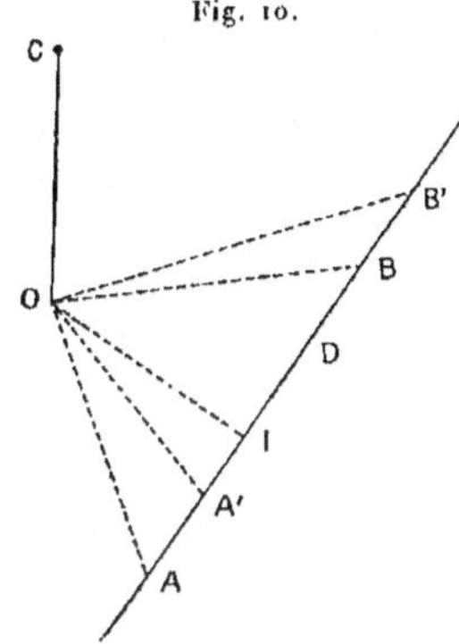

Fig. 10.

autrement dit que **m** ne varie pas si l'on remplace $\overrightarrow{\mathrm{AB}}$ par un autre segment orienté $\overrightarrow{\mathrm{A'B'}}$, représentatif de (D, u). Pour cela, posons

$$(2) \qquad\qquad \mathbf{m}' = (\mathrm{A}' - \mathrm{O}) \wedge \mathbf{u}.$$

On a, en soustrayant (1) de (2),

$$\mathbf{m}' - \mathbf{m} = (\mathrm{A}' - \mathrm{A}) \wedge \mathbf{u}.$$

Le second membre est nul, car les vecteurs libres A′ — A et **u** sont parallèles. Donc $\mathbf{m}' = \mathbf{m}$.   c. q. f. d.

([1]) D'après la définition, il semblerait plus naturel de considérer le moment d'un vecteur glissant comme vecteur glissant lui-même, puisque ce moment se présente, dans l'exemple considéré, comme ayant la droite OC comme support. Mais la suite montre qu'il est avantageux de considérer le moment comme un vecteur *libre*.

Plus géométriquement, l'égalité de **m** et de **m'** résulte de ce que ces deux vecteurs libres sont manifestement parallèles et de même sens. En outre, leurs modules sont les aires des deux parallélogrammes construits respectivement sur OA, OB et OA', OB', c'est-à-dire les doubles des aires des triangles OAB et OA'B'. Ces deux triangles sont équivalents, donc, etc.

On a les propriétés suivantes :

1° *Le moment d'un vecteur glissant non nul par rapport à un point est nul si ce point est sur le support du vecteur glissant, et dans ce cas seulement.*

2° *Dans le cas général, le moment d'un vecteur glissant par rapport à un point est perpendiculaire à ce vecteur glissant.* En effet, d'après la définition du produit vectoriel, **m** est perpendiculaire à **u**. On peut écrire

$$\mathbf{m} \times \mathbf{u} = 0.$$

17. Détermination d'un vecteur glissant.

— Le théorème suivant est important : *Soient donnés un point O et deux vecteurs libres* **u** *et* **m** *dont le premier n'est pas nul, tels que l'on ait*

$$\mathbf{m} \times \mathbf{u} = 0.$$

Il existe un vecteur glissant et un seul ayant **u** *pour vecteur libre et* **m** *pour moment par rapport au point O.*

Cherchons, en effet, à construire un vecteur glissant (D, **u**) satisfaisant à ces conditions. **u** est déjà donné, donc le support D est connu en direction. Si **m** est nul, D doit passer par le point O et le problème est résolu. La solution est bien unique. Si **m** n'est pas nul, construisons (*fig.* 10) le point C = O + **m**. D doit appartenir au plan P mené par O perpendiculairement à OC. $\overrightarrow{AB}$ étant un segment représentatif du vecteur cherché, on connaît dans le triangle OAB le côté AB = mod **u**, l'aire du triangle OAB $= \frac{1}{2}$ mod **m**.

On connaît donc la distance OI du point O à la droite D. De plus, on connaît la direction de OI, perpendiculaire à celle de D. Tout cela laisserait encore pour le point I le choix de deux positions possibles, symétriques par rapport au point O; mais le trièdre OABC n'a une disposition positive que pour l'une de ces positions. Le

point 1 et par conséquent la droite D sont donc bien complètement
déterminés.   C. Q. F. D.

u et m peuvent être appelés les *coordonnées vectorielles* du vecteur
glissant (D, u), par rapport au point O.

On voit, par un raisonnement semblable, que, D *étant une droite
donnée du plan* P, *assujettie à la seule condition de ne pas passer
par le point* O, *il existe un vecteur glissant unique* (D, u) *ayant* D
pour support et dont le moment par rapport à O *soit le vecteur libre* m.

18. **Moment d'un vecteur glissant par rapport à un axe.** — Soient
(*fig.* 11) (D, u) un vecteur glissant, X un axe, O un point de cet

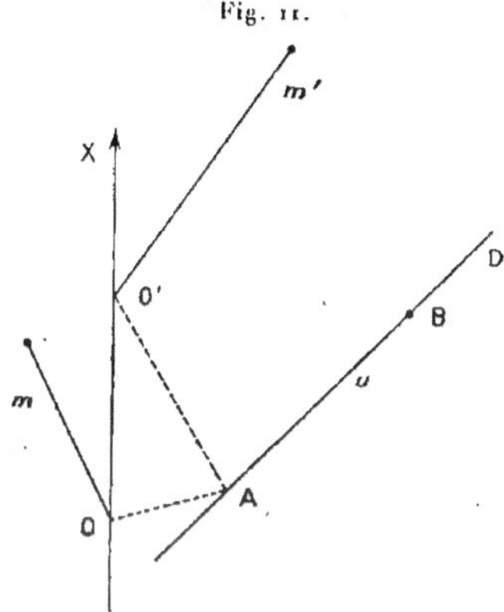

axe. On appelle *moment de* (D, u) *par rapport à* X la grandeur algébrique de la projection sur X du moment m de (D, u) par rapport
à O.

Ainsi, le moment d'un vecteur glissant par rapport à un axe est
un *nombre relatif*.

Cette définition fait intervenir un point O de X. Montrons que
cette intervention n'est qu'apparente. Autrement dit, soient O et O'
deux points de X, m et m' les moments respectifs de (D, u) par
rapport à ces deux points. Il faut reconnaître que m et m' ont des
projections égales sur X.

Soit **a** un vecteur unitaire parallèle à X et de même sens. Les deux projections dont il s'agit sont

$$m = \mathbf{a} \times \mathbf{m},$$
$$m' = \mathbf{a} \times \mathbf{m}'.$$

Mais, $\overrightarrow{AB}$ étant un segment orienté représentatif de (D, **u**), on a

$$\mathbf{m} = (A - O) \wedge \mathbf{u}, \qquad \mathbf{m}' = (A - O') \wedge \mathbf{u},$$

d'où, par soustraction,

$$\mathbf{m}' - \mathbf{m} = (O - O') \wedge \mathbf{u}.$$

Le second membre représente un vecteur perpendiculaire à $O' - O$ et par conséquent à **a**.

On a donc
$$\mathbf{a} \times (\mathbf{m}' - \mathbf{m}) = o,$$

d'où l'on conclut
$$m' - m = o.$$

C. Q. F. D.

19. Théorèmes de Varignon. — 1° *La somme géométrique des moments par rapport à un même point de vecteurs glissants, dont les supports sont concourants, est le moment par rapport au même point d'un vecteur glissant unique, dont le support concourt avec ceux des vecteurs glissants considérés et dont le vecteur libre est la somme de leurs vecteurs libres.*

2° *On a le même théorème relativement aux moments par rapport à un axe, en remplaçant dans l'énoncé précédent l'expression « somme géométrique » par « somme algébrique ».*

Soient $A\mathbf{u}_1$, $A\mathbf{u}_2$, ..., $A\mathbf{u}_k$ des vecteurs glissants dont les supports concourent en un même point A, O un point quelconque. $\mathbf{m}_1$, $\mathbf{m}_2$, ..., $\mathbf{m}_k$ leurs moments respectifs par rapport au point O. On a

$$\mathbf{m}_i = (A - O) \wedge \mathbf{u}_i \qquad (i = 1, 2, \ldots, k).$$

En ajoutant ces k égalités, on a

$$\Sigma \mathbf{m}_i = (A - O) \wedge \Sigma \mathbf{u}_i,$$

ce qui s'interprète ainsi : le moment par rapport au point O du vecteur glissant $(A\Sigma\mathbf{u}_i)$ est $\Sigma\mathbf{m}_i$. Ce n'est autre chose que le premier théorème.

Le second théorème de Varignon résulte immédiatement du premier, par projection sur un axe X quelconque passant par le point O.

E. — TORSEURS.

20. **Définitions.** — On appelle *torseur* un système de vecteurs glissants en nombre quelconque $(D_1, \mathbf{u}_1)$, $(D_2, \mathbf{u}_2)$, ..., $(D_k, \mathbf{u}_k)$. Je désignerai ce torseur par $\mathcal{C}$ et je poserai symboliquement

$$\mathcal{C} = (D_1, \mathbf{u}_1) + (D_2, \mathbf{u}_2) + \ldots + (D_k, \mathbf{u}_k) = \sum_1^k (D_i, \mathbf{u}_i).$$

J'appelle *vecteur* (libre) [1] du torseur la somme des vecteurs libres des vecteurs glissants qui le constituent :

$$\mathbf{u} = \Sigma\mathbf{u}_i.$$

Le *moment* [2] *d'un torseur par rapport à un point* est la somme géométrique des moments par rapport à ce point des vecteurs glissants qui constituent le torseur.

Le *moment d'un torseur par rapport à un axe* se définit de la même manière, en remplaçant l'expression « somme géométrique » par « somme algébrique ».

Si deux torseurs $\mathcal{C}$ et $\mathcal{C}'$ ont respectivement pour moments par rapport à un point de l'espace les vecteurs libres $\mathbf{m}$ et $\mathbf{m}'$, le torseur constitué par la réunion de $\mathcal{C}$ et de $\mathcal{C}'$ a évidemment pour moment par rapport au même point $\mathbf{m} + \mathbf{m}'$. Cela conduit à représenter ce dernier torseur par la notation $\mathcal{C} + \mathcal{C}'$.

On dit qu'un torseur $\mathcal{C}$ est *nul* [3] quand son moment par rapport à tout point de l'espace est nul.

Deux vecteurs glissants de même support et de vecteurs libres opposés $(D, \mathbf{u})$ et $(D, -\mathbf{u})$ ont évidemment par rapport à tout point

---

[1] On dit aussi : *résultante générale, résultante de translation, somme géométrique* du torseur.

[2] On dit aussi : *moment résultant.* L'épithète me paraît inutile.

[3] On dit aussi et plus prolixement : *équivalent à zéro.*

de l'espace des moments opposés. Donc, le torseur $(D, \mathbf{u}) + (D, -\mathbf{u})$ est nul. Plus généralement, en posant

$$\mathfrak{C} = \sum_1^k (D_i, \mathbf{u}_i), \qquad \mathfrak{C}_1 = \sum_1^k (D_i, -\mathbf{u}_i),$$

le torseur $\mathfrak{C} + \mathfrak{C}_1$ est nul, ce qui conduit à dire que $\mathfrak{C}_1$ est *opposé* à $\mathfrak{C}$ et à écrire

$$\mathfrak{C}_1 = -\mathfrak{C}.$$

On dit que deux torseurs $\mathfrak{C}$ et $\mathfrak{C}'$ sont *égaux* [1] quand ils ont même moment par rapport à tout point de l'espace. Il est clair que le torseur $\mathfrak{C} + (-\mathfrak{C}')$ est alors nul. On peut donc écrire indifféremment, comme en algèbre, $\mathfrak{C} = \mathfrak{C}'$ ou $\mathfrak{C} - \mathfrak{C}' = 0$.

De même encore qu'en algèbre, les égalités entre torseurs

$$\mathfrak{C} = \mathfrak{C}_1, \qquad \mathfrak{C}' = \mathfrak{C}'_1$$

entraînent

$$\mathfrak{C} \pm \mathfrak{C}' = \mathfrak{C}_1 \pm \mathfrak{C}'_1.$$

21. Torseur de vecteur nul. Couple. — *Un torseur de vecteur nul a même moment par rapport à tout point de l'espace.*

Considérons, en effet, le torseur

$$\mathfrak{C} = A_1 \mathbf{u}_1 + A_2 \mathbf{u}_2 + \ldots + A_k \mathbf{u}_k = \Sigma A_i \mathbf{u}_i.$$

On a, par hypothèse,

$$\Sigma \mathbf{u}_i = 0.$$

Soient O et O' deux points quelconques, $\mathbf{m}$ et $\mathbf{m}'$ les moments de $\mathfrak{C}$ par rapport à ces deux points. On a

$$\mathbf{m} = \Sigma (A_i - O) \wedge \mathbf{u}_i, \qquad \mathbf{m}' = \Sigma (A_i - O') \wedge \mathbf{u}_i,$$

d'où, en retranchant,

$$\mathbf{m}' - \mathbf{m} = \Sigma (O - O') \wedge \mathbf{u}_i = (O - O') \wedge \Sigma \mathbf{u}_i = 0.$$

Donc

$$\mathbf{m}' = \mathbf{m}. \qquad\qquad \text{C. Q. F. D.}$$

---

[1] On dit en général : *équivalents*. Mais l'*équivalence* des torseurs jouissant de toutes les propriétés de l'égalité, l'expression du texte me paraît plus naturelle.

On peut appeler d'une manière absolue **m** le *moment* du torseur de vecteur nul considéré.

Tous les torseurs de vecteur nul et de même moment **m** sont égaux, puisqu'ils ont même moment par rapport à un point quelconque de l'espace.

Le plus simple des torseurs de vecteur nul est celui que constituent deux vecteurs glissants (D, **u**) et (D′, —**u**) dont les vecteurs sont opposés. On appelle *couple* un tel torseur. Il est nul quand les deux supports D et D′, nécessairement parallèles, sont confondus, puisque alors les deux vecteurs glissants du couple ont, par rapport à tout point de l'espace, des moments opposés ([1]).

22. Réduction d'un torseur. — Étant donné un torseur, on peut se proposer de trouver un torseur, de structure aussi simple que possible, qui lui soit égal. C'est ce qu'on appelle *réduire* un torseur, et nous allons nous occuper de ce problème. Nous serons conduits aux résultats suivants :

1° *Un torseur de vecteur nul est égal à un couple;*

2° *Un torseur de vecteur non nul est égal au torseur constitué par un vecteur glissant non nul et par un couple qui peut être nul.*

23. Cas d'un torseur de vecteur nul. — Soient $\mathfrak{T}$ un torseur de vecteur nul, **m** son moment. Si **m** est nul, le torseur est nul et la

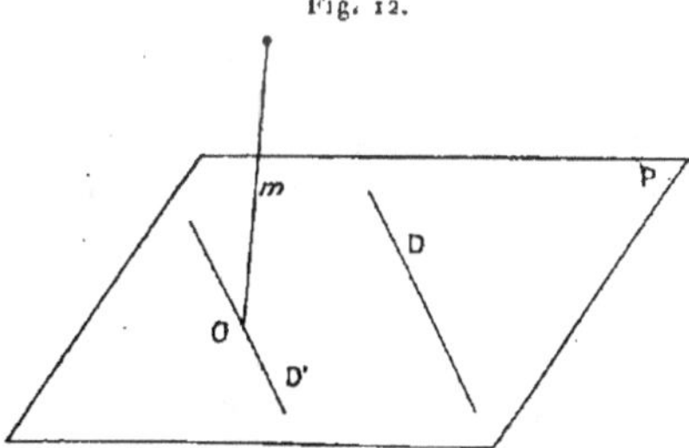

réduction est achevée. Si **m** n'est pas nul, soit O un point quelconque

---

([1]) Le moment d'un couple est fréquemment appelé son *axe*. Cela ne me paraît pas recommandable.

de l'espace (*fig.* 12). Construisons le plan P perpendiculaire à **m** qui passe par le point O. Soient D une droite de ce plan ne passant pas par le point O et d'ailleurs quelconque, D′ la parallèle à D menée par O. Comme on l'a vu à la fin du n° 17, il existe un vecteur glissant (D, **u**), de support D, ayant par rapport au point O un moment égal à **m**. Considérons le couple

$$\mathcal{C} = (D,\, \mathbf{u}) + (D',\, -\mathbf{u}).$$

Son moment par rapport au point O est égal à **m**, car le moment de (D′, — **u**) est nul. Donc $\mathcal{C}$ a, par rapport à tout point de l'espace, un moment égal à **m**, c'est-à-dire un moment égal à celui de $\mathcal{T}$. Donc $\mathcal{C} = \mathcal{T}$.

Il est ainsi établi que le torseur $\mathcal{T}$ peut être réduit au couple $\mathcal{C}$. La réduction peut être faite d'une infinité de manières, mais tous les couples obtenus sont naturellement égaux.

24. Cas général. — Démontrons d'abord ceci :

Pour qu'un torseur soit nul, il faut et il suffit : 1° que son vecteur soit nul; 2° que son moment par rapport à un point unique, d'ailleurs arbitraire, soit nul.

1° *Les conditions sont nécessaires.* — Soit un torseur nul

$$\mathcal{T} = \sum_{1}^{k} \mathrm{A}_i\, \mathbf{u}_i = 0.$$

O et O′ étant deux points quelconques, les moments de $\mathcal{T}$ par rapport à ces deux points doivent être nuls. On a donc

$$\Sigma(\mathrm{A}_i - \mathrm{O}) \wedge \mathbf{u}_i = 0, \qquad \Sigma(\mathrm{A}_i - \mathrm{O}') \wedge \mathbf{u}_i = 0,$$

d'où, en retranchant,

$$\Sigma(\mathrm{O} - \mathrm{O}') \wedge \mathbf{u}_i = (\mathrm{O} - \mathrm{O}') \wedge \Sigma\mathbf{u}_i = 0.$$

Si $\Sigma\mathbf{u}_i$ n'était pas nul, on pourrait choisir O et O′ tels que les vecteurs O — O′ et $\Sigma\mathbf{u}_i$ ne fussent pas parallèles, et l'égalité précédente n'aurait certainement pas lieu.

Donc $\Sigma\mathbf{u}_i = 0$. Ainsi $\mathcal{T}$ a bien un vecteur nul. En outre, son moment par rapport au point arbitraire O est nul, comme on l'a écrit.

2° *Les conditions sont suffisantes.* — O étant un point, on a par hypothèse

$$\Sigma(A_i - O) \wedge u_i = 0. \tag{1}$$

On a aussi

$$\Sigma u_i = 0,$$

d'où, O' étant un point quelconque,

$$(O - O') \wedge \Sigma u_i = \Sigma(O - O') \wedge u_i = 0,$$

et en ajoutant à (1),

$$\Sigma(A_i - O') \wedge u_i = 0,$$

ce qui montre que, quel que soit O', le moment de $\mathcal{T}$ par rapport à ce point est nul. $\mathcal{T}$ est donc bien nul.   c. q. f. d.

Le théorème précédent a cette conséquence immédiate :

Pour que deux torseurs soient égaux, il faut et il suffit : 1° qu'ils aient même vecteur; 2° que leurs moments par rapport à un point unique, d'ailleurs arbitraire, soient égaux.

Autrement dit, un torseur est complètement déterminé par son vecteur **u** et par son moment **m** par rapport à un point O donné. On peut appeler les vecteurs libres **u** et **m** les *coordonnées vectorielles* du torseur par rapport au point O.

Cela posé, soit $\mathcal{T}$ un torseur donné, de coordonnées vectorielles **u** et **m** par rapport à un point O. Construisons, d'une part, le vecteur glissant O **u** et, d'autre part, un couple $\mathcal{C}$ de moment **m** (n° 23).

Le torseur

$$\mathcal{T}' = O\,u + \mathcal{C}$$

a pour vecteur **u**, car le vecteur de $\mathcal{C}$ est nul, et le moment de $\mathcal{T}'$ par rapport au point O est **m**, car le moment de O **u** est nul. On a donc $\mathcal{T}' = \mathcal{T}$.

Le torseur $\mathcal{T}$ est ainsi réduit au torseur constitué par le vecteur glissant O **u** et par le couple $\mathcal{C}$. On dit qu'il est *réduit par rapport au point O.*

25. Invariants du torseur. — La réduction précédente, faisant intervenir un point arbitraire O, est possible d'une infinité de manières. Mais, quel que soit le point O, deux éléments restent invariables.

Le premier est le vecteur libre $\mathbf{u}$ du vecteur glissant $O\mathbf{u}$, puisque ce vecteur libre est celui du torseur $\widetilde{\mathfrak{v}}$.

Le second est le produit scalaire $\mathbf{m} \times \mathbf{u}$ *du moment du couple* $\mathfrak{c}$ *par le vecteur du torseur.*

En effet, $\mathbf{m}$ est le moment de $\widetilde{\mathfrak{v}}$ par rapport à O; on a donc, en employant les notations précédentes,

$$\mathbf{m} = \Sigma(A_i - O) \wedge \mathbf{u}_i.$$

Faisons la réduction par rapport à un autre point O′. Il s'introduira un couple $\mathfrak{c}'$ dont le moment sera

$$\mathbf{m}' = \Sigma(A_i - O') \wedge \mathbf{u}_i,$$

d'où, en refaisant le calcul du n° 24,

$$\mathbf{m}' - \mathbf{m} = (O - O') \wedge \Sigma \mathbf{u}_i = (O - O') \wedge \mathbf{u}.$$

Cette relation montre que le vecteur $\mathbf{m}' - \mathbf{m}$ est perpendiculaire au vecteur $\mathbf{u}$. On a donc

$$(\mathbf{m}' - \mathbf{m}) \times \mathbf{u} = \mathrm{o}, \qquad \text{ou} \qquad \mathbf{m}' \times \mathbf{u} = \mathbf{m} \times \mathbf{u}.$$

Ainsi, le produit scalaire $\mathbf{m} \times \mathbf{u}$ conserve bien la même valeur, de quelque manière qu'on fasse la réduction.

On dit que $\mathbf{u}$ et $\mathbf{m} \times \mathbf{u}$ sont des *invariants* du torseur $\widetilde{\mathfrak{v}}$. Le premier de ces invariants est un vecteur, le second est un nombre relatif, que l'on appelle l'*automoment* du torseur. Je le désignerai par A. On peut remplacer ce dernier par un invariant de nature vectorielle, comme le premier.

Désignons, en effet, par $\mathbf{m}_0$ le vecteur projection de $\mathbf{m}$ sur le vecteur $\mathbf{u}$. On peut poser

$$\mathbf{m}_0 = \mathbf{m} + \mathbf{v},$$

$\mathbf{v}$ étant un vecteur perpendiculaire à $\mathbf{u}$ (*fig.* 13). On a donc

$$\mathbf{m}_0 \times \mathbf{u} = \mathbf{m} \times \mathbf{u} + \mathbf{v} \times \mathbf{u} = \mathbf{m} \times \mathbf{u},$$

car $\mathbf{v} \times \mathbf{u}$ est nul. Donc $\mathbf{m_0} \times \mathbf{u}$ a une valeur constante. Comme $\mathbf{u}$ est constant et que $\mathbf{m_0}$ est parallèle à $\mathbf{u}$, cela exige que $\mathbf{m_0}$ soit constant aussi.

Donc, *quelle que soit la manière dont on réduit $\mathcal{T}$ à un vecteur glissant*

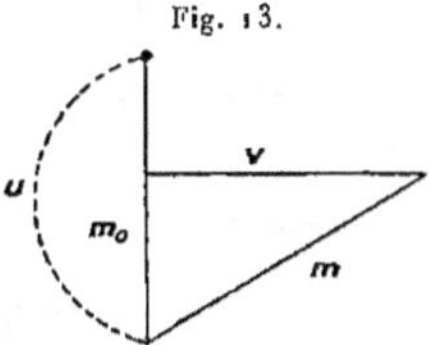

Fig. 13.

et à un couple, la projection du moment de celui-ci sur le vecteur glissant est un vecteur constant.

26. Réduction canonique. — On vient de voir que la réduction d'un torseur à un vecteur glissant et à un couple est possible d'une infinité de manières. Cherchons à la faire de telle manière que *le moment du couple soit parallèle au vecteur glissant.*

Supposons la réduction faite par rapport à un point O quel-

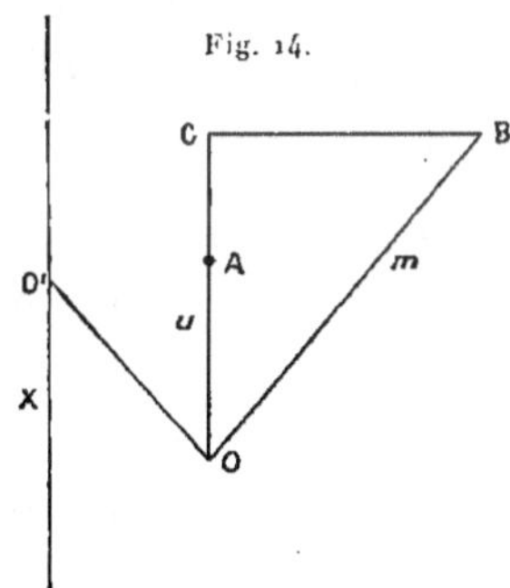

Fig. 14.

conque (*fig.* 14), et conservons les notations antérieures. Construisons les points
$$A = O + u, \qquad B = O + m,$$

Si l'on fait la réduction par rapport à un autre point O', on aura

$$\mathfrak{C} = O'\mathbf{u} + \mathcal{C}',$$

le moment $\mathbf{m}'$ de $\mathcal{C}'$ étant le moment de $\mathfrak{C}$ par rapport au point O'. Mais on a aussi

$$\mathfrak{C} = O\mathbf{u} + \mathcal{C};$$

le moment $\mathbf{m}'$ est donc la somme du moment de $\mathcal{C}$ et du moment de $O\mathbf{u}$ par rapport à O'. Ainsi,

$$\mathbf{m}' = (O - O') \wedge \mathbf{u} + \mathbf{m}.$$

Si le point O' satisfait à la condition imposée, $\mathbf{m}'$ doit être parallèle à $\mathbf{u}$. Mais on sait que, de quelque manière que soit faite la réduction, la projection de $\mathbf{m}'$ sur $\mathbf{u}$ est un vecteur constant, égal à la projection de $\mathbf{m}$. Soit donc C le point projection de B sur OA. On aura nécessairement $\mathbf{m}' = C - O$. Le point O' est donc tel que l'on ait

$$C - O = (O - O') \wedge \mathbf{u} + \mathbf{m} = (O - O') \wedge \mathbf{u} + B - O,$$

ou encore

$$C - B = (O - O') \wedge \mathbf{u}, \qquad B - C = (O' - O) \wedge \mathbf{u}.$$

On voit donc que le vecteur glissant $O'\mathbf{u}$ a un vecteur libre connu $\mathbf{u}$ et un moment par rapport au point O également connu, à savoir le vecteur libre $B - C$. Ce vecteur glissant est donc complètement connu (n° 17). Sa ligne d'action X est dite *axe* [1] du torseur $\mathfrak{C}$.

La réduction ainsi faite est dite *réduction canonique*, parce qu'elle n'est possible que d'une seule manière. Cela résulte de l'analyse précédente. On peut ainsi reconnaître directement que : *si deux torseurs, constitués chacun d'un vecteur glissant et d'un couple dont le moment soit parallèle à ce vecteur glissant sont égaux, les vecteurs glissants et les couples sont séparément égaux.*

Soient en effet

$$\mathfrak{C} = A\mathbf{u} + \mathcal{C} \qquad \text{et} \qquad \mathfrak{C}' = A'\mathbf{u}' + \mathcal{C}'$$

ces deux torseurs, $\mathcal{C}$ et $\mathcal{C}'$ étant deux couples dont les moments $\mathbf{m}$ et $\mathbf{m}'$ sont respectivement parallèles à $\mathbf{u}$ et à $\mathbf{u}'$. Supposons $\mathfrak{C} = \mathfrak{C}'$.

---

[1] On dit, en général : *axe central.* C'est un pléonasme.

Les deux vecteurs des deux torseurs étant respectivement **u** et **u**′, puisque $\ominus$ et $\ominus'$ ont des vecteurs nuls, on a **u**′ = **u**. Égalons les moments de $\mathcal{C}$ et de $\mathcal{C}'$ par rapport au point A. Le moment de $\mathcal{C}$ se réduit à **m**, celui de $\mathcal{C}'$ est (A′ — A) $\wedge$ **u** + **m**′. On a donc

$$\mathbf{m} = (\mathrm{A}' - \mathrm{A}) \wedge \mathbf{u} + \mathbf{m}', \qquad \text{d'où} \qquad \mathbf{m} - \mathbf{m}' = (\mathrm{A}' - \mathrm{A}) \wedge \mathbf{u}.$$

Mais **m** et **m**′ étant parallèles à **u**, il en est de même de **m** — **m**′. Or, le second membre désigne un vecteur perpendiculaire à **u**, à moins qu'il ne soit nul. Cette dernière hypothèse est donc seule admissible. Elle exige que A′ — A soit parallèle à **u**, c'est-à-dire que le point A′ appartienne au vecteur glissant A **u**. Le vecteur glissant A′ **u** est donc égal au vecteur glissant A **u**. On a, d'autre part, **m** — **m**′ = o, ce qui établit l'égalité des couples $\ominus$ et $\ominus'$, et le théorème est démontré.

27. Condition pour qu'un torseur se réduise à un vecteur glissant. — La réduction canonique faisant intervenir un couple qui n'est pas nul en général, on voit qu'*un torseur ne peut qu'exceptionnellement se réduire à un vecteur glissant unique.*

La condition est que le moment **m** du couple $\ominus$ qui figure dans la réduction canonique soit nul. On a donc alors

$$(\mathrm{1}) \qquad\qquad\qquad \mathbf{m} \times \mathbf{u} = \mathrm{o}.$$

Par conséquent, l'*automoment* de $\mathcal{C}$ (n° 24) *doit être nul.* Réciproquement, si cet automoment est nul, le couple $\ominus$ qui intervient dans la réduction canonique a un moment **m** qui satisfait à (1). Comme **m** est parallèle à **u**, cela exige, si le torseur n'a pas un vecteur nul, que **m** soit nul.

$\mathcal{C}$ se réduit donc à un vecteur unique.

En résumé, *la condition nécessaire et suffisante pour qu'un torseur de vecteur non nul soit égal à un vecteur unique est que son automoment soit nul.* Si l'on sait seulement que cet automoment est nul, la seule conclusion permise est que le torseur se réduit à un vecteur unique *ou à un couple.*

28. Torseurs particuliers. — 1° *Torseur constitué par des vecteurs glissants dont les supports sont concourants.* — Soit A le point de concours des supports. $\mathcal{C}$ étant le torseur considéré, on peut écrire

$$\mathcal{C} = \sum_1 \Lambda\, \mathbf{u}_i,$$

les $\mathbf{u}_i$ étant des vecteurs libres. Posons comme toujours $\Sigma \mathbf{u}_i = \mathbf{u}$.

On reconnaît que le vecteur glissant $\Lambda\mathbf{u}$ est égal à $\mathcal{C}$. En effet, $\mathcal{C}$ et $\Lambda\mathbf{u}$ ont le même vecteur $\mathbf{u}$ et le même moment, égal à zéro, par rapport au point Λ.

Ainsi, un torseur constitué par des vecteurs glissants dont les supports sont concourants est égal à un vecteur glissant unique dont le support passe par le point de concours des précédents, et dont le vecteur libre est celui du torseur. Il peut être nul ([1]).

2° *Torseur constitué par des vecteurs glissants dont les supports sont parallèles.* — Soient A_1, A_2, ..., Λ_k des points pris arbitrairement sur ces supports, supposés au nombre de k. Les vecteurs libres $\mathbf{u}_i$ des divers vecteurs glissants considérés étant tous parallèles, désignons par $\mathbf{a}$ un vecteur parallèle à leur direction commune. On peut poser

$$\mathbf{u}_i = m_i \mathbf{a} \qquad (i = 1, 2, \dots, k),$$

m_i étant un nombre relatif.

En posant

$$m = \Sigma m_i,$$

le vecteur du torseur est

$$\Sigma \mathbf{u}_i = m\mathbf{a}.$$

Si m est nul, le torseur est égal à un couple, dont le moment est le moment du torseur par rapport à un point O quelconque :

$$\mathbf{m} = \Sigma(A_i - O) \wedge \mathbf{u}_i = \Sigma(A_i - O) \wedge m_i\mathbf{a} = [\Sigma m_i(\Lambda_i - O)] \wedge \mathbf{a},$$

égalité qui prouve que $\mathbf{m}$ est perpendiculaire à $\mathbf{a}$, c'est-à-dire à la direction commune des vecteurs glissants considérés.

Si m n'est pas nul, considérons le système de points massifs $(A_1, m_1), \dots (A_k, m_k)$ (n° 10). Soit G leur barycentre.

Je dis que le torseur $\mathcal{C} = \Sigma \Lambda_i \mathbf{u}_i$ *est égal au vecteur glissant* G$\mathbf{u}$.

([1]) On remarquera que ce théorème est identique au premier théorème de Varignon (n° 19).

On reconnaît d'abord que le torseur et le vecteur glissant ont le même vecteur $\Sigma\, \mathbf{u}_i = \mathbf{u}$.

Il faut ensuite vérifier qu'ils ont même moment par rapport à un point O quelconque. Or, on a, pour le moment du torseur $\tilde{\omega}$,

$$\mathbf{m} = \Sigma\,(\mathbf{A}_i - \mathbf{O}) \wedge \mathbf{u}_i = [\Sigma\, m_i(\mathbf{A}_i - \mathbf{O})] \wedge \mathbf{a},$$

d'après le calcul fait ci-dessus.

Mais on a (n° 10)

$$\Sigma\, m_i(\mathbf{A}_i - \mathbf{O}) = m(\mathbf{G} - \mathbf{O}).$$

Donc

$$\mathbf{m} = m(\mathbf{G} - \mathbf{O}) \wedge \mathbf{a} = (\mathbf{G} - \mathbf{O}) \wedge m\mathbf{a} = (\mathbf{G} - \mathbf{O}) \wedge \mathbf{u},$$

ce qui est l'expression du moment par rapport à O du vecteur glissant G u.

La proposition suivante est donc établie : *Un torseur de vecteur non nul, constitué par des vecteurs glissants parallèles, est égal à un vecteur glissant unique. Le vecteur libre de celui-ci est le vecteur du torseur; son support est la parallèle aux vecteurs glissants considérés, menée par le barycentre de points pris sur les supports de ceux-ci et affectés de masses égales aux rapports respectifs des vecteurs libres correspondants à un même vecteur parallèle.*

F. — EXPRESSIONS CARTÉSIENNES.

29. Vecteurs unités. — Dans tout ce qui précède, j'ai eu recours uniquement aux méthodes symboliques du calcul vectoriel et à quelques considérations de géométrie pure. Il est facile de traduire les résultats obtenus dans le langage de la géométrie analytique classique. On y parvient par l'introduction des *vecteurs unités*.

Soit Oxyz un trièdre trirectangle de coordonnées cartésiennes (*fig.* 15). Marquons sur les axes, dans leurs régions positives, trois points A, B, C, à une distance de l'origine égale à l'unité de longueur. On définit ainsi trois vecteurs

$$\mathbf{i} = \mathbf{A} - \mathbf{O}, \qquad \mathbf{j} = \mathbf{B} - \mathbf{O}, \qquad \mathbf{k} = \mathbf{C} - \mathbf{O},$$

qui seront dits les trois *vecteurs unités*.

Les produits scalaires de ces vecteurs, pris deux à deux, s'obtiennent immédiatement. On a d'abord

$$i^2 = (\mathrm{mod}\,i)^2 = 1, \qquad \text{et de même} \qquad \mathbf{j}^2 = \mathbf{k}^2 = 1.$$

En second lieu, $\mathbf{j}$ et $\mathbf{k}$ étant perpendiculaires, on a

$$\mathbf{j} \times \mathbf{k} = 0, \qquad \text{et de même} \qquad \mathbf{k} \times \mathbf{i} = \mathbf{i} \times \mathbf{j} = 0.$$

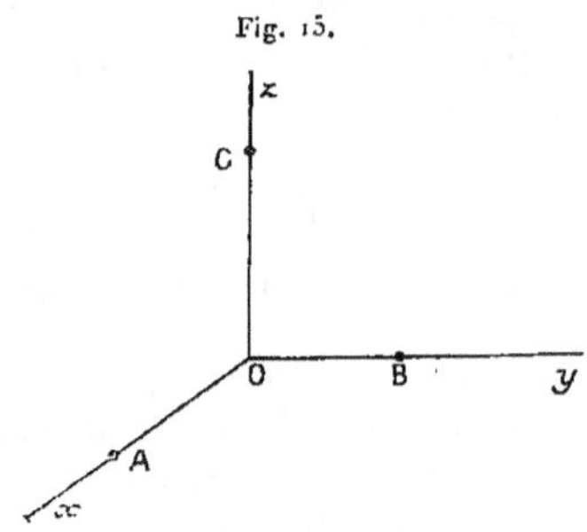

Fig. 15.

Les produits vectoriels se forment aussi facilement. On a d'abord

$$i \wedge i = j \wedge j = k \wedge k = 0,$$

puis

$$j \wedge k = i, \qquad k \wedge j = -i,$$

comme on le voit en remontant à la définition du produit vectoriel. De même

$$k \wedge i = j, \qquad i \wedge k = -j, \qquad i \wedge j = k, \qquad j \wedge i = -k.$$

Je réunis ces formules fondamentales dans le tableau suivant :

$$i^2 = j^2 = k^2 = 1,$$
$$j \times k = k \times i = i \times j = 0,$$
$$i \wedge i = j \wedge j = k \wedge k = 0,$$
$$j \wedge k = i, \qquad k \wedge i = j, \qquad i \wedge j = k,$$
$$k \wedge j = -i, \qquad i \wedge k = -j, \qquad j \wedge i = -k.$$

30. Coordonnées cartésiennes d'un vecteur libre. — Soit u un vecteur libre.

Les vecteurs $\mathbf{i}$, $\mathbf{j}$, $\mathbf{k}$ n'étant pas complanaires, on peut poser

$$u = X\mathbf{i} + Y\mathbf{j} + Z\mathbf{k},$$

X, Y, Z étant des nombres relatifs (n° 9). X, Y, Z ne sont autres que les coordonnées cartésiennes du point $O + u$. On dira aussi que ce sont les *coordonnées cartésiennes*, ou encore les *projections* (sous-entendu : sur les axes) du vecteur $\mathbf{u}$.

31. Produit scalaire et produit vectoriel de deux vecteurs libres.

— Considérons les deux vecteurs

$$u = X\mathbf{i} + Y\mathbf{j} + Z\mathbf{k},$$
$$u' = X'\mathbf{i} + Y'\mathbf{j} + Z'\mathbf{k}.$$

Cherchons leur produit scalaire et leur produit vectoriel. En appliquant les règles des multiplications scalaire et vectorielle, et en tenant compte des formules du n° 29, on trouve immédiatement

$$u \times u' = XX' + YY' + ZZ',$$
$$u \wedge u' = (YZ' - ZY')\mathbf{i} + (ZX' - XZ')\mathbf{j} + (XY' - YX')\mathbf{k}.$$

On a encore

$$(1) \qquad (\operatorname{mod} u)^2 = u^2 = X^2 + Y^2 + Z^2, \qquad (\operatorname{mod} u')^2 = X'^2 + Y'^2 + Z'^2.$$

En désignant par φ l'angle des vecteurs u et u', on a

$$u \times u' = \operatorname{mod} u . \operatorname{mod} u' . \cos\varphi,$$

d'où, en tenant compte des résultats précédents,

$$(2) \qquad \cos\varphi = \frac{XX' + YY' + ZZ'}{\sqrt{X^2 + Y^2 + Z^2}\,\sqrt{X'^2 + Y'^2 + Z'^2}}.$$

Les formules (1) et (2) sont classiques.

32. Coordonnées d'un vecteur glissant.

— Soit $A\,u$ un vecteur glissant. Il est complètement déterminé, comme on l'a vu au n° 17 par ses coordonnées vectorielles $\mathbf{u}$ et $\mathbf{m}$ par rapport au point O, coordonnées satisfaisant à la relation

$$(1) \qquad \mathbf{m} \times \mathbf{u} = 0.$$

Soient (X, Y, Z) les coordonnées cartésiennes de **u**, (L, M, N) celles de **m**. On a

$$u = Xi + Yj + Zk,$$
$$m = Li + Mj + Nk.$$

(1) se traduit donc par la condition

$$(2) \qquad LX + MY + NZ = 0.$$

Nous dirons que *le vecteur glissant* A **u** *a pour coordonnées cartésiennes les six nombres* X, Y, Z, L, M, N *satisfaisant à la condition* (2). Réciproquement, étant donnés X, Y, Z, L, M, N satisfaisant à (2), il existe un vecteur glissant et un seul qui admet ces six nombres pour coordonnées, à la condition que X, Y, Z ne soient pas tous les trois nuls. En effet, (X, Y, Z) d'une part et (L, M, N) de l'autre sont les coordonnées de deux vecteurs libres **u** et **m** satisfaisant à la condition (1), le premier n'étant pas nul, et l'on sait qu'il existe alors un vecteur glissant unique de vecteur libre **u** et de moment **m** par rapport au point O.

Fréquemment, le vecteur libre A **u** est donné par son vecteur libre **u** et par un point A de son support. Soient (x, y, z) les coordonnées cartésiennes de ce point. On a

$$A - O = xi + yj + zk,$$

d'où

$$m = (A - O) \wedge u = (xi + yj + zk) \wedge (Xi + Yj + Zk),$$

et, en développant le produit vectoriel,

$$m = (yZ - zY)i + (zX - xZ)j + (xY - yX)k,$$

d'où

$$L = yZ - zY, \qquad M = zX - xZ, \qquad N = xY - yX,$$

expressions dont il est bon de se rappeler la structure sous la forme suivante : on écrit sur deux lignes les coordonnées du point A et celles du vecteur **u** :

$$\begin{array}{ccc} x & y & z \\ X & Y & Z. \end{array}$$

L, M et N ont pour valeurs les déterminants de deux lignes et de deux colonnes extraits de ce tableau (en n'oubliant pas de permuter circulairement les colonnes).

33. Coordonnées d'un torseur. — Considérons le torseur

$$\mathfrak{T} = A_1 u_1 + A_2 u_2 + \ldots + A_k u_k = \Sigma A_i u_i.$$

Soient u_i, m_i les coordonnées vectorielles et X_i, Y_i, Z_i, L_i, M_i, N_i les coordonnées cartésiennes de A_i, u_i, en sorte que

$$u_i = X_i i + Y_i j + Z_i k,$$
$$m_i = L_i i + M_i j + N_i k.$$

Les coordonnées vectorielles du torseur (n° 24) sont $u = \Sigma u_i$, et $m = \Sigma m_i$. On appellera *coordonnées cartésiennes* du même torseur les six quantités

$$X = \Sigma X_i, \qquad Y = \Sigma Y_i, \qquad Z = \Sigma N_i,$$
$$L = \Sigma L_i, \qquad M = \Sigma M_i, \qquad N = \Sigma N_i,$$

en sorte que

$$u = X i + Y j + Z k,$$
$$m = L i + M j + N k.$$

Pour que deux torseurs soient égaux, il faut et il suffit que leurs six coordonnées de mêmes noms soient égales deux à deux.

L'automoment du torseur est

$$A = m \times u = LX + MY + NZ.$$

Pour que le torseur soit égal à un couple, il faut et il suffit qu'on ait

$$X = Y = Z = 0.$$

Pour que le torseur, supposé de vecteur non nul, soit égal à un vecteur glissant unique, il faut et il suffit qu'on ait

$$LX + MY + NZ = 0.$$

Si le torseur n'est pas expressément supposé de vecteur non nul, la relation précédente est la condition nécessaire et suffisante pour qu'il soit égal à un vecteur glissant unique ou à un couple.

34. Moment d'un torseur par rapport à un point quelconque. — Soient $\mathfrak{T}$ un torseur de coordonnées (X, Y, Z, L, M, N) et O' un point de coordonnées (x', y', z'). Cherchons le moment m' de $\mathfrak{T}$ par rapport à O'.

En désignant toujours par $\mathbf{m}$ le moment de $\mathfrak{T}$ par rapport à O, il n'y a qu'à appliquer la formule, établie au n° 24,

$$\mathbf{m}' - \mathbf{m} = (O - O') \wedge \mathbf{u},$$

d'où

$$\mathbf{m}' = \mathbf{m} + (O - O') \wedge \mathbf{u}.$$

Or,

$$O - O' = -x'\mathbf{i} - y'\mathbf{j} - z'\mathbf{k},$$
$$\mathbf{u} = \quad X\mathbf{i} + Y\mathbf{j} + Z\mathbf{k},$$

d'où

$$(O - O') \wedge \mathbf{u} = (-y'Z + z'Y)\mathbf{i} + (-z'X + x'Z)\mathbf{j} + (-x'Y + y'X)\mathbf{k},$$

et

$$\mathbf{m} = L\mathbf{i} + M\mathbf{j} + N\mathbf{k}.$$

On voit ainsi que $\mathbf{m}'$ a pour coordonnées

$$L - y'Z + z'Y, \qquad M - z'X + x'Z, \qquad N - x'Y + y'X.$$

35. Torseur constitué par des vecteurs glissants parallèles. — Établissons d'abord les formules qui donnent les coordonnées du barycentre d'un système de k points massifs (A_i, m_i). Soient (x_i, y_i, z_i) les coordonnées du point A_i, (x, y, z) celles du barycentre G. On suppose que la masse m du système n'est pas nulle. Le point G est donné par l'égalité vectorielle

$$m(G - O) = \Sigma m_i(A_i - O),$$

ou

$$m(x\mathbf{i} + y\mathbf{j} + z\mathbf{k}) = \Sigma m_i(x_i\mathbf{i} + y_i\mathbf{j} + z_i\mathbf{k}),$$

d'où l'on tire

$$(1) \qquad x = \frac{1}{m} \Sigma m_i x_i, \qquad y = \frac{1}{m} \Sigma m_i y_i, \qquad z = \frac{1}{m} \Sigma m_i z_i.$$

Soit alors $\Sigma A_i \mathbf{u}_i$ un torseur dont les vecteurs glissants sont parallèles; $\mathbf{a}$ étant un vecteur libre parallèle à la direction générale de ceux-ci, on peut poser

$$\mathbf{u}_i = m_i \mathbf{a},$$

m_i étant un nombre relatif. Soient (X_0, Y_0, Z_0) les coordonnées de $\mathbf{a}$; celles de $\mathbf{u}_i$ sont

$$X_i = m_i X_0, \qquad Y_i = m_i Y_0, \qquad Z_i = m_i Z_0.$$

(x_i, y_i, z_i) étant les coordonnées du point A_i, le vecteur glissant $A_i\,\mathbf{u}_i$ a pour coordonnées

$$X_i,\quad Y_i,\quad Z_i,$$
$$m_i(y_i Z_0 - z_i Y_0),\quad m_i(z_i X_0 - x_i Z_0),\quad m_i(x_i Y_0 - y_i X_0).$$

Calculons enfin les coordonnées du torseur $\Sigma A_i\,\mathbf{u}_i$. On a d'abord

$$X = \Sigma X_i = \Sigma m_i X_0 = m X_0,$$

et des expressions analogues pour Y et Z. Ensuite,

$$L = \Sigma m_i(y_i Z_0 - z_i Y_0),$$

ou, en tenant compte de (1),

$$L = m(y Z_0 - z Y_0),$$

et des expressions analogues pour M et N. En résumé,

$$X = m X_0,\qquad Y = m Y_0,\qquad Z = m Z_0,$$
$$L = m(y Z_0 - z Y_0),\qquad M = m(z X_0 - x Z_0),\qquad N = m(x Y_0 - y X_0).$$

36. Comptes de paramètres. — Il importe de noter les nombres de paramètres dont dépendent les différents êtres que nous avons considérés.

1° *Vecteur libre.* — Un vecteur libre, ayant trois coordonnées, dépend de *trois paramètres*.

2° *Vecteur glissant.* — Un vecteur glissant a six coordonnées reliées par une relation. Il dépend donc de *cinq* paramètres.

3° *Torseur.* — Un torseur a six coordonnées entre lesquelles n'existe aucune relation imposée. Il dépend donc de *six* paramètres.

On peut dire encore, en adoptant une forme de langage très employée, qu'il existe ∞^3 vecteurs libres, ∞^5 vecteurs glissants, ∞^6 torseurs.

Les comptes de paramètres et de conditions donnent souvent des *indications* utiles (mais non des certitudes). Examinons, par exemple, la question suivante : *Étant donné un torseur, est-il possible de le réduire à un système de deux vecteurs glissants dont l'un ait un support donné* D ?

Un système de deux vecteurs glissants dépend *a priori* de $5 + 5 = 10$ paramètres. Exiger que l'un d'eux ait un support donné D impose 4 relations entre les paramètres. Car cela revient à dire que ce support passe par deux points donnés de D, et chacune de ces conditions se traduit par 2 relations. D'autre part, le système des deux vecteurs glissants et le torseur donné doivent avoir les mêmes coordonnées, ce qui se traduit par 6 nouvelles relations. On trouve autant de relations que d'inconnues. Il est donc à présumer que le problème posé est possible et admet un nombre fini de solutions.

On n'aboutit pas à une certitude, car il se pourrait que les relations écrites fussent incompatibles ou, au contraire, surabondantes. C'est pourquoi j'ai parlé seulement des *indications* que donne le raisonnement qui précède. Dans le fait, on verra au Chapitre III que le problème posé est possible et admet une solution unique, à moins que D ne satisfasse à une certaine condition, auquel cas il est impossible.

G. — DÉRIVATION DES VECTEURS.

37. Vecteur libre fonction d'une variable. — Soit t un nombre variable. On dit que le vecteur libre u est fonction de t, si à chaque valeur de t correspond d'une manière quelconque un certain vecteur u. On écrira

$$u = f(t), \quad u = g(t), \quad \ldots,$$

en employant, autant que possible, une lettre de caractère spécial pour le symbole fonctionnel. On peut écrire simplement $u(t)$.

Donnons à t un accroissement Δt. Le vecteur u est remplacé par un vecteur u_1, et la différence $u_1 - u$ est un vecteur qu'on peut appeler Δu.

On dit que u est *fonction continue de t*, si mod Δu tend vers zéro en même temps que Δt.

Si, de plus, il existe un vecteur u' tel que le module du vecteur

$$\frac{\Delta u}{\Delta t} -$$

tende vers zéro en même temps que Δt, on dit que le vecteur u a, par rapport à t, une *dérivée* u'.

De même qu'en analyse ordinaire, on désigne par $d\mathbf{u}$ le vecteur $\mathbf{u}'\,dt$ et on l'appelle la *différentielle* de $\mathbf{u}$.

Si le vecteur $\mathbf{u}'$ a une dérivée $\mathbf{u}''$, ce dernier vecteur est dit *dérivée seconde* de $\mathbf{u}$, etc.

En désignant par (X, Y, Z) les coordonnées de $\mathbf{u}$, on a

$$\mathbf{u} = X\mathbf{i} + Y\mathbf{j} + Z\mathbf{k}.$$

X, Y, Z sont des nombres fonctions de t. Il est manifeste que la continuité du vecteur $\mathbf{u}$ et l'existence de ses dérivées reviennent à la continuité des fonctions X, Y, Z et à l'existence de leurs dérivées aux sens ordinaires de ces mots. On a

$$\mathbf{u}' = X'\mathbf{i} + Y'\mathbf{j} + Z'\mathbf{k},$$
$$\mathbf{u}'' = X''\mathbf{i} + Y''\mathbf{j} + Z''\mathbf{k}.$$

38. Point fonction d'une variable. — On dit qu'un point M est fonction d'une variable t si à chaque vecteur de t correspond une position de M.

On peut désigner ce point par $M(t)$. On dit que $M(t)$ est fonction continue de t si le module du vecteur

$$M(t + \Delta t) - M(t)$$

tend vers zéro en même temps que Δt. Si, en outre, il existe un vecteur $\mathbf{u}$ tel que le module du vecteur

$$\frac{M(t + \Delta t) - M(t)}{\Delta t} - \mathbf{u}$$

tende vers zéro en même temps que Δt, on dit que *le point* M *a pour dérivée* le vecteur $\mathbf{u}$. Ainsi, la *dérivée d'un point est un vecteur.*

39. Formules de dérivation. — 1º Si des vecteurs $\mathbf{u}, \mathbf{v}, \mathbf{w}$, fonctions d'une même variable, ont des dérivées $\mathbf{u}', \mathbf{v}', \mathbf{w}'$, le vecteur

$$a\mathbf{u} + b\mathbf{v} + c\mathbf{w},$$

où a, b, c sont des constantes quelconques, a pour dérivée

$$a\mathbf{u}' + b\mathbf{v}' + c\mathbf{w}'.$$

2º Si m est un nombre fonction lui-même de t, ayant une dérivée m', le vecteur

$$m\mathbf{u}$$

a pour dérivée

$$m'\mathbf{u} + m\mathbf{u}'.$$

Ces propositions se démontrent comme les propositions analogues relatives aux fonctions ordinaires.

3° Soient $\mathbf{u}$ et $\mathbf{v}$ deux vecteurs fonctions de t, h leur produit scalaire. Ce produit est une fonction de t dont nous allons chercher la dérivée. Le calcul est semblable à celui qui donne la dérivée d'un produit de fonctions réelles.

Posons

$$\Delta\mathbf{u} = \mathbf{u}(t + \Delta t) - \mathbf{u}(t), \qquad \Delta\mathbf{v} = \mathbf{v}(t + \Delta t) - \mathbf{v}(t).$$

On a

$$h = \mathbf{u} \times \mathbf{v}$$

et

$$h + \Delta h = (\mathbf{u} + \Delta\mathbf{u}) \times (\mathbf{v} + \Delta\mathbf{v}) = h + \mathbf{u} \times \Delta\mathbf{v} + \mathbf{v} \times \Delta\mathbf{u} + \Delta\mathbf{u} \times \Delta\mathbf{v},$$

d'où

$$\frac{\Delta h}{\Delta t} = \mathbf{u} \times \frac{\Delta\mathbf{v}}{\Delta t} + \mathbf{v} \times \frac{\Delta\mathbf{u}}{\Delta t} + \Delta\mathbf{u} \times \frac{\Delta\mathbf{v}}{\Delta t},$$

et, en faisant tendre Δt vers zéro, on obtient la formule

$$h' = \mathbf{u} \times \mathbf{v}' + \mathbf{v} \times \mathbf{u}',$$

semblable à celle qui donne la dérivée d'un produit de fonctions réelles.

4° Cherchons enfin la dérivée du produit vectoriel

$$\mathbf{w} = \mathbf{u} \wedge \mathbf{v}.$$

On a

$$\mathbf{w} + \Delta\mathbf{w} = (\mathbf{u} + \Delta\mathbf{u}) \wedge (\mathbf{v} + \Delta\mathbf{v}) = \mathbf{w} + \Delta\mathbf{u} \wedge \mathbf{v} + \mathbf{u} \wedge \Delta\mathbf{v} + \Delta\mathbf{u} \wedge \Delta\mathbf{v},$$

d'où

$$\frac{\Delta\mathbf{w}}{\Delta t} = \frac{\Delta\mathbf{u}}{\Delta t} \wedge \mathbf{v} + \mathbf{u} \wedge \frac{\Delta\mathbf{v}}{\Delta t} + \Delta\mathbf{u} \wedge \frac{\Delta\mathbf{v}}{\Delta t}.$$

Quand Δt tend vers zéro, on reconnaît aisément que le troisième terme du second membre de la formule précédente tend vers zéro (il suffit de remarquer que le module de ce terme est inférieur ou égal à $\mathrm{mod}\,\Delta\,\mathbf{u}.\,\mathrm{mod}\,\dfrac{\Delta\,\mathbf{v}}{\Delta\,t}\Big)$, et l'on arrive à la formule

$$\mathbf{w}' = \mathbf{u}' \wedge \mathbf{v} + \mathbf{u} \wedge \mathbf{v}'.$$

Il faut prendre soin de ne pas intervertir les facteurs dans les produits vectoriels du second membre.

Dans toutes ces formules, on peut remplacer les dérivées par des différentielles. Ainsi l'on a

$$d(\mathbf{u} \times \mathbf{v}) \equiv \mathbf{u} \times d\mathbf{v} + \mathbf{v} \times d\mathbf{u}, \qquad d(\mathbf{u} \wedge \mathbf{v}) = d\mathbf{u} \wedge \mathbf{v} + \mathbf{u} \wedge d\mathbf{v}.$$

Voici encore une remarque utile : *Si un vecteur* $\mathbf{u}$ *varie de telle manière que son module soit constant, on a*

$$\mathbf{u} \times \mathbf{u}' = 0.$$

En effet, on a

$$(\mathrm{mod}\,\mathbf{u})^2 = \mathbf{u}^2 = \mathbf{u} \times \mathbf{u} = \mathrm{const.},$$

d'où, en dérivant,

$$2\mathbf{u} \times \mathbf{u}' = 0. \qquad\qquad \text{c. q. f. d.}$$

On peut dire que *le vecteur* $\mathbf{u}$ *est constamment perpendiculaire à sa dérivée, si cette dernière n'est pas nulle.*

La réciproque est vraie.

40. **Conclusion.** — Dans ce Chapitre, j'ai indiqué les principes du *calcul vectoriel.* Je n'en ai développé que ce qui était nécessaire pour établir la théorie des torseurs. Comme je l'ai dit au n° 14, on a besoin pour d'autres applications de quelques formules nouvelles. Je les ai laissées de côté.

J'espère cependant que le contenu de ce Chapitre suffira à faire comprendre au lecteur les avantages du calcul vectoriel, une fois surmontée la petite difficulté inhérente à tout symbolisme et à toute notation condensée.

Ces avantages sont de deux sortes : d'abord, la concision des expressions et des formules. Par exemple, les coordonnées cartésiennes d'un torseur sont au nombre de *six*, X, Y, Z, L, M, N. Ses *coordonnées vectorielles,* c'est-à-dire les vecteurs libres dont la connaissance la détermine, ne sont que *deux* : $\mathbf{u}$ et $\mathbf{m}$. La condition pour qu'un torseur soit égal à un vecteur glissant s'écrit, d'une part,

$$LX + MY + NZ = o$$

et, de l'autre,

$$\mathbf{m} \times \mathbf{u} = o.$$

L'autre avantage est que, très souvent, les formules du calcul vectoriel sont susceptibles d'une interprétation géométrique qui n'est pas aussi immédiate avec les formules cartésiennes. Ainsi, l'interprétation de la formule écrite en dernier lieu saute aux yeux : *les vecteurs* $\mathbf{m}$ et $\mathbf{u}$ *sont perpendiculaires*; tandis qu'on écrira souvent la formule cartésienne correspondante sans songer à cela. On peut dire que, comparé à la méthode cartésienne, le calcul vectoriel suit de plus près les propriétés géométriques des figures que l'on étudie.

Ces avantages apparaîtront avec plus d'évidence dans la section A du Chapitre suivant, consacré aux courbes gauches, et où je ferai un usage non pas exclusif, mais assez étendu, du calcul vectoriel.

CHAPITRE II.

COURBES GAUCHES; ENVELOPPES; SURFACES RÉGLÉES.

A. — COURBES GAUCHES.

41. Rappel de propriétés connues et définitions. — Une courbe de l'espace C peut être définie paramétriquement par trois équations

$$x = f(t), \qquad y = g(t), \qquad z = h(t),$$

qui donnent les coordonnées d'un point $M(t)$ de cette courbe en fonction d'une variable t. Cette courbe est gauche en général.

On suppose les fonctions f, g, h continues et ayant des dérivées des divers ordres.

Les équations de la tangente en $M(t)$ sont

$$\frac{X - x}{x'} = \frac{Y - y}{y'} = \frac{- z}{z'},$$

en posant $x' = \dfrac{dx}{dt}$, etc.

Si, par la tangente en $M(t)$, on mène le plan parallèle à la tangente en $M(t + \Delta t)$, ce plan tend, lorsque Δt tend vers zéro, vers un plan limite, dit *plan osculateur* en M, ayant pour équation

$$\begin{vmatrix} X - x & Y - y & Z - z \\ x' & y' & z' \\ x'' & y'' & z'' \end{vmatrix} = 0.$$

On démontre que le plan osculateur est aussi la limite du plan passant par la tangente MT en $M(t)$ et par le point $M(t + \Delta t)$, et aussi la limite du plan qui passe par les points $M(t)$, $M(t + \Delta_1 t)$, $M(t + \Delta_2 t)$, quand $\Delta_1 t$ et $\Delta_2 t$ tendent indépendamment vers zéro.

La courbe C a au point M *une infinité de normales*, qui sont les diverses perpendiculaires élevées en M à la tangente MT. Le lieu de ces normales est le *plan normal* en M.

La normale MN qui appartient au plan osculateur est dite *normale principale*. Celle qui lui est perpendiculaire est dite *binormale*.

42. Cône directeur. — Si, par un point fixe quelconque, l'origine O par exemple, on mène des parallèles OT_0 aux diverses tangentes MT, le lieu de ces tangentes est un cône G, dit *cône directeur* de C.

Le plan tangent au cône G le long de la génératrice OT_0 est parallèle au plan osculateur à C en M. Soit en effet (*fig.* 16) OT_0' la génératrice

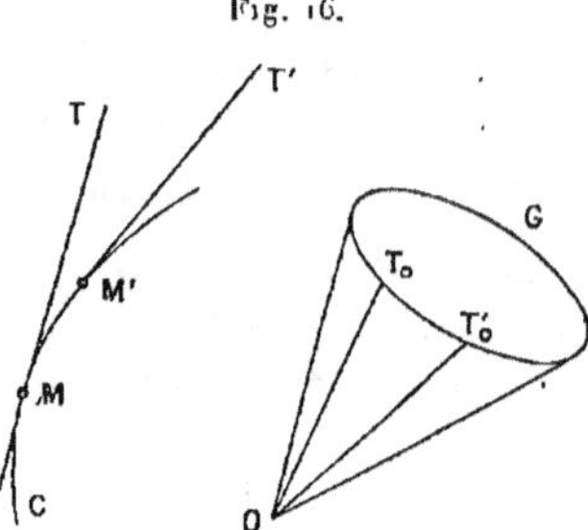

Fig. 16.

de G parallèle à la tangente M'T' à C en un point M' voisin de M. Le plan OT_0T_0' est parallèle à la fois à MT et à M'T'. En passant à la limite, on a la propriété énoncée.

43. Indicatrice sphérique. — Fixons sur C un sens positif de parcours. M_0 étant un point fixe choisi arbitrairement sur C, soit s la longueur de l'arc M_0M (la convention faite sur le sens de parcours permet d'attribuer un signe à s). Il est avantageux pour l'étude de C de prendre s comme paramètre servant à la représentation de cette courbe, en sorte qu'elle est définie par les équations

$$(1) \qquad x = f(s), \qquad y = g(s), \qquad z = h(s).$$

On a, comme l'on sait,

$$(2) \qquad dx^2 + dy^2 + dz^2 = ds^2, \qquad \text{ou} \qquad x'^2 + y'^2 + z'^2 = 1.$$

On obtient des expressions plus concises en employant le calcul vectoriel. Les équations (1) sont alors remplacées par la suivante :

$$M = O + \mathbf{f}(s),$$

$\mathbf{f}(s)$ étant le vecteur $M - O$.

Le vecteur parallèle à la tangente en M

$$\mathbf{t} = x'\mathbf{i} + y'\mathbf{j} + z'\mathbf{k}$$

est unitaire, à cause de (2), et l'on a

$$\mathbf{t} = \frac{dM}{ds}, \qquad \text{ou} \qquad dM = ds\,\mathbf{t},$$

d'où l'on tire, en égalant les modules des deux membres,

$$\operatorname{mod}(dM) = |\,ds\,|.$$

Construisons (*fig.* 17) le point $\mu = O + \mathbf{t}$. Quand M varie, ce

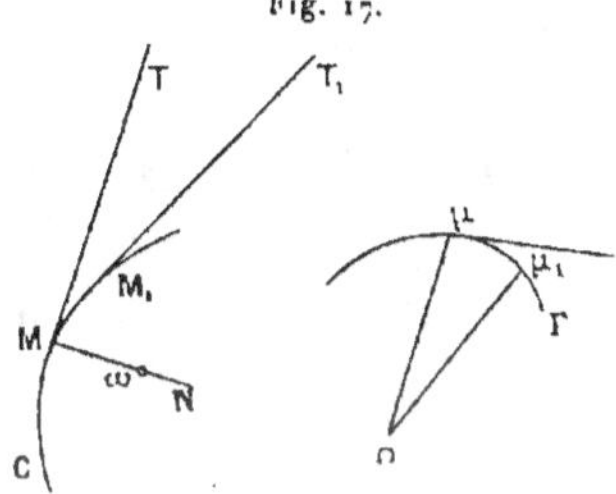

Fig. 17.

point décrit une courbe Γ, qui est tracée sur la sphère de centre O et de rayon 1, puisque

$$\operatorname{mod}(\mu - O) = \operatorname{mod}\mathbf{t} = 1.$$

$O\mu$ étant parallèle à MT, on voit que Γ *est l'intersection de la sphère de centre O et du cône directeur G de C* [1]. La courbe Γ est dite *indicatrice sphérique* de la courbe C.

---

[1] Plus justement : *est une partie de cette intersection*, puisque la droite $O\mu$ est orientée et que l'on ne prend en considération que l'un de ses points avec la sphère.

La tangente en μ à Γ est : 1° perpendiculaire à $O\mu$, puisque Γ est tracée sur une sphère de centre O; 2° dans le plan tangent à G suivant $O\mu$. Or, ce dernier plan est parallèle au plan osculateur à C en M (n° 42). On conclut de là que *la tangente en μ à Γ est parallèle à la normale principale* MN.

44. Courbure. — Le vecteur $\mathbf{t} = \mu - O$ est fonction de s. Soit $\mathbf{t}'$ sa dérivée, supposée exister. Posons

$$\frac{1}{R} = \operatorname{mod} \mathbf{t}'.$$

Le nombre $\dfrac{1}{R}$, essentiellement positif, est dit *courbure* de C en M. Son inverse R est le *rayon de courbure*. Il est aisé de reconnaître la signification géométrique de la courbure.

Soient en effet $M(s)$ et $M_1 = M(s + \Delta s)$ deux points voisins sur C, μ et $\mu_1 = \mu(s + \Delta s)$ les points correspondants de Γ. Les vecteurs $\mu - O$ et $\mu_1 - O$ sont respectivement $\mathbf{t}(s)$ et $\mathbf{t}(s + \Delta s)$, et l'on a

$$\mathbf{t}(s + \Delta s) - \mathbf{t}(s) = (\mu_1 - O) - (\mu - O) = \mu_1 - \mu,$$

d'où

$$(1) \qquad \operatorname{mod} \frac{\mathbf{t}(s + \Delta s) - \mathbf{t}(s)}{\Delta s} = \frac{\operatorname{mod}(\mu_1 - \mu)}{|\Delta s|}.$$

Soit ε l'angle $\widehat{\mu O \mu_1} = \widehat{MT, M_1 T_1}$ (cet angle est dit *angle de contingence*).

On a

$$\frac{\operatorname{mod}(\mu_1 - \mu)}{|\Delta s|} = \frac{\operatorname{mod}(\mu_1 - \mu)}{\varepsilon} \, \frac{\varepsilon}{|\Delta s|}.$$

Quand Δs tend vers zéro, le premier facteur du second membre tend vers l'unité, car $\operatorname{mod}(\mu_1 - \mu)$ est la longueur du segment $\mu\mu_1$ et les deux segments $O\mu$ et $O\mu_1$ ont l'unité pour longueur commune. On tire donc de (1), en passant à la limite,

$$\frac{1}{R} = \operatorname{mod} \mathbf{t}' = \lim_{\Delta s = 0} \frac{\varepsilon}{|\Delta s|}.$$

Ainsi *la courbure est la limite du rapport de l'angle infiniment petit de deux tangentes à C, infiniment voisines, à la longueur de l'arc qui sépare les points de contact.*

Le vecteur t' est parallèle à la tangente à Γ en μ, donc à MN. Par conséquent, le point

$$\omega = M + R \cdot \frac{t'}{\operatorname{mod} t'}$$

appartient à la normale principale MN. Ce point est dit *centre de courbure* de C en M.

45. Trièdre principal attaché à la courbe C en M. — Orientons la tangente MT comme le vecteur t et la normale principale MN comme le vecteur t'.

Il importe de remarquer que, si l'on change le sens de parcours de la courbe C, *l'orientation de la tangente est changée, mais celle de la normale principale reste la même.* Le premier point est évident. Pour établir le second, remarquons que changer le sens de parcours de C revient à prendre comme paramètre $s_1 = -s$. Le vecteur unitaire parallèle à la tangente orientée en conséquence est $t_1 = -t$. La normale principale devra être orientée comme le vecteur

$$\frac{dt_1}{ds_1} = \frac{d(-t)}{d(-s)} = \frac{dt}{ds},$$

ce qui établit la proposition.

La binormale MB constitue avec MT et MN un trièdre trirectangle. *On conviendra d'orienter cette binormale de telle manière que le trièdre MTNB soit positif* (*fig.* 18). Si donc on change le sens de

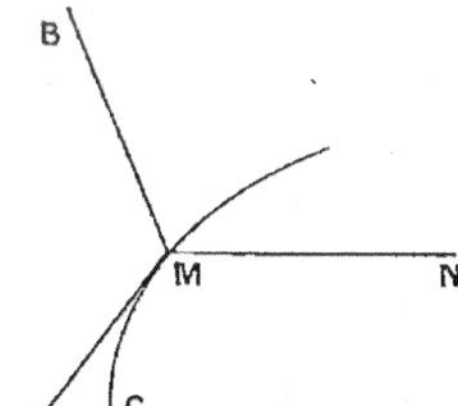

Fig. 18.

parcours de C, l'orientation de la binormale est changée, comme celle de la tangente.

Le trièdre MTNB sera dit *trièdre principal attaché à la courbe en M*, ou plus brièvement *trièdre principal de la courbe en M*. Ses faces sont le plan osculateur MTN, le plan normal MNB et le plan MTB, qu'on appelle *plan rectifiant*.

On a déjà désigné par **t** un vecteur unitaire orienté comme MT. On désignera de même par **n** et **b** des vecteurs unitaires orientés comme MN et MB.

Les cosinus directeurs de la tangente orientée MT sont les longueurs algébriques des projections de **t** sur les axes. On les désignera par τ_1, τ_2, τ_3. Les cosinus directeurs de MN seront désignés par ν_1, ν_2, ν_3 et ceux de MB par $\beta_1, \beta_2, \beta_3$.

On a, par conséquent, avec les notations du Chapitre I, Section F,

$$\mathbf{t} = \tau_1\mathbf{i} + \tau_2\mathbf{j} + \tau_3\mathbf{k},$$
$$\mathbf{n} = \nu_1\mathbf{i} + \nu_2\mathbf{j} + \nu_3\mathbf{k},$$
$$\mathbf{b} = \beta_1\mathbf{i} + \beta_2\mathbf{j} + \beta_3\mathbf{k}.$$

46. Formules de Frenet. Torsion. — Les formules de Frenet, qui jouent un rôle essentiel dans la théorie des courbes gauches, font connaître des expressions simples des dérivées par rapport à s des vecteurs **t**, **n** et **b**, ou, ce qui revient au même, des neuf cosinus $\tau_1, \tau_2, \ldots, \beta_2, \beta_3$.

1° On a déjà posé au n° 44

$$\operatorname{mod} \mathbf{t}' = \frac{1}{R}.$$

De plus, le vecteur unitaire **n** est, par convention, orienté comme **t**'. On a donc

$$(1) \qquad\qquad \mathbf{t}' = \frac{\mathbf{n}}{R},$$

formule qui fait connaître **t**'.

2° **b** étant perpendiculaire à **t**, on a

$$\mathbf{b} \times \mathbf{t} = 0,$$

d'où, en dérivant,

$$(2) \qquad\qquad \mathbf{b} \times \mathbf{t}' + \mathbf{t} \times \mathbf{b}' = 0.$$

Mais, en vertu de (1),

$$\mathbf{b} \times \mathbf{t}' = \mathbf{b} \times \frac{\mathbf{n}}{R} = \frac{1}{R}\mathbf{b} \times \mathbf{n} = 0,$$

car $\mathbf{b}$ est perpendiculaire à $\mathbf{n}$. (2) se réduit donc à

$$(3) \qquad\qquad\qquad \mathbf{t} \times \mathbf{b}' = 0.$$

D'autre part, $\mathbf{b}$ ayant un module constant, on a (n° 39)

$$(4) \qquad\qquad\qquad \mathbf{b} \times \mathbf{b}' = 0.$$

(3) et (4) montrent que le vecteur $\mathbf{b}'$ est perpendiculaire à $\mathbf{t}$ et à $\mathbf{b}$. Il est donc parallèle à $\mathbf{n}$, et l'on peut écrire

$$(5) \qquad\qquad\qquad \mathbf{b}' = \frac{\mathbf{n}}{T},$$

T étant un nombre dont la signification est facile à obtenir. En effet, $\mathbf{n}$ étant un vecteur unitaire, on a

$$\left|\frac{1}{T}\right| = \operatorname{mod} \mathbf{b}' = \operatorname{mod}\frac{d\mathbf{b}}{ds} = \frac{\operatorname{mod} d\mathbf{b}}{\operatorname{mod} ds}.$$

Dans le dernier membre, le numérateur représente l'angle des binormales aux extrémités d'un arc infiniment petit ds (cet angle est dit : *angle de torsion*). On établit cela en raisonnant comme au n° 44.

Par conséquent, *la valeur absolue de $\frac{1}{T}$ est le rapport de l'angle infiniment petit des binormales aux extrémités d'un arc infiniment petit à la longueur de cet arc.* On donne à $\frac{1}{T}$ le nom de *torsion*. T est dit *rayon de torsion*.

La torsion est analogue à la courbure. Mais il y a une différence de nature importante entre ces deux quantités. La courbure est, on l'a vu, un nombre essentiellement positif, tandis que la torsion, définie par la relation (5), où les vecteurs $\mathbf{b}'$ et $\mathbf{n}$ peuvent être de même sens ou de sens opposés, est *susceptible de signe*. Nous verrons un peu plus loin comment la *disposition* d'une courbe par rapport à son trièdre principal est reliée au signe de la torsion.

3° Le trièdre MTNB étant un trièdre orthogonal de disposition positive, on a

$$\mathbf{n} = \mathbf{b} \wedge \mathbf{t},$$

d'où, en dérivant et en tenant compte des formules (1) et (5),

$$(6) \qquad \mathbf{n}' = \mathbf{b}' \wedge \mathbf{t} + \mathbf{b} \wedge \mathbf{t}' = \frac{\mathbf{n}}{T} \wedge \mathbf{t} + \mathbf{b} \wedge \frac{\mathbf{n}}{R}$$

$$= \frac{1}{T} \mathbf{n} \wedge \mathbf{t} + \frac{1}{R} \mathbf{b} \wedge \mathbf{n} = -\frac{\mathbf{b}}{T} - \frac{\mathbf{t}}{R},$$

ce qui fait connaître $\mathbf{n}'$.

Les formules (1), (5) et (6) fournissent les résultats demandés. Réunissons-les. On a, sous la forme vectorielle, les trois *formules de Frenet* :

$$(7) \qquad \mathbf{t}' = \frac{\mathbf{n}}{R}, \qquad \mathbf{b}' = \frac{\mathbf{n}}{T}, \qquad \mathbf{n}' = -\frac{\mathbf{t}}{R} - \frac{\mathbf{b}}{T}.$$

Si l'on veut employer la notation cartésienne, chacune de ces formules se décompose en trois autres. On obtient

$$(8) \qquad \tau'_1 = \frac{\nu_1}{R}, \qquad \tau'_2 = \frac{\nu_2}{R}, \qquad \tau'_3 = \frac{\nu_3}{R},$$

$$(9) \qquad \beta'_1 = \frac{\nu_1}{T}, \qquad \beta'_2 = \frac{\nu_2}{T}, \qquad \beta'_3 = \frac{\nu_3}{T},$$

$$(10) \qquad \nu'_1 = -\frac{\tau_1}{R} - \frac{\beta_1}{T}, \qquad \nu'_2 = -\frac{\tau_2}{R} - \frac{\beta_2}{T}, \qquad \nu'_3 = -\frac{\tau_3}{R} - \frac{\beta_3}{T}.$$

On voit quelle condensation d'écriture donne la notation vectorielle. Il faut ajouter que le calcul cartésien qui conduit directement aux dernières formules est plus compliqué que celui du présent paragraphe.

47. Disposition de la courbe par rapport au trièdre principal. — Imaginons un observateur traversé des pieds à la tête par la tangente MT. Quand un point, décrivant la courbe C dans le sens qui correspond à celui de la tangente MT, passe du point M au point infiniment voisin M', la binormale MB paraît tourner, pour cet observateur, dans un sens ou dans l'autre. Nous allons reconnaître que *ce sens est positif ou négatif, suivant que la torsion en* M *est négative ou positive.*

En effet, écrivons la seconde des formules (7) du n° 46 sous la forme

$$d\mathbf{b} = \frac{ds}{T} \mathbf{n}$$

et construisons (*fig.* 19) les points

$$B = M + b, \qquad B'' = M + b + db = M + b + \frac{ds}{T} n = B + \frac{ds}{T} n.$$

Le vecteur $B'' - B = \frac{ds}{T} n$ est parallèle à MN. L'arc MM' étant supposé de même sens que MT, ds est positif, de sorte que le vecteur $B'' - B$, ou encore le segment orienté BB'' est de même sens que n ou de sens contraire suivant que T est positif ou négatif.

Fig. 19

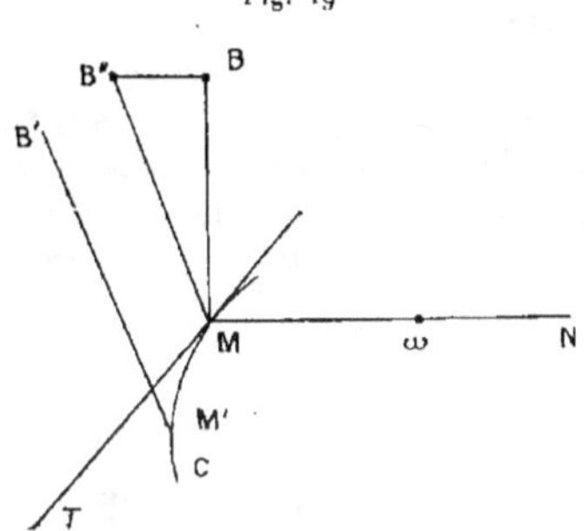

MB'' est parallèle à la binormale M'B' en M'. On voit donc que la rotation de la binormale, pour l'observateur couché le long de MT, s'effectue bien dans le sens *positif* ou *négatif*, quand on passe de M à M' suivant que T est *négatif* ou *positif*.

Il y a un autre fait important à noter : c'est que *la projection de la courbe sur son plan osculateur* MTN, *projection qui est évidemment tangente à* MT, *a sa concavité tournée vers le centre de courbure* ω, *c'est-à-dire vers la direction positive de* MN, *à la condition que* R *ne soit ni nul ni infini.*

Pour démontrer ce fait, employons des coordonnées cartésiennes, en supposant que l'axe Ox soit confondu avec MT, l'axe Oy avec MN, l'axe Oz avec MB. Dans le voisinage du point M, y admet un développement en série

$$y = y_0 + \frac{dy_0}{ds} s + \frac{1}{2} \frac{d^2 y_0}{ds^2} s^2 + \dots$$

Mais, avec les axes choisis, on a

$$y_0 = 0, \qquad \frac{dy_0}{ds} = \tau_2 = 0, \qquad \frac{d^2 y_0}{ds^2} = \frac{d\tau_2}{ds} = \frac{\nu_2}{R} = \frac{1}{R}.$$

Donc

$$y = \frac{1}{R} s^2 + \cdots,$$

ce qui montre que y est positif quel que soit le signe de s. D'où la propriété énoncée.

48. Cas des courbes planes.

48. Cas des courbes planes. — Une courbe plane a même plan osculateur en tous ses points. Réciproquement, cette propriété caractérise une courbe plane. Plus généralement, *si le plan osculateur d'une courbe est parallèle à une droite fixe, cette courbe est plane.*

Prenons, en effet, la droite fixe comme axe des x. L'équation du plan osculateur étant, avec la notation ordinaire

$$\begin{vmatrix} X - x & Y - y & Z - z \\ x' & y' & z' \\ x'' & y'' & z'' \end{vmatrix} = 0,$$

la condition de parallélisme supposée se traduit par

$$y'z'' - z'y'' = 0, \qquad \text{ou} \qquad \frac{y''}{y'} = \frac{z''}{z'}.$$

Les dérivées logarithmiques de y' et de z' étant égales, on a

$$y' = k z',$$

k étant une constante, et par une nouvelle intégration,

$$(1) \qquad\qquad y = k z + l,$$

l étant encore une constante. La courbe appartient donc tout entière au plan représenté par l'équation (1).

La binormale ayant, dans ce cas, une direction constante, les formules de Frenet montrent que *la torsion est nulle en tout point de la courbe*. Réciproquement, une courbe de torsion constamment nulle est plane, car on doit avoir partout

$$d\beta_1 = d\beta_2 = d\beta_3 = 0.$$

Par conséquent, la binormale a une direction fixe. Donc le plan osculateur reste parallèle à un plan fixe, etc.

49. Autres propriétés des courbes gauches. — Les courbes gauches ont encore d'autres propriétés générales. On en trouvera plus tard, comme application de la cinématique (Chap. XIII, A).

50. Application : hélice. — On appelle *hélice* toute courbe dont la tangente fait un angle constant avec une droite fixe D.

Le *cône directeur d'une hélice est de révolution*, car ses génératrices font un angle constant avec D.

Si l'on construit le cylindre (Cy) qui contient une hélice (H) et dont les génératrices sont parallèles à D, on voit que (H) coupe sous un angle constant les génératrices de (Cy). Cette propriété peut servir de définition à une hélice.

Cherchons le plan osculateur à (H) en un point M (*fig.* 20). Ce

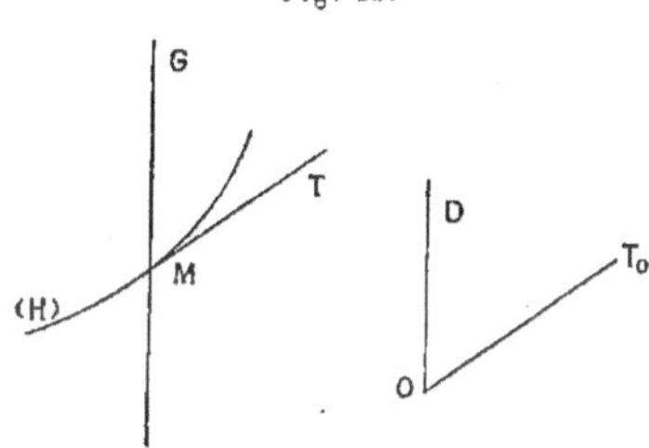

Fig. 20.

plan est (n° 42) le plan mené par la tangente MT parallèlement au plan tangent au cône directeur suivant la génératrice OT_0 parallèle à MT. OD étant l'axe de ce cône, le plan tangent dont il s'agit est perpendiculaire au plan ODT_0. Mais OD est parallèle à la génératrice MG de (Cy) qui passe par M. Donc le plan ODT_0 est parallèle au plan MGT, qui est le plan tangent en M à (Cy). Par conséquent, *le plan osculateur à* (H) *en* M *est perpendiculaire au plan tangent à* (Cy) *au même point* M. Il en résulte *que la normale principale de* (H) *en* M *n'est autre que la normale* MN *à* (Cy).

51. Hélice ordinaire. — J'appellerai ainsi l'hélice *pour laquelle le cylindre* (Cy) *est de révolution.* C'est celle que l'on considère le plus souvent, à tel point que le terme d'*hélice* pris absolument désigne en général l'hélice ordinaire. La forme de l'hélice ordinaire est familière à tout le monde.

Soit R le rayon de (Cy).

On appelle *pas* H de l'hélice la distance minimum de deux points M et M′ où elle rencontre une génératrice de (Cy). Il est intuitif que H ne dépend pas de la génératrice considérée.

On appelle *pas réduit* le quotient $h = \dfrac{H}{2\pi}$.

On appelle *spire* l'arc MM′.

Si l'on développe (Cy), (H) devient une droite coupant les transformées des génératrices sous le même angle qu'avant développement. Une spire (*fig.* 21) devient l'hypoténuse d'un triangle rectangle

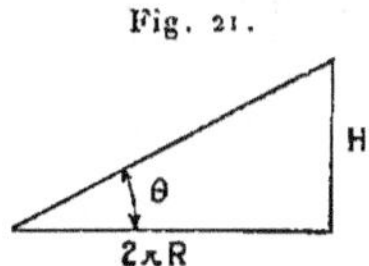

Fig. 21.

ayant pour côtés de l'angle droit le développement $2\pi R$ de la section droite de (Cy), et H. L'angle θ que fait une tangente quelconque à l'hélice avec un plan de section droite est donc donné par la formule

$$\tan g\,\theta = \frac{H}{2\pi R} = \frac{h}{R}.$$

52. Disposition d'une hélice ordinaire. — Orientons l'axe Oz de (Cy) (*fig.* 22). Pour un observateur traversé des pieds à la tête par Oz, un point décrivant (H) de manière à paraître *monter* peut en même temps paraître tourner dans le sens positif ou dans le sens négatif. Il est à remarquer que *ce caractère est indépendant de l'orientation donnée à* Oz.

Une hélice a donc deux *dispositions* possibles.

Une hélice disposée comme 1 a le même aspect que les vis, dites *vis à droite*, les plus communément employées. Il a l'aspect d'une *vis à gauche.*

Nous considérons comme *positif* le pas de l'hélice I, et comme *négatif* le pas de l'hélice II.

On emploie aussi les termes d'hélice *dextrorsum* (ou *à droite*)

Fig. 22.

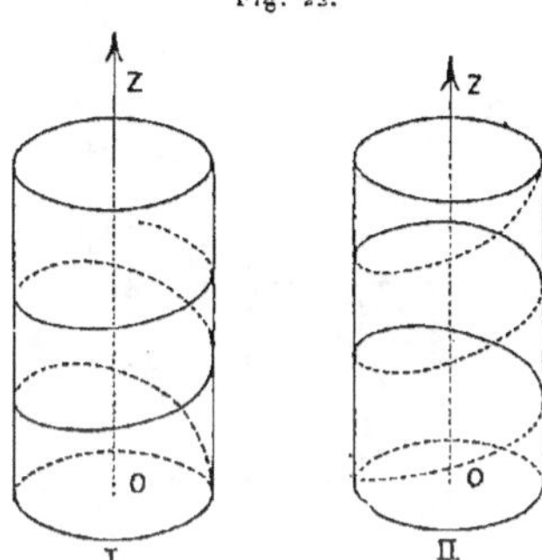

et d'hélice *sinistrorsum* (ou *à gauche*), mais ils prêtent à confusion, parce que tout le monde ne leur attribue pas le même sens.

Ainsi, l'on appelle généralement escalier *à droite* un escalier tel qu'on ait la rampe à droite en le gravissant. Or, un escalier *à droite* est disposé comme une vis *à gauche* de mécanicien.

De même, les plantes grimpantes, en s'enroulant autour de leurs supports, affectent, selon les espèces, soit la disposition I (exemple : le haricot), soit la disposition II (exemple : le houblon). Les botanistes appellent *sinistrorsum* les hélices I et *dextrorsum* les hélices II. Ce désaccord entre les botanistes et les mécaniciens tient à ce que les premiers ont en vue la rotation qui accompagne l'ascension de la tige, et que les seconds pensent à la rotation d'une vis qu'on enfonce plutôt qu'à celle d'une vis qu'on retire.

53. Figuration de l'hélice en géométrie descriptive. — Cette figuration (*fig.* 23) est trop connue pour qu'il soit nécessaire de la commenter. La tangente $(mt, m' t')$ au point (m, m') s'obtient grâce à cette remarque à peu près évidente que la *sous-tangente tm* est égale à l'*abscisse curviligne am*.

Fig. 23.

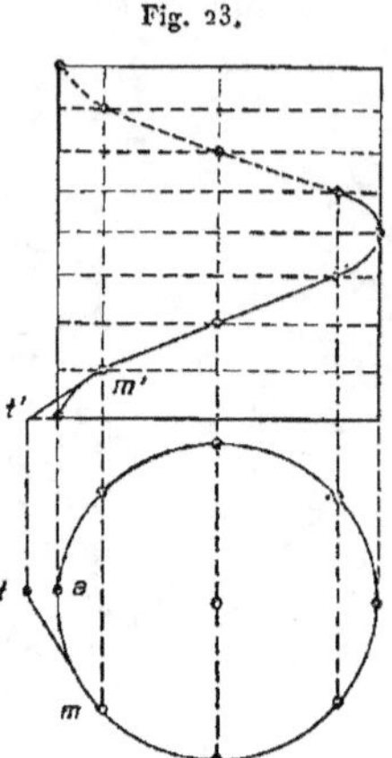

54. Étude de l'hélice par la méthode vectorielle. — En coordonnées cartésiennes, les équations paramétriques de l'hélice (H), tracée sur un cylindre (Cy) de rayon R, et ayant un pas réduit égal à h, sont classiques. Ce sont, avec des axes convenablement choisis

$$x = R \cos \varphi, \qquad y = R \sin \varphi, \qquad z = h\varphi = R \tang \theta . \varphi,$$

φ étant le paramètre variable et θ étant l'angle introduit au n° 51 (θ, inférieur à $\dfrac{\pi}{2}$ en valeur absolue, a le signe de h).

· On a donc, $\mathbf{i}$, $\mathbf{j}$ et $\mathbf{k}$ étant les vecteurs unités, et M étant le point (x, y, z) de H,

$$M = O + R(\cos\varphi\,\mathbf{i} + \sin\varphi\,\mathbf{j} + \tang\theta . \varphi\,\mathbf{k}).$$

En dérivant par rapport à φ, il vient

$$\frac{dM}{d\varphi} = R(-\sin\varphi\,\mathbf{i} + \cos\varphi\,\mathbf{j} + \tang\theta\,\mathbf{k}).$$

Mais

$$t = \frac{d\mathrm{M}}{ds} = \frac{d\mathrm{M}}{d\varphi}\,\frac{d\varphi}{ds}.$$

Donc

$$t = \mathrm{R}\,\frac{d\varphi}{ds}(-\sin\varphi\,\mathbf{i} + \cos\varphi\,\mathbf{j} + \tang\theta\,\mathbf{k}).$$

Le premier membre a pour module l'unité. En faisant le carré (scalaire) du second membre, on trouve pour carré de son module

$$\mathrm{R}^2\left(\frac{d\varphi}{ds}\right)^2(\sin^2\varphi + \cos^2\varphi + \tang^2\theta)$$

$$= \mathrm{R}^2\left(\frac{d\varphi}{ds}\right)^2(1 + \tang^2\theta) = \mathrm{R}^2\left(\frac{d\varphi}{ds}\right)^2\frac{1}{\cos^2\theta}.$$

Ce carré est donc égal à l'unité. Ainsi

$$\mathrm{R}\,\frac{d\varphi}{ds}\,\frac{1}{\cos\theta} = \pm\, 1.$$

On prendra le signe $+$, si l'on adopte comme sens de parcours de (H) celui qui correspond à φ croissant. Donc

$$\frac{d\varphi}{ds} = \frac{\cos\theta}{\mathrm{R}},$$

et par suite

$$(1) \qquad t = \cos\theta(-\sin\varphi\,\mathbf{i} + \cos\varphi\,\mathbf{j} + \tang\theta\,\mathbf{k}).$$

Dérivons (1) et appliquons la première formule de Frenet. Il vient, en appelant ρ au lieu de R le rayon de courbure,

$$(2) \qquad \frac{\mathbf{n}}{\rho} = \frac{d\mathbf{t}}{ds} = \frac{d\varphi}{ds}\,\frac{d\mathbf{t}}{d\varphi} = \frac{\cos^2\theta}{\mathrm{R}}(-\cos\varphi\,\mathbf{i} - \sin\varphi\,\mathbf{j}).$$

Le premier membre a pour module $\dfrac{1}{\rho}$, le second pour module $\dfrac{\cos^2\theta}{\mathrm{R}}$. Donc

$$\frac{1}{\rho} = \frac{\cos^2\theta}{\mathrm{R}} \qquad \text{ou} \qquad \rho = \frac{\mathrm{R}}{\cos^2\theta}.$$

Telle est la valeur du rayon de courbure de l'hélice. Il est constant sur toute la courbe, comme il était évident *a priori*.

La formule (2) se réduit à (3)

$$\mathbf{n} = -(\cos\varphi\,\mathbf{i} + \sin\varphi\,\mathbf{j}).$$

On a $\mathbf{n} \times \mathbf{k} = 0$, et l'on retrouve que la normale principale est perpendiculaire à l'axe du cylindre.

Pour calculer la torsion, calculons d'abord le vecteur unitaire $\mathbf{b}$ de la binormale. On a, en tenant compte des relations fondamentales entre $\mathbf{i}$, $\mathbf{j}$ et $\mathbf{k}$,

$$\mathbf{b} = \mathbf{t} \wedge \mathbf{n} = -\cos\theta(-\sin\varphi \, \mathrm{tang}\,\theta\, \mathbf{i} + \cos\varphi \, \mathrm{tang}\,\theta\, \mathbf{j} - \mathbf{k}).$$

En dérivant,

$$\frac{\mathbf{n}}{\mathrm{T}} = \frac{d\mathbf{b}}{ds} = \frac{d\varphi}{ds}\frac{d\mathbf{b}}{d\varphi} = -\frac{\cos^2\theta}{\mathrm{R}}(-\cos\varphi \, \mathrm{tang}\,\theta\, \mathbf{i} - \sin\varphi \, \mathrm{tang}\,\theta\, \mathbf{j})$$
$$= -\frac{\sin\theta \cos\theta}{\mathrm{R}}(-\cos\varphi\, \mathbf{i} - \sin\varphi\, \mathbf{j}) = -\frac{\sin\theta \cos\theta}{\mathrm{R}}\mathbf{n}.$$

En égalant les coefficients de $\mathbf{n}$, on a

$$\frac{1}{\mathrm{T}} = -\frac{\sin\theta \cos\theta}{\mathrm{R}};$$

Telle est la torsion de l'hélice. Elle est constante, et *son signe est opposé à celui du pas.*

B. — THÉORIE DES ENVELOPPES.

55. Objet. — La théorie des enveloppes, dans l'espace, est analogue à la théorie de même nom, que je suppose connue, de la géométrie plane, mais elle en diffère sous deux rapports. En premier lieu, il faut distinguer les enveloppes de *courbes* et les enveloppes de *surfaces*. En second lieu, les courbes ou surfaces variables que l'on considère peuvent dépendre, soit d'*un*, soit de *deux* paramètres. On se trouve donc en présence de quatre problèmes différents, qu'il faut traiter successivement. Nous emploierons ici des coordonnées cartésiennes.

56. Famille de courbes dépendant d'un paramètre. — Soit, dans l'espace, une courbe C dépendant d'un paramètre variable λ. On appelle *enveloppe* de C une courbe G qui, *si elle existe*, est tangente à toutes les courbes C.

Les équations de C peuvent s'écrire

$$(1) \qquad x = f(t, \lambda), \qquad y = g(t, \lambda), \qquad z = h(t, \lambda).$$

A une valeur donnée de λ correspond une courbe C, lieu du point (x, y, z) quand t varie. Quand ensuite on fait varier λ, C varie et engendre la famille considérée.

Supposons que C ait une enveloppe G. Toute courbe C possède un point M qui appartient à G. Autrement dit, à toute valeur de λ correspond une valeur de t, telle que le point M de coordonnées (1) appartienne à G. On peut donc considérer les (1) comme représentant la courbe G, *à la condition d'y remplacer t par une fonction convenable de λ.*

C doit toucher G au point M. Il faut donc que les paramètres directeurs des tangentes aux deux courbes en ce point soient proportionnels. Or, pour C (λ est fixe), ces paramètres sont

$$\frac{\partial x}{\partial t}, \quad \frac{\partial y}{\partial t}, \quad \frac{\partial z}{\partial t}.$$

Pour G (λ est variable et t est fonction de λ), ce sont

$$\frac{dx}{d\lambda} = \frac{\partial x}{\partial t}\frac{dt}{d\lambda} + \frac{\partial x}{\partial \lambda}, \qquad \frac{\partial y}{\partial t}\frac{dt}{d\lambda} + \frac{\partial y}{\partial \lambda}, \qquad \frac{\partial z}{\partial t}\frac{dt}{d\lambda} + \frac{\partial z}{\partial \lambda}.$$

On doit donc avoir

$$\frac{\dfrac{\partial x}{\partial t}\dfrac{dt}{d\lambda} + \dfrac{\partial x}{\partial \lambda}}{\dfrac{\partial x}{\partial t}} = \ldots,$$

ce qui se réduit à

$$(1) \qquad \frac{\dfrac{\partial x}{\partial \lambda}}{\dfrac{\partial x}{\partial t}} = \frac{\dfrac{\partial y}{\partial \lambda}}{\dfrac{\partial y}{\partial t}} = \frac{\dfrac{\partial z}{\partial \lambda}}{\dfrac{\partial z}{\partial t}}.$$

Il faut que t soit une fonction de λ satisfaisant identiquement à ces conditions. Comme elles sont au nombre de deux, *cette fonction n'existe pas en général.*

Ainsi, *une famille de courbes dépendant d'un paramètre n'a pas, en général, de courbe enveloppe.* Ce résultat de caractère négatif donne de l'intérêt aux cas où l'on reconnaît l'existence d'une enveloppe pour une telle famille.

Quand l'enveloppe G existe, on appelle *point caractéristique* de C son point de contact avec G.

57. Famille de courbes dépendant de deux paramètres. — Une telle famille (de ∞^2 courbes) peut être représentée par les équations

$$(1) \qquad x = f(t, \lambda, \mu), \qquad y = g(t, \lambda, \mu), \qquad z = h(t, \lambda, \mu),$$

où λ et μ sont deux paramètres indépendants.

Je vais montrer que *les courbes* C *de cette famille sont en général tangentes à une ou plusieurs surfaces fixes.*

Supposons, en effet, que dans les (1) on remplace t par une certaine fonction $\varphi(\lambda, \mu)$ de λ et de μ. Les coordonnées x, y, z deviennent alors des fonctions de λ et de μ, et les (1) peuvent être considérées comme représentant paramétriquement une certaine surface S.

Cherchons à déterminer la fonction φ de telle manière que C soit tangente à S.

Au point (x, y, z) commun à C et S, les paramètres directeurs de la tangente à C sont (λ et μ sont fixes)

$$\frac{\partial x}{\partial t}, \quad \frac{\partial y}{\partial t}, \quad \frac{\partial z}{\partial t}.$$

Le plan tangent à S au même point contient la tangente à la courbe que décrirait le point (x, y, z) si l'on faisait varier λ seul, μ restant fixe.

Les paramètres directeurs de cette tangente sont

$$\frac{\partial x}{\partial t}\frac{\partial t}{\partial \lambda} + \frac{\partial x}{\partial \lambda}, \qquad \frac{\partial y}{\partial t}\frac{\partial t}{\partial \lambda} + \frac{\partial y}{\partial \lambda}, \qquad \frac{\partial z}{\partial t}\frac{\partial t}{\partial \lambda} + \frac{\partial z}{\partial \lambda}.$$

De même, le plan tangent à S contient la droite de paramètres

$$\frac{\partial x}{\partial t}\frac{\partial t}{\partial \mu} + \frac{\partial x}{\partial \mu}, \qquad \frac{\partial y}{\partial t}\frac{\partial t}{\partial \mu} + \frac{\partial y}{\partial \mu}, \qquad \frac{\partial z}{\partial t}\frac{\partial t}{\partial \mu} + \frac{\partial z}{\partial \mu}.$$

Pour que le plan tangent à S contienne la tangente à C, il faut que les trois directions caractérisées ci-dessus soient parallèles à un même plan, ce qui s'exprime par la condition

$$\begin{vmatrix} \dfrac{\partial x}{\partial t} & \cdots \\[2ex] \dfrac{\partial x}{\partial t}\dfrac{\partial t}{\partial \lambda} + \dfrac{\partial x}{\partial \lambda} & \cdots \\[2ex] \dfrac{\partial x}{\partial t}\dfrac{\partial t}{\partial \mu} + \dfrac{\partial x}{\partial \mu} & \cdots \end{vmatrix} = 0,$$

qui se réduit à

$$(2) \qquad \begin{vmatrix} \dfrac{\partial x}{\partial t} & \dfrac{\partial y}{\partial t} & \dfrac{\partial z}{\partial t} \\[2mm] \dfrac{\partial x}{\partial \lambda} & \dfrac{\partial y}{\partial \lambda} & \dfrac{\partial z}{\partial \lambda} \\[2mm] \dfrac{\partial x}{\partial \mu} & \dfrac{\partial y}{\partial \mu} & \dfrac{\partial z}{\partial \mu} \end{vmatrix} = 0.$$

Cette condition peut être considérée comme une équation en t, admettant une ou plusieurs solutions. On peut donc satisfaire identiquement à (2), d'une ou plusieurs manières, en remplaçant t par une fonction convenable de λ et de μ. Cette substitution faite, les équations (1) représentent en général une surface S à laquelle toutes les courbes C sont tangentes [1].

On pourrait dire que S est l'enveloppe des courbes C. D'ordinaire, on s'exprime autrement. On appelle *congruence* la famille de ∞^2 courbes C, et *surface focale* de cette congruence la surface S (s'il y a plusieurs surfaces S, on les appelle *nappes de la surface focale*). Les points de contact d'une courbe C avec les diverses nappes de la surface focale sont dits *points focaux* de C.

58. Famille de surfaces dépendant d'un paramètre. — Soient S une surface et

$$(1) \qquad f(x, y, z, \lambda) = 0.$$

---

[1] Il faut signaler un cas singulier : c'est celui où, t étant remplacé dans les équations (1) par la fonction de λ et de μ définie par (2), *deux quelconques des coordonnées x, y, z, se trouvent être fonctions l'une de l'autre.* Alors le point (x, y, z) décrit une *courbe G* et non plus une surface S.

La seule conclusion permise, dans ce cas singulier, est que *toutes les courbes C rencontrent la courbe G.*

On peut faire rentrer ce cas singulier dans le cas général, en considérant une courbe G comme la limite d'une surface S, de forme analogue à celle d'un tuyau laissant la courbe G à son intérieur, quand toutes les courbes fermées, section de ce tuyau par les plans normaux à G, sont infiniment petites et tendent vers les points de cette courbe. Il est manifeste que la condition suivante « une courbe C est tangente à S » devient à la limite « C coupe G » (et non pas nécessairement « C est tangente à G »).

Comme on le verra plus tard (n° 97), la *congruence linéaire* de droites, la plus simple de toutes, présente précisément le caractère que les nappes de sa surface focale se réduisent à des droites.

son équation, supposée dépendre d'un paramètre λ. Quand λ varie, S engendre une famille de surfaces.

Soit $S(\lambda)$ la surface correspondant à une valeur λ du paramètre. (1) est son équation. Donnons à λ un accroissement $\Delta\lambda$. La surface $S(\lambda + \Delta\lambda)$ a pour équation

$$(2) \qquad f(x, y, z, \lambda + \Delta\lambda) = 0.$$

Les deux surfaces $S(\lambda)$ et $S(\lambda + \Delta\lambda)$ se coupent suivant une courbe représentée par les équations (1) et (2). On peut remplacer cette dernière par la suivante :

$$\frac{f(x, y, z, \lambda + \Delta\lambda) - f(x, y, z, \lambda)}{\Delta\lambda} = 0.$$

Si $\Delta\lambda$ tend vers zéro, cette équation devient à la limite

$$(3) \qquad \frac{\partial}{\partial\lambda} f(x, y, z, \lambda) = 0.$$

La courbe C représentée pour les équations (1) et (3) est dite *caractéristique* de S. On peut dire que C est l'intersection de S et de la surface infiniment voisine de la famille ([1]).

Quand λ varie, C engendre une surface Σ qui est dite *enveloppe* de S (ou de la famille |de surfaces S). Je vais montrer que S et Σ *se touchent tout le long de* C.

En effet, on peut considérer (1) comme étant l'équation de Σ, à la condition de remplacer dans cette équation λ par sa valeur tirée de (3), ce qui est possible en général. Soit $M(x, y, z)$ un point de C. Tout déplacement infiniment petit de M sur Σ a des composantes dx, dy et dz qui satisfont à l'équation obtenue en différen-

---

. ([1]) Dans le cas des enveloppes de courbes, quand elles existent, on dit parfois que le point caractéristique d'une courbe variable C est le point de rencontre de cette courbe et d'une courbe C′ infiniment voisine. Cette locution est vicieuse, car « point de rencontre de deux courbes infiniment voisines » ne peut avoir qu'un sens clair, c'est « limite du point d'intersection de deux courbes qui tendent l'une vers l'autre ». Or, tant que C′ n'est pas confondue avec C, ce point d'intersection n'existe pas en général. Il n'est pas admissible qu'on parle de la limite de quelque chose qui n'existe pas.

Pour les enveloppes de surfaces, le cas est différent.

tiant totalement (1), ce qui donne

$$\frac{\partial f}{\partial x}\,dx + \frac{\partial f}{\partial y}\,dy + \frac{\partial f}{\partial z}\,dz + \frac{\partial f}{\partial \lambda}\,d\lambda = 0,$$

où il faudrait remplacer $d\lambda$ par sa valeur

$$\frac{\partial \lambda}{\partial x}\,dx + \frac{\partial \lambda}{\partial y}\,dy + \frac{\partial \lambda}{\partial z}\,dz,$$

qui s'obtiendrait au moyen de (3). Mais, d'après cette équation, on a

$$\frac{\partial f}{\partial \lambda} = 0.$$

L'équation précédemment écrite se réduit donc à

$$\frac{\partial f}{\partial x}\,dx + \frac{\partial f}{\partial y}\,dy + \frac{\partial f}{\partial z}\,dz = 0,$$

ce qui s'interprète ainsi : le déplacement infiniment petit de M s'effectue, quel qu'il soit, dans le plan tangent à S au point M. Le théorème est démontré.

59. Arête de rebroussement de Σ. — Nous allons reconnaître que la caractéristique C, dont je récris les équations

$$(1) \qquad\qquad f(x, y, z, \lambda) = 0,$$

$$(2 \qquad\qquad \frac{\partial f}{\partial \lambda} = 0,$$

a une enveloppe, quand on fait varier λ (ce qui, d'après le n° 56, est remarquable).

Pour cela, adjoignons à (1) et (2) l'équation

$$(3) \qquad\qquad \frac{\partial^2 f}{\partial \lambda^2} = 0.$$

Les équations en x, y, z, (1), (2) et (3) peuvent en général être résolues par rapport à ces coordonnées (je laisse de côté le cas singulier où il n'en serait pas ainsi). On obtient pour x, y, z, trois fonctions de λ, ce qui fournit la représentation paramétrique d'une certaine courbe G. G est tracée sur Σ, puisque les coordonnées de tous ses points satisfont à (1) et (2).

Je dis que *les courbes* C *et* G *se touchent au point* M (x, y, z). En effet, les paramètres directeurs de la tangente à G sont les valeurs de $\dfrac{dx}{d\lambda}, \dfrac{dy}{d\lambda}, \dfrac{dz}{d\lambda}$. Or on a, en dérivant (1) et (2) par rapport à λ,

$$\frac{\partial f}{\partial x}\frac{dx}{d\lambda} + \frac{\partial f}{\partial y}\frac{dy}{d\lambda} + \frac{\partial f}{\partial z}\frac{dz}{d\lambda} + \frac{\partial f}{\partial \lambda} = 0,$$

$$\frac{\partial^2 f}{\partial \lambda\, \partial x}\frac{dx}{d\lambda} + \frac{\partial^2 f}{\partial \lambda\, \partial y}\frac{dy}{d\lambda} + \frac{\partial^2 f}{\partial \lambda\, \partial z}\frac{dz}{d\lambda} + \frac{\partial^2 f}{\partial \lambda^2} = 0,$$

qui, la première à cause de (2) et la seconde à cause de (3), se réduisent à

$$(4) \qquad \frac{\partial f}{\partial x}\frac{dx}{d\lambda} + \frac{\partial f}{\partial y}\frac{dy}{d\lambda} + \frac{\partial f}{\partial z}\frac{dz}{d\lambda} = 0,$$

$$(5) \qquad \frac{\partial^2 f}{\partial \lambda\, \partial x}\frac{dx}{d\lambda} + \frac{\partial^2 f}{\partial \lambda\, \partial y}\frac{dy}{d\lambda} + \frac{\partial^2 f}{\partial \lambda\, \partial z}\frac{dz}{d\lambda} = 0.$$

Or (4) exprime que la droite de paramètres $\dfrac{dx}{d\lambda}, \dfrac{dy}{d\lambda}, \dfrac{dz}{d\lambda}$ menée par le point M est tangente à la surface (1), et (5) que la même droite est tangente à la surface (2). Ces deux surfaces se coupent suivant C. Donc C touche G, ce qui démontre le théorème.

La courbe G, enveloppe de C, est dite *arête de rebroussement de* Σ. Cette dénomination provient du théorème suivant, que je ne m'arrêterai pas à démontrer :

Une section plane de Σ *présente, en général, un rebroussement au point où son plan rencontre* G.

60. Famille de surfaces dépendant de deux paramètres. — Soit

$$(1) \qquad f(x, y, z, \lambda, \mu) = 0$$

l'équation d'une surface S, dépendant des paramètres variables λ et μ. En raisonnant comme au n° 58, on est conduit à adjoindre à l'équation (1) les deux équations

$$(2) \qquad \frac{\partial}{\partial \lambda} f(x, y, z, \lambda, \mu) = 0,$$

$$(3) \qquad \frac{\partial}{\partial \mu} f(x, y, z, \lambda, \mu) = 0.$$

Ces équations représentent deux surfaces. Ces deux surfaces et la surface S se rencontrent en un certain nombre de points, en général isolés, qu'on appelle *points caractéristiques* de S. Leurs coordonnées s'obtiendraient en résolvant (1), (2) et (3) par rapport à x, y, z. Ce sont des fonctions des variables indépendantes λ et μ.

Si donc on fait varier λ et μ, les points caractéristiques ont pour lieu une certaine surface Σ, qui est encore dite *enveloppe* de S [1].

Je dis qu'en chaque point caractéristique S est tangente à Σ.

En effet, l'équation (1) peut être considérée comme étant celle de Σ, à la condition d'y remplacer λ et μ par leurs valeurs, fonctions de x, y et z, obtenues en résolvant (2) et (3) par rapport à λ et μ.

M (x, y, z) étant un point caractéristique, tout déplacement infiniment petit de M sur Σ a des composantes dx, dy et dz qui satisfont à la relation

$$\frac{\partial f}{\partial x}\,dx + \frac{\partial f}{\partial y}\,dy + \frac{\partial f}{\partial z}\,dz + \frac{\partial f}{\partial \lambda}\,d\lambda + \frac{\partial f}{\partial \mu}\,d\mu,$$

où $d\lambda$ et $d\mu$ doivent être remplacés par $\dfrac{\partial \lambda}{\partial x}\,dx + \dots$ et $\dfrac{\partial \mu}{\partial x}\,dx + \dots$ Mais, à cause de (2) et de (3), l'équation précédente se réduit à

$$\frac{\partial f}{\partial x}\,dx + \frac{\partial f}{\partial y}\,dy + \frac{\partial f}{\partial z}\,dz = 0.$$

Donc, etc.

C. — SURFACES DÉVELOPPABLES.

61. Définition et générations des surfaces développables. — On appelle *surface développable* [2] ou plus brièvement *développable* une surface S, enveloppe d'un plan P dépendant d'un paramètre λ.

---

[1] On peut regretter que le terme d'*enveloppe* soit pris dans deux acceptions distinctes. Dans les cas où son emploi donne lieu à une incertitude, on dira par exemple *enveloppe à contact linéaire*, s'il s'agit d'une enveloppe de surfaces dépendant d'un seul paramètre, et *enveloppe à contact ponctuel*, s'il s'agit d'une enveloppe de surfaces dépendant de deux paramètres.

[2] A cause de la propriété suivante, qui sera démontrée plus loin : *une développable* (ou tout au moins une portion de cette surface) *étant supposée constituée par un tissu flexible et inextensible peut être appliquée sur le plan, sans déchirure ni duplicature.*

Soit, en coordonnées homogènes [1] (x, y, z, t),

$$(1) \qquad u x + v y + w z + h t = 0$$

l'équation du plan P, où u, v, w, h sont des fonctions de λ. Sa caractéristique est définie par (1), jointe à l'équation

$$(2) \qquad u' x + v' y + w' z + h' t = 0,$$

où $u' = \dfrac{du}{d\lambda}$, etc.

(1) et (2) définissent une droite D. L'enveloppe S de P est donc un lieu de droites : elle fait partie des *surfaces réglées* que nous étudierons ensuite en général. Les droites D sont dites *génératrices* de S.

Dans l'étude de S, deux cas sont à distinguer :

1^0 *Le plan* P *passe par un point fixe* A (x_0, y_0, z_0, t_0), qui peut être propre ou impropre. On a donc, quel que soit λ,

$$u x_0 + v y_0 + w z_0 + h t_0 = 0,$$
$$u' x_0 + v' y_0 + w' z_0 + h' t_0 = 0.$$

Donc, D passe constamment par le point A, et S *est un cône de sommet* A. Si $t_0 = 0$, le point A est rejeté à l'infini, et S devient un *cylindre*.

2^0 *Le plan* P *ne passe pas par un point fixe.* Alors, comme on l'a vu, D a une enveloppe C, l'arête de rebroussement de S [2].

---

[1] On sait que les coordonnées homogènes d'un point M, qui interviennent seulement par leurs rapports mutuels, sont quatre nombres x, y, z, t, tels que

$$\frac{x}{t}, \quad \frac{y}{t}, \quad \frac{z}{t}$$

soient les coordonnées cartésiennes du point M.

Pour un point au sens ordinaire du mot ou point *propre*, t doit être supposé non nul. En supposant $t = 0$, on introduit les points *impropres* ou *points à l'infini*.

L'avantage des coordonnées homogènes sur les coordonnées cartésiennes est de permettre d'étendre, sans raisonnement spécial, beaucoup de propriétés des points propres aux points impropres.

[2] En reprenant le raisonnement du n° 59, on voit que l'existence de cette arête de rebroussement repose sur la possibilité de résoudre par rapport à x, y, z le système

$$u x + v y + w z + h = 0,$$
$$u' x + v' y + w' z + h' = 0,$$
$$u'' x + v'' y + w'' z + h'' = 0$$

Nous dirons alors que la développable est *générale*. Ainsi, *une développable générale est le lieu des tangentes d'une courbe C, qu'il faut* supposer gauche, sans quoi la développable se réduit au plan de la courbe C.

62. Réciproques. — Réciproquement : 1° *tout cône*; 2° *tout cylindre*; 3° *toute surface, lieu des tangentes d'une courbe gauche, sont des développables*, c'est-à-dire des enveloppes de plans dépendant d'un paramètre. La propriété est intuitive pour les cônes et les cylindres. Il faut l'établir pour les surfaces de la troisième catégorie.

Employons ici le calcul vectoriel.

Soit une courbe C dont j'écris l'équation sous forme vectorielle :

$$M = O + f(s),$$

$f(s)$ étant un vecteur fonction de l'arc s de la courbe. P étant un point quelconque de la tangente en M, posons $MP = u$ (u étant un nombre relatif, puisque la tangente est orientée). Comme le vecteur $P - M$ est parallèle au vecteur t (avec les notations du Chapitre II), on a

$$(1) \qquad\qquad P = M + u t.$$

Le point P est donc fonction des deux variables indépendantes s et u. Quand elles prennent toutes les valeurs possibles, le point P décrit la surface S, lieu des tangentes à C.

Donnons à s et u deux accroissements infiniment petits quelconques ds et du.

(pour plus de simplicité, nous revenons aux coordonnées non homogènes).
S'il en est autrement, c'est que le déterminant

$$\begin{vmatrix} u & v & w \\ u' & v' & w' \\ u'' & v'' & w'' \end{vmatrix} = 0$$

est identiquement nul, et il résulte de la théorie des équations différentielles linéaires du second ordre que l'on a entre u, v, w une relation linéaire à coefficients constants,

$$A u + B v + C w = 0.$$

Le plan P est donc parallèle à une droite fixe, et C est un *cylindre*.

On a, en différentiant (1),

$$dP = dM + u\,dt + t\,du,$$

ou, en tenant compte de la première formule de Frenet,

$$(1) \qquad dP = t\,ds + \frac{u}{R}\,n + t\,du = (ds + du)\,t + \frac{u}{R}\,n.$$

Quels que soient ds et du, on voit que le vecteur dP, somme de deux vecteurs parallèles respectivement à t et à n, est parallèle au plan de ces deux vecteurs, c'est-à-dire au plan osculateur à C en M. Tout déplacement infiniment petit de P sur S s'effectue donc dans ce plan osculateur. Autrement dit, celui-ci est le plan tangent à S en P, quel que soit le point P sur la tangente à S en M ([1]). Il en résulte que S *est l'enveloppe du plan osculateur à* C, et que c'est par conséquent une surface développable.

63. Développement d'une développable. — Démontrons maintenant la propriété énoncée au n° 61, en note. A cet effet, établissons d'abord le lemme suivant :

Il existe toujours une courbe plane C' *telle que* $s = M_0 M$ *étant l'arc de cette courbe compté à partir d'un point origine* M_0 *et* R *étant le rayon de courbure en* M, s *et* R *satisfassent à une relation donnée a priori*

$$(1) \qquad \frac{1}{R} = f(s).$$

La courbe C' *est complètement déterminée à sa position près.*

L'équation (1) porte le nom d'*équation intrinsèque* de la courbe C'.
Pour démontrer cela, rapportons la courbe cherchée à des axes rectangulaires définis comme il suit : l'origine O est le point M_0

([1]) Toutefois, si P est confondu avec M, $u = 0$ et la formule (1) se réduit à

$$dP = (ds + du)\,t,$$

d'où il résulte que tout déplacement infiniment petit de P sur S s'effectue sur la tangente à C en M. Ce point est donc un point singulier de S, et l'on peut considérer tout plan passant par la tangente à C en M comme tangent à S au même point.

et l'axe des x est la tangente à C' en M_0. Soient (x, y) les coordonnées du point M, φ l'angle que fait la tangente en M avec Ox. On a les formules bien connues

$$(2) \qquad dx = \cos\varphi\, ds, \qquad dy = \sin\varphi\, ds,$$

$$(3) \qquad \frac{d\varphi}{ds} = \frac{1}{R} = f(s).$$

(3) donne par intégration

$$(4) \qquad \varphi = \int_0^s f(s)\, ds$$

sans ajouter de constante, car on doit avoir $\varphi = 0$ pour $s = 0$. Les (2) donnent ensuite

$$(5) \qquad x = \int_0^s \cos\varphi\, ds, \qquad y = \int_0^s \sin\varphi\, ds,$$

toujours sans constantes d'intégration. Les formules (4) et (5) définissent C' qui, on le voit, est bien déterminée, avec notre choix particulier d'axes. Toute autre courbe satisfaisante ne peut différer de la précédente que par la position.

Cela posé, reprenons la courbe gauche C du n° 62; la courbure $\frac{1}{R}$ en M est reliée à l'arc s par une certaine relation

$$\frac{1}{R} = f(s).$$

On peut construire une courbe plane C' ayant pour équation intrinsèque l'équation précédente. Au point $M(s)$ de C faisons correspondre le point $M'(s)$ de C'. Les deux courbes ont même rayon de courbure en des points correspondants. Au point P, obtenu en portant la longueur u sur la tangente à C en M, faisons correspondre le point P', obtenu en portant la même longueur sur la tangente à C' en M'.

Si le point P décrit une courbe quelconque G sur la surface S, u est relié à s par une certaine relation

$$u = g(s),$$

et le point P' décrit dans le plan de la courbe C' une certaine courbe G'.

Le carré de l'arc élémentaire ds de la courbe G s'obtient en faisant le carré scalaire de la relation (1) du n° 62, car $d\sigma$ est le module du vecteur dP. On a ainsi

$$(6) \qquad d\sigma^2 = (ds + du)^2 + \frac{u^2}{R^2}.$$

On dit que $d\sigma$ est l'*élément linéaire* de la surface.

La torsion de C n'intervient pas dans la formule. Celle-ci convient donc aussi à la courbe G′ : par conséquent à un arc quelconque de G correspond un arc égal de G′.

On a donc fait correspondre, par le procédé indiqué, à tout point de S un point du plan de C′, tel qu'à un arc quelconque de courbe tracé sur S corresponde dans le plan un arc de même longueur. On exprime ce fait en disant que S est *applicable* sur le plan, et l'on peut imaginer que S étant réalisée au moyen d'un tissu flexible, mais inextensible, on *développe* cette surface sur le plan, sans déchirure ni duplicature.

C'est de là, comme nous l'avons dit, que les développables prennent leur nom.

Si l'on s'en rapporte à l'intuition, on arrive bien plus rapidement à la conclusion précédente. Imaginons d'abord une ligne brisée gauche ABCDE... (*fig.* 24) dont tous les éléments soient prolongés

Fig. 24.

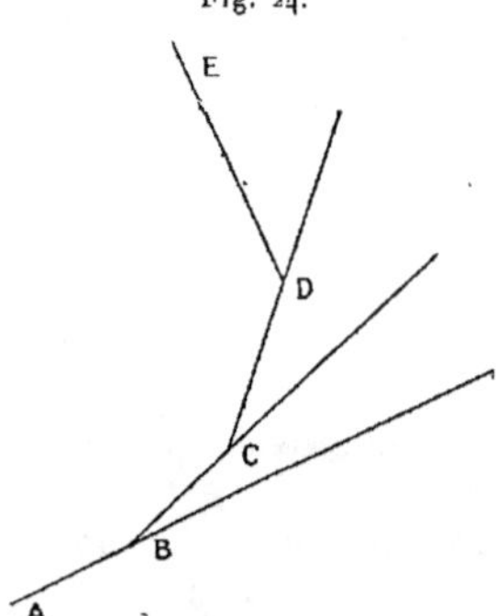

d'un même côté. On constitue ainsi une surface polyédrale qui peut être étendue sur un plan, par rotations successives de ses faces utour de ses arêtes. Si les côtés de la ligne brisée tendent vers zéro, leur nombre augmentant indéfiniment, elle tend vers une courbe gauche et la surface polyédrale tend vers la développable qui a cette courbe gauche pour arête de rebroussement. A la limite, on obtient la propriété caractéristique que nous avons établie par le calcul.

Mais le raisonnement géométrique précédent n'a pas de valeur démonstrative, parce que rien ne prouve que l'opération effectuée sur la surface polyédrale tende vers une limite définie, quand la ligne brisée ABCDE... tend d'une façon *arbitraire* vers une courbe gauche donnée.

Toutefois, ce raisonnement met en évidence un fait important : c'est que la propriété d'une développable, d'être applicable sur le plan sans duplicature, ne doit s'entendre que de la *demi-développable*, c'est-à-dire de la nappe constituée par les demi-génératrices, tracées d'un seul côté de leurs points centraux de contact avec l'arête de rebroussement.

Cette nappe vient recouvrir, si G n'a pas de points d'inflexion, non tout le plan, mais une région limitée par cette courbe, et la nappe complémentaire de la développable viendrait recouvrir la *même région*.

64. **Exemple de développable : hélicoïde développable.** — On appelle *hélicoïde développable* la développable qui a pour arête de rebroussement une hélice ordinaire H (*fig. 25*).

La trace de la surface sur un plan de section droite du cylindre de révolution qui contient H est une développante de cercle.

En effet, soient C la section droite considérée, A le point où C rencontre H, P le point où C rencontre la génératrice passant par M du cylindre, T la trace de la tangente en M à H sur le plan de C. D'après la propriété de la sous-tangente à l'hélice, on a

$$\text{arc} AP = TP.$$

Donc, quand M varie, le point T décrit bien une développante de C.

Quand C varie, cette développante reste de grandeur constante. Donc l'hélicoïde développable peut être engendré par le mouvement d'une développante de cercle de grandeur constante.

Quand on développe l'hélicoïde, son arête de rebroussement

devient une courbe plane C′ ayant même équation intrinsèque que l'hélice H. Or, cette équation se réduit à

$$\rho = \frac{R}{\cos^2 \theta},$$

avec les notations du n° 54. Donc la courbe C′ est un cercle de rayon $\frac{R}{\cos^2 \theta}$, R étant le rayon du cylindre sur lequel est tracée H

Fig. 25.

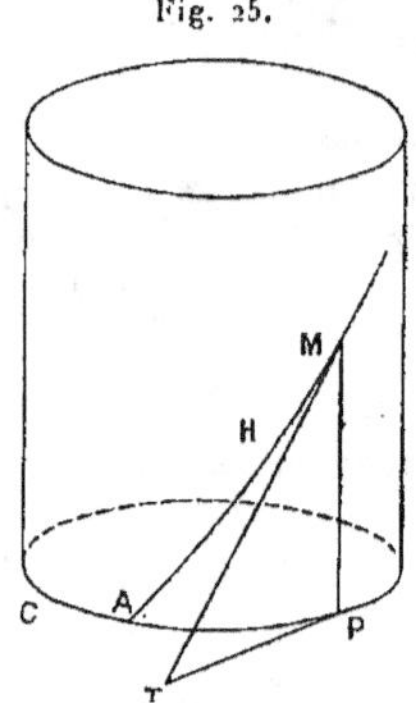

et θ l'angle que font les tangentes à cette hélice avec un plan de section droite.

La courbe lieu du point T se transforme en une développante du cercle C′, puisque l'on a évidemment

$$\text{arc AM} = \text{TM},$$

et que cette propriété se conserve dans le développement.

Il est clair qu'une spire complète de H vient s'appliquer sur le cercle C′, et que si l'on développe l'hélicoïde indéfini, il vient recouvrir une infinité de fois la partie du plan extérieure à C′.

D. — SURFACES RÉGLÉES.

65. **Définition.** — On appelle *surface réglée* toute surface lieu d'une droite qui dépend d'un paramètre variable. Les diverses positions de cette droite sont les *génératrices* de la surface.

Comme une droite de l'espace dépend de quatre paramètres, on définit une surface réglée en assujettissant une droite à trois conditions simples. Un des moyens les plus usités consiste à se donner trois *directrices* de la surface, c'est-à-dire trois courbes que doivent rencontrer toutes ses génératrices.

C_1, C_2 et C_3 étant les trois directrices données (*fig.* 26), pour obtenir

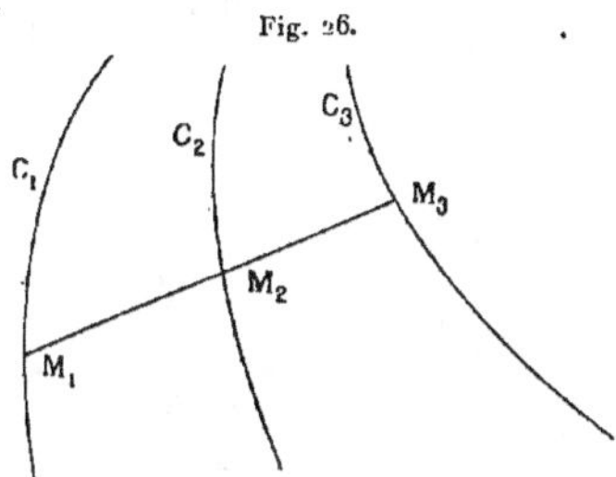

une génératrice quelconque de la surface, on s'y prendra de la manière suivante : soit M_1 un point quelconque de C_1; on construit les cônes de sommet M_1 et de directrices C_2 et C_3. Ces cônes ont en commun un certain nombre de génératrices telles que $M_1 M_2 M_3$, qui rencontrent les trois directrices données et, par conséquent, appartiennent à la surface réglée considérée.

Une surface réglée peut être telle que le plan tangent soit le même en tous les points d'une génératrice quelconque, de telle sorte que la surface possède ∞^2 points et seulement ∞^1 plans tangents. La surface est alors l'enveloppe (linéaire) d'un plan dépendant d'un paramètre : c'est une développable (cône ou développable générale).

· *Une surface réglée n'est pas développable en général.* — Reprenons en effet la génération indiquée ci-dessus, au moyen de trois directrices C_1, C_2, C_3. Les plans tangents en M_1, M_2, M_3 sont définis respectivement par la droite $M_1 M_2 M_3$ qu'ils ont en commun et par les tangentes en M_1, M_2 et M_3 aux trois directrices. Si celles-ci ne satisfont pas à des conditions particulières, les trois plans dont il s'agit sont distincts. Donc, le plan tangent à la surface n'est pas le même tout le long de $M_1 M_2 M_3$.

Une surface réglée non développable est dite *surface gauche*.

Le cône qui a pour sommet un point quelconque et dont les génératrices sont parallèles à celles de la surface est dit *cône directeur* de celle-ci.

66. Étude du plan tangent à une surface réglée. Formule de Chasles.

— Soient S une surface réglée quelconque, G l'une de ses génératrices (*fig.* 27). M étant un point quelconque de G, le plan tangent à S

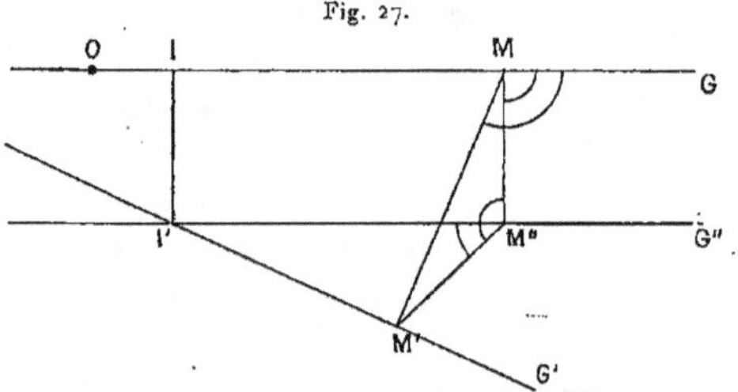

en M contient G. Ce plan tourne autour de G quand le point M décrit cette génératrice. Cherchons suivant quelle loi.

Pour cela, considérons une génératrice G′ infiniment voisine de G. Construisons la perpendiculaire commune II′ à G et à G′ et soit δ sa longueur. Menons par I′ la droite G″ parallèle à G et soit ε l'angle infiniment petit qu'elle fait avec G′; ε est l'angle de G et de G′.

Nous admettrons que, lorsque G′ tend vers G :

1° Le point I tend vers un certain point O de G, dit *point central* de cette génératrice;

2° Le plan (GII′) tend vers un certain plan II passant par G, dit *plan central* de G;

3° Le rapport $\dfrac{\delta}{\varepsilon}$ tend vers une certaine limite p, qui n'est en général ni nulle ni infinie; p, qui est une longueur, est dit *paramètre de distribution* de G ([1]).

([1]) Ces propositions se démontrent aisément par la géométrie analytique, en faisant les hypothèses ordinaires sur la continuité et l'existence des dérivées des coefficients entrant dans les équations de G.

Cela admis, menons par M le plan perpendiculaire à G; il coupe G′ en M′, G″ en M″, et les angles marqués sur la figure sont droits. Le triangle MM′ M″ est rectangle en M″ et donne l'égalité

$$\operatorname{tang} \widehat{M''MM'} = \frac{M''M'}{M''M} = \frac{IM \operatorname{tang}\varepsilon}{\delta} = IM \frac{\operatorname{tang}\varepsilon}{\varepsilon}\frac{\varepsilon}{\delta}.$$

$\widehat{M''MM'}$ est l'angle que fait le plan (GMM′) avec le plan (GII′). Faisons tendre G′ vers G. MM′ tend vers la tangente à une certaine courbe tracée sur S, en sorte que le plan (GMM′) tend vers le plan tangent à S en M; (GII′) tend vers le plan central, et $\widehat{M''MM'}$ tend vers l'angle θ que fait le plan tangent en M avec le plan central.

D'autre part, IM tend vers OM, $\frac{\operatorname{tang}\varepsilon}{\varepsilon}$ tend vers l'unité, $\frac{\varepsilon}{\delta}$ tend vers $\frac{1}{p}$. On a donc l'égalité

$$(1) \qquad\qquad \operatorname{tang}\theta = \frac{OM}{p},$$

dite *formule de Chasles*. Elle fait connaître la loi de variation cherchée.

Pour OM $= 0$, on a θ $= 0$. Donc *le plan central est tangent au point central*.

Pour OM $= \infty$, on a $\theta = \frac{\pi}{2}$. Donc quand M s'éloigne à l'infini sur G, le plan tangent en M tend à devenir perpendiculaire au plan central. Ce plan tangent au point à l'infini de G est dit *plan asymptote* de G.

On voit que le plan asymptote est parallèle aux génératrices infiniment voisines G et G′.

Mais, si l'on construit le cône directeur Γ de S, le plan tangent à Γ le long de la parallèle à G est le plan de cette parallèle et de la parallèle à G′. Donc : *le plan asymptote d'une génératrice de G est parallèle au plan tangent au cône directeur le long de la génératrice parallèle*.

Enfin, la formule (1) montre que, *si le point M décrit G, il existe une correspondance homographique entre la ponctuelle ainsi engendrée et le faisceau d'axe G engendré par le plan tangent en M*.

67. **Signe du paramètre de distribution.** — Orientons la généra-

trice G. Quand un point M la parcourt dans le sens positif, un observateur traversé des pieds à la tête par G voit tourner le plan tangent en M, soit dans le sens positif, soit dans le sens négatif. *Ce sens se retrouve quand on inverse l'orientation de* G, car le sens dans lequel M parcourt G et le sens dans lequel le plan tangent tourne autour de cette génératrice se trouvent simultanément inversés.

Par conséquent, à une génératrice donnée de surface réglée se trouve attaché un sens de rotation du plan tangent indépendant de la manière dont on oriente cette génératrice. On peut convenir de considérer le paramètre de distribution comme positif ou comme négatif, suivant que la rotation du plan tangent, définie plus haut, s'effectue dans le sens positif ou dans le sens négatif.

68. Ligne de striction. — On appelle *ligne de striction* d'une surface réglée le lieu des points centraux de ses génératrices.

D'après la définition du point central, on pourrait être tenté de croire que la ligne de striction est une trajectoire orthogonale des génératrices. Il peut en être ainsi, mais ce n'est pas nécessaire, comme le montre l'exemple traité au paragraphe suivant.

69. Exemple de l'hyperboloïde de révolution. — Soit H un hyperboloïde de révolution à une nappe. Figurons-le en géométrie descriptive. Choisissons les plans de projection de telle manière qu'une génératrice (G, G′) soit verticale et que l'axe (X, X′) soit de front (*fig.* 28).

Soient (o, o′) le centre de H, (a, a′) le point de G, pied de la perpendiculaire commune à cette génératrice et à l'axe. La normale en (a, a′) est la droite de bout (ao, a′o′) et le plan tangent à H en ce point est de front. Le plan asymptote de G est parallèle au plan tangent au cône directeur de H, suivant la génératrice parallèle à G. Or, ce cône est de révolution, son axe est parallèle à (X, X′), et le plan tangent dont il s'agit est un plan de profil. Le point (a, a′) est donc le point de G où le plan tangent est perpendiculaire au plan asymptote, *et c'est par conséquent le point central de* G. Or, ce point appartient au cercle de gorge de H. Donc, *la ligne de striction de l'hyperboloïde* H *n'est autre que son cercle de gorge*, et l'on voit que ce n'est pas une trajectoire orthogonale des génératrices.

Calculons maintenant le paramètre de distribution de G. Pour cela, considérons un point quelconque (m, m') de cette génératrice. Soit x sa distance $o'm'$ au point central.

Pour avoir l'angle θ des plans tangents en (a, a') et en (m, m'), il suffit d'avoir l'angle des normales. Or, la normale en (a, a') est

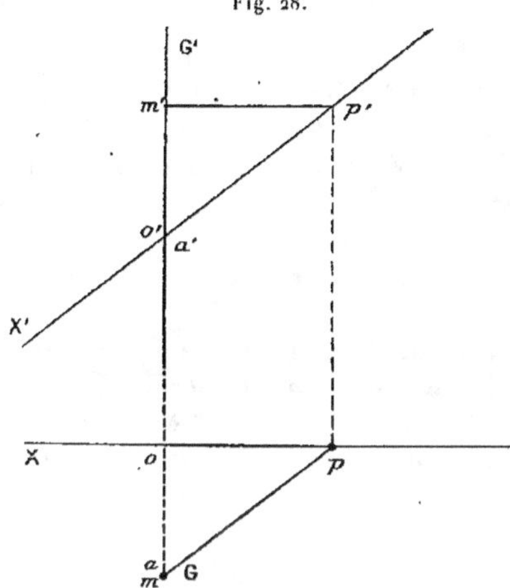

Fig. 28.

la droite de bout $(ao, a'o')$. La normale en (m, m') se projette verticalement en $m'p'$ perpendiculaire à G'. Elle rencontre l'axe en un point (p, p'), ce qui fait connaître sa projection horizontale mp.

L'angle θ est donc l'angle $\widehat{oap}$.

Cela posé, on a

$$\tan\theta = \frac{op}{oa} = \frac{m'p'}{oa} = \frac{x\tan\alpha}{R},$$

en appelant R le rayon du cercle de gorge et α l'angle $\widehat{G', X'}$. Par conséquent,

$$|p| = \frac{x}{\tan\theta} = R\cot\alpha.$$

Telle est la valeur absolue du paramètre de distribution ([1]).

([1]) Remarquons que nous vérifions, indépendamment de la théorie générale, la constance du rapport $\dfrac{x}{\tan\theta}$.

Elle est évidemment indépendante de la génératrice considérée. On reconnaît que p est *négatif*, avec la disposition de la figure : en effet, le plan tangent tourne dans le sens négatif, quand le point (m, m') fait l'ascension de (G, G').

Les génératrices de H, de système opposé à celui de (G, G'), ont un paramètre de distribution opposé au précédent.

70. Cas particulier des développables. — 1° *Le paramètre de distribution d'une génératrice quelconque d'un cylindre est infini.* En effet, en adoptant les notations du n° 66, ε est rigoureusement nul pour deux génératrices infiniment voisines et δ ne l'est pas. On a donc bien

$$\lim \frac{\varepsilon}{\delta} = \infty.$$

2° *Le paramètre de distribution d'une génératrice quelconque d'un cône ou d'une développable générale est nul.* Le fait est évident pour un cône, car on a alors rigoureusement $\delta = 0$. Considérons donc une développable générale S. Soient (*fig.* 29) C son arête de rebrousse-

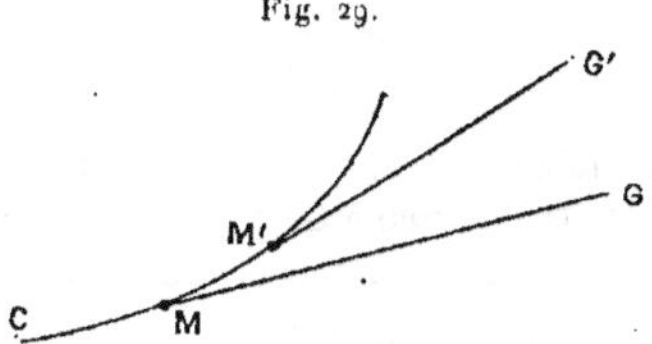

Fig. 29.

ment, G et G' deux génératrices infiniment voisines, M et M' leurs points de contact avec C.

L'angle ε, angle de G et de G', n'est autre que l'*angle de contingence* de C en M; δ, plus courte distance de G et de G', est la distance du point M' au plan P mené par G parallèlement à G'. On a donc

$$\delta = MM' \sin \eta,$$

en appelant η l'angle que fait MM' avec le plan P. Donc

$$\frac{\delta}{\varepsilon} = \frac{MM'}{\varepsilon} \sin \eta.$$

Faisons maintenant tendre MM′ vers zéro. Le premier facteur du second membre tend vers le rayon de courbure R de C en M. Le plan P tend vers le plan osculateur en M; l'angle η_1 tend donc vers zéro. Si donc R est fini, on a

$$\lim \frac{\delta}{\varepsilon} = p = 0. \qquad \text{c. q. f. d.}$$

La démonstration n'est en défaut que si R est infini, ce qui ne peut arriver qu'en des points exceptionnels de C.

3° *Réciproquement, une surface réglée* S *dont toutes les génératrices ont un paramètre de distribution infini est un cylindre; une surface réglée dont toutes les génératrices ont un paramètre de distribution nul est un cône ou une développable générale.* En effet, la formule de Chasles montre que si p est nul ou infini, le plan tangent à S est le même tout le long de G. Donc, S est une développable, dans le sens le plus étendu du mot : si p est infini, ce ne peut être qu'un cylindre; si p est nul, ce ne peut être qu'un cône ou une développable générale.

On peut y regarder d'un peu plus près. Considérons le cas du cône ou de la développable générale, dans lequel on a $p = 0$. La formule de Chasles étant écrite,

$$\tan g\,\theta = \frac{x}{p}$$

montre que, partout sur G, le plan tangent est le même et se confond avec le plan asymptote, sauf au point central lui-même, où θ est indéterminé. De même, si l'on écrit la formule

$$x = p \tan g\,\theta,$$

on voit que, θ étant donné, x est nul, à moins que θ ne soit égal à $\frac{\pi}{2}$, auquel cas x est indéterminé. On peut donc énoncer les résultats suivants :

En un point quelconque de G, *le plan tangent est confondu avec le plan asymptote, sauf au point central, où le plan tangent est indéterminé.*

Un plan quelconque passant par G *doit être considéré comme tangent à la surface au point central, sauf si ce plan est le plan asymptote, auquel cas son point de contact est indéterminé.*

Quant au point central même, puisque le plan tangent y est indéterminé, ce ne peut être que le point de contact de G avec C, en vertu d'une remarque faite plus haut (n° 62, en note).

Ces résultats s'étendent au cylindre, en considérant alors le point central comme rejeté à l'infini, et en remplaçant l'expression de *plan asymptote* par celle de *plan tangent au cylindre*, au sens ordinaire du mot ([1]).

71. Raccordement des surfaces réglées. — Soient S et S′ deux surfaces réglées ayant une génératrice G commune, et soient Π et Π′ les plans tangents à ces deux surfaces en un même point M de G. Π et M se correspondent homographiquement, de même M et Π′. Donc, quand on fait varier le point M, Π et Π′ engendrent deux faisceaux homographiques de même axe G. Ces deux faisceaux ont, comme on sait, en général deux plans communs. Donc :

En général, deux surfaces réglées ayant en commun une génératrice se touchent en deux points de cette génératrice.

Si les deux surfaces se touchent en *trois* points de G, c'est que l'homographie dans laquelle se correspondent Π et Π′ est *identique*. Autrement dit, S et S′ *se touchent en tous les points de* G, et l'on dit que les deux surfaces *se raccordent* le long de cette génératrice.

72. Paraboloïde des tangentes et paraboloïde des normales. — M_1, M_2, M_3 étant trois points de G, menons les droites $M_1\,U_1$, $M_2\,U_2$, $M_3\,U_3$ perpendiculairement à G, dans les plans tangents correspondants. Il existe une quadrique Q, définie par les trois génératrices $M_1\,U_1$, $M_2\,U_2$, $M_3\,U_3$, et cette quadrique est un paraboloïde dont un plan directeur est perpendiculaire à G, puisque les trois génératrices données sont parallèles à un tel plan.

([1]) Dans le cas des développables, la correspondance homographique qui existe entre x et tang θ est une correspondance *dégénérée*, en appelant ainsi toute correspondance entre x et y qui se traduit par la formule

$$f(x)\,g(y) = 0.$$

La relation précédente peut être satisfaite de deux manières : ou bien l'on donne à x l'une ou l'autre des valeurs *fixes* qui annulent le premier facteur, et y peut recevoir une valeur quelconque; ou bien l'on fait l'inverse.

Q a aux points M_1, M_2 et M_3 le même plan tangent que la surface S; donc Q se raccorde avec S tout le long de G.

Q est dit *paraboloïde des tangentes relatif* à G. Toutes ses génératrices du système opposé à celui de G rencontrent cette génératrice à angle droit.

Son second plan directeur est, comme l'on sait, le plan tangent à Q au point à l'infini de G, c'est-à-dire le plan asymptote de G, qui est le même pour S et pour Q. *Ainsi le second plan directeur de* Q *est le plan asymptote de* G.

Q, ayant ses deux plans directeurs rectangulaires, est un paraboloïde hyperbolique équilatère.

Faisons-le tourner de 90° autour de G. On obtient un nouveau paraboloïde hyperbolique équilatère Q', dont la génératrice MN, issue d'un point quelconque de M, est perpendiculaire à la fois à G et à la génératrice MU du paraboloïde des tangentes.

C'est donc la normale à S en M. Ses deux plans directeurs sont le

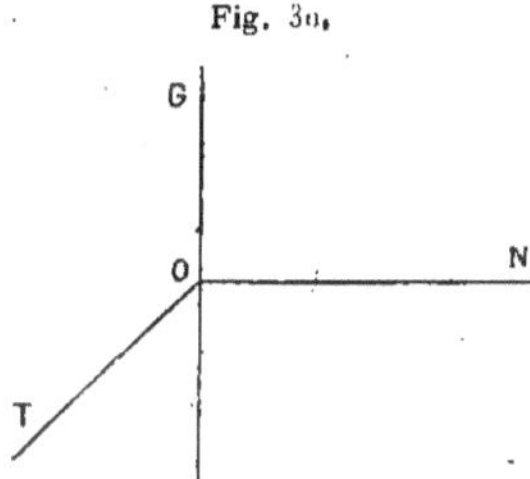

Fig. 30.

plan perpendiculaire à G et le plan mené par G perpendiculairement au plan asymptote, c'est-à-dire le plan central de G. Ainsi :

Les normales à S *le long de* G *engendrent un paraboloïde hyperbolique équilatère* Q', *dont les plans directeurs sont le plan perpendiculaire à* G *et le plan central de* G.

Cherchons le sommet de Q', qui est dit *paraboloïde des normales relatif* à G.

A cet effet, figurons le point central O de G (*fig.* 30), la normale ON à S en O, et la droite OT qui complète avec G et ON un trièdre trirectangle.

Le plan central est GOT. C'est donc un des plans directeurs de Q'. L'autre est le plan TON. Ces deux plans se coupent suivant OT, qui est par conséquent parallèle à l'axe de Q'. D'autre part, OG et ON sont deux génératrices de Q', en sorte que GON est le plan tangent à Q' en O. Ce plan étant perpendiculaire à OT, on voit que *le sommet de Q' est le point central O de G.*

CHAPITRE III.

ÉLÉMENTS DE GÉOMÉTRIE RÉGLÉE.

A. — GÉNÉRALITÉS.

73. L'espace réglé. — La géométrie élémentaire étudie les figures comme étant engendrées par des points : c'est donc *le point* qu'elle considère comme élément fondamental de l'espace.

A la suite des travaux de Poncelet, qui énonça le *principe de dualité* dans son *Traité des propriétés projectives des figures* (1822), on fut conduit à édifier, en regard de la géométrie classique, une nouvelle géométrie qui considère *le plan* comme élément fondamental de l'espace, et les figures comme engendrées par des plans.

Il est clair que cette conception peut s'étendre, et qu'il est possible de constituer toutes sortes de géométries, dans lesquelles une figure de nature donnée est prise comme élément fondamental. Après la géométrie des *points* et celle des *plans*, la plus importante est celle des *droites*, ou *géométrie réglée*.

La géométrie réglée regarde donc l'espace comme constitué par l'ensemble des droites que l'on peut y tracer. L'espace ainsi conçu est dit *espace réglé*. La géométrie réglée a pour objet d'étudier les figures formées par les combinaisons de droites.

74. Coordonnées plückériennes d'une droite. — L'instrument nécessaire pour l'étude analytique de l'espace réglé est fourni par les *coordonnées plückériennes* d'une droite, que je vais définir.

Soient $Oxyz$ un trièdre trirectangle de référence, D une droite quelconque. Considérons un vecteur glissant (D, **u**) de module quelconque non nul, ayant D pour support.

Ce vecteur glissant a six coordonnées cartésiennes (n° 32), X, Y, Z,

L, M, N satisfaisant à la relation

$$(1) \qquad\qquad LX + MY + NZ = 0,$$

et réciproquement, un système de six nombres, X, Y, Z, L, M, N, dont les trois premiers ne sont pas tous nuls et qui satisfont à (1), définit un vecteur glissant unique (D, **u**).

Je changerai de notation et je remplacerai X, Y, Z, L, M, N respectivement par l, m, n, p, q, r. La relation (1) devient ainsi

$$(2) \qquad\qquad lp + mq + nr = 0.$$

Si l'on altère dans un rapport quelconque le module de (D, **u**), son support D restant le même, les coordonnées l, m, n, p, q, r sont toutes altérées dans le même rapport. Il en résulte que :

Une droite D *est déterminée sans ambiguïté par un système de six nombres* l, m, n, p, q, r, *vérifiant* (2) *et n'intervenant que par leurs rapports mutuels, les nombres* l, m, n *n'étant pas tous nuls.*

Ces six nombres sont dits les *coordonnées plückériennes* (homogènes) de D.

Ainsi une droite dépend d'un système homogène de six nombres reliés par une relation. Elle dépend donc de quatre paramètres, fait d'ailleurs bien connu. On dit aussi qu'il existe dans l'espace ∞^4 droites, ou encore que l'espace réglé est une *multiplicité à quatre dimensions*.

75. **Droites impropres.** — Comme on l'a dit, l, m, n ne doivent pas être tous nuls. Il faut donc une convention spéciale pour donner un sens au système de coordonnées

$$0, \quad 0, \quad 0, \quad p, \quad q, \quad r.$$

Cette convention se rattache à celle par laquelle on introduit, en géométrie analytique, les *éléments à l'infini* ou *éléments impropres*. Rappelons brièvement comment on procède.

On définit d'abord les *coordonnées homogènes* d'un point. Ce sont quatre nombres

$$x, \quad y, \quad z, \quad t,$$

tels que les coordonnées cartésiennes du point soient

$$X = \frac{x}{t}, \qquad Y = \frac{y}{t}, \qquad Z = \frac{z}{t}.$$

t doit donc être différent de zéro, et cette condition étant supposée remplie, x, y, z, t n'interviennent que par leurs rapports mutuels.

Il n'existe pas de point dont les coordonnées soient

$$x, \quad y, \quad z, \quad 0,$$

mais on *convient* de dire que ce sont là les coordonnées *d'un point à l'infini*, commun à toutes les droites qui sont parallèles à la droite d'équations

$$\frac{X}{x} = \frac{Y}{y} = \frac{Z}{z}.$$

Un tel point est dit *point impropre*.

Tous les points impropres ont des coordonnées satisfaisant à l'équation $t = 0$. On dit que cette équation représente le *plan de l'infini*. On convient donc que les points impropres ont pour lieu le plan de l'infini.

Soit alors

$$A\,x + B\,y + C\,z + D\,t = 0$$

l'équation d'un plan quelconque, écrite en coordonnées homogènes (A, B, C ne sont pas tous les trois nuls). Les points impropres qui sont contenus dans ce plan ont des coordonnées qui satisfont à l'équation précédente et à l'équation

$$t = 0.$$

Ces deux équations étant linéaires, on est conduit à dire que ces points ont pour lieu une *droite impropre*, dite *droite à l'infini* du plan considéré.

Des plans parallèles ont en commun une droite impropre, et réciproquement. Le lieu des droites impropres est le plan de l'infini.

Cela posé, nous considérerons le système de nombres

$$0, \quad 0, \quad 0, \quad p, \quad q, \quad r$$

comme étant celui des coordonnées plückériennes d'une droite impropre, à savoir la droite à l'infini du plan

$$p\,x + q\,y + r\,z = 0$$

(ou de tout autre plan parallèle); p, q, r ne sont pas tous les trois nuls; s'ils l'étaient, la droite serait considérée comme indéterminée.

Les coordonnées d'une droite impropre satisfont bien à la relation (2) du n° 74.

76. Condition de rencontre de deux droites. — Soient deux droites D et D′, propres ou impropres, de coordonnées respectives

$$(l,\ m,\ n,\ p,\ q,\ r) \quad \text{et} \quad (l',\ m',\ n',\ p',\ q',\ r').$$

Proposons-nous de trouver la relation entre ces deux systèmes de coordonnées, qui exprime que ces deux droites se rencontrent, à distance finie ou infinie.

1° *D et D′ sont des droites propres.* — Alors deux vecteurs glissants $\overrightarrow{AB}$ et $\overrightarrow{A'B'}$ qui les ont pour supports forment un torseur égal à un vecteur glissant ou à un couple, et réciproquement, si cela a lieu, D et D′ se rencontrent à distance finie ou non. Le torseur dont il s'agit a pour coordonnées

$$l+l',\ \ m+m',\ \ n+n',\ \ p+p',\ \ q+q',\ \ r+r',$$

et la condition nécessaire et suffisante pour qu'il soit égal à un vecteur glissant ou à un couple est (n° 33)

$$(l+l')(p+p') + (m+m')(q+q') + (n+n')(r+r') = 0,$$

ce qui, en tenant compte de la relation (2) du n° 74 et de la relation analogue vérifiée par les coordonnées de D′, se réduit à

$$(1) \qquad\qquad lp' + mq' + nr' + pl' + qm' + rn' = 0.$$

2° *D est propre et D′ est impropre.* — Dire que D rencontre D′ revient à dire, d'après la définition d'une droite impropre, que D est parallèle au plan

$$p'x + q'y + r'z = 0,$$

ce qui s'exprime par la condition nécessaire et suffisante

$$lp' + mq' + nr' = 0.$$

C′ est encore la condition (1), l', m' et n' étant nuls.

De même si D est une droite impropre et D′ une droite propre.

3° *D et D′ sont impropres.* — Alors, ces deux droites appartenant toutes les deux au plan de l'infini se rencontrent toujours, et la condition (1) est vérifiée, puisque

$$l = m = n = l' = m' = n' = 0.$$

En résumé, (1) *est, sans restriction, la condition nécessaire et suffisante pour que deux droites, propres ou impropres, se rencontrent.*

On peut remarquer que, si l'on pose

$$\varphi = 2(lp + mq + nr).$$

φ est une forme quadratique homogène à six variables l, m, n, p, q, r. L'existence d'une droite de coordonnées l, m, n, p, q, r s'exprime par la nullité de cette forme quadratique, et la rencontre de deux droites, par la nullité de la *forme polaire*

$$\frac{1}{2}\left(l'\frac{\partial\varphi}{\partial l} + m'\frac{\partial\varphi}{\partial m} + n'\frac{\partial\varphi}{\partial n} + p'\frac{\partial\varphi}{\partial p} + q'\frac{\partial\varphi}{\partial q} + r'\frac{\partial\varphi}{\partial r} \right)$$
$$= \frac{1}{2}\left(l\frac{\partial\varphi'}{\partial l'} + m\frac{\partial\varphi'}{\partial m'} + n\frac{\partial\varphi'}{\partial n'} + p\frac{\partial\varphi'}{\partial p'} + q\frac{\partial\varphi'}{\partial q'} + r\frac{\partial\varphi'}{\partial r'} \right),$$

en posant

$$\varphi' = 2(l'p' + m'q' + n'r').$$

77. Systèmes de droites. — En géométrie ponctuelle de l'espace, on étudie les systèmes de points dont les coordonnées vérifient *une* relation (*surfaces*) ou *deux* relations (*courbes*). De même, on est amené, en géométrie réglée, à étudier les systèmes de droites dont les coordonnées vérifient *une*, *deux* ou *trois* relations. Ces systèmes ont reçu les noms respectifs de *complexes*, de *congruences* et de *séries réglées*.

Ainsi, un *complexe* est l'ensemble des droites dont les coordonnées vérifient une équation homogène

$$f_1(l, m, n, p, q, r) = 0.$$

Les droites d'un complexe dépendent de trois paramètres indépendants. Autrement dit, elles sont au nombre de ∞^3.

Une *congruence* est l'ensemble des ∞^2 droites dont les coordonnées vérifient deux équations homogènes

$$f_1(l, m, n, p, q, r) = 0, \qquad f_2 = 0.$$

Les droites d'une congruence appartiennent donc à chacun des complexes représentés par les équations précédentes, et l'on peut dire qu'une congruence est l'*intersection* de deux complexes.

Une *série réglée* est l'ensemble des ∞^1 droites dont les coordonnées vérifient trois équations homogènes

$$f_1 = 0, \qquad f_2 = 0, \qquad f_3 = 0.$$

Une série réglée peut être considérée comme étant l'intersection de trois complexes, ou encore d'une congruence et d'un complexe.

Une série réglée est identique au système formé par les génératrices d'une surface réglée (ou, dans des cas très particuliers, au système formé par ∞^1 droites appartenant à un même plan).

Enfin, quatre équations

$$f_1 = 0, \qquad f_2 = 0, \qquad f_3 = 0, \qquad f_4 = 0$$

n'ont, en général, qu'un nombre fini de solutions communes. Elles définissent un nombre fini de droites. Donc quatre complexes se coupent en général suivant un nombre fini de droites; de même deux congruences, une congruence et deux séries réglées, etc.

78. Complexes algébriques. — Soit

$$(1) \qquad\qquad f(l, m, n, p, q, r) = 0$$

l'équation d'un complexe. Si cette équation est algébrique et de degré α, le complexe est dit lui-même *algébrique et de degré α*.

Les droites d'un complexe qui passent par un point donné A, de coordonnées (x_0, y_0, z_0) sont assujetties de ce fait à deux conditions supplémentaires. Elles forment donc une série réglée qui, dans l'espèce, est un cône. Ce cône est dit *cône du complexe*, de sommet A.

Il est aisé d'en former l'équation. Soient en effet (l, m, n) les trois premières coordonnées d'un vecteur glissant $\overrightarrow{AB}$, dont le support passe par A. Ses trois autres coordonnées sont (n° 32)

$$p = y_0 n - z_0 m, \qquad q = z_0 l - x_0 n, \qquad r = x_0 m - y_0 l.$$

Les coordonnées homogènes de la droite D, support de $\overrightarrow{AB}$, étant l, m, n, p, q, r, on exprimera que D appartient au complexe par l'équation

$$f(l,\ m,\ n,\ \ y_0 n - z_0 m,\ \ z_0 l - x_0 n,\ \ x_0 m - y_0 l) = 0,$$

qui est algébrique, homogène et de degré α en l, m, n. L'équation du cône, lieu de D, s'obtient en remplaçant l, m, n, par $x - x_0$, $y - y_0$, $z - z_0$, ce qui donne, après réduction,

$$(2)\quad f(x - x_0,\ y - y_0,\ z - z_0,\ y_0 z - z_0 y,\ z_0 x - x_0 z,\ x_0 y - y_0 x) = 0.$$

On voit que *l'ordre du cône du complexe est égal au degré du complexe.*

L'équation (2) peut être écrite en coordonnées homogènes : pour cela, il suffit d'y remplacer x_0, y_0, z_0 par $\dfrac{x_0}{t_0}$, $\dfrac{y_0}{t_0}$, $\dfrac{z_0}{t_0}$ et x, y, z par $\dfrac{x}{t}$, $\dfrac{y}{t}$, $\dfrac{z}{t}$.

En chassant les dénominateurs, on obtient

$$(3)\quad f(t_0 x - x_0 t,\ t_0 y - y_0 t,\ t_0 z - z_0 t,\ y_0 z - z_0 y,\ z_0 x - x_0 z,\ x_0 y - y_0 x) = 0,$$

équation plus avantageuse que (2), parce qu'elle permet d'étudier un cône du complexe dont le sommet est à l'infini ($t_0 = 0$).

79. Points singuliers du complexe. — Il peut arriver que, pour certains points A, l'équation du cône du complexe soit identiquement satisfaite. Un tel point est dit *singulier*. Toutes les droites de l'espace qui passent par un point singulier appartiennent au complexe.

80. Courbe du complexe. — Corrélativement à ce qui précède, considérons les droites du complexe qui appartiennent à un plan donné P. Elles satisfont à deux conditions supplémentaires, et forment un système de ∞^1 droites tracées dans un même plan. Elles enveloppent donc une courbe C qui est dite *courbe du complexe*, de plan P.

Cherchons la classe de C : c'est le nombre des tangentes qu'on peut lui mener par un point quelconque de P, c'est-à-dire le nombre des droites du complexe qui sont dans P et qui passent par A. Or, on est conduit à déterminer le même nombre en cherchant l'ordre du cône du complexe de sommet A. Donc, *la classe de la courbe du complexe est égale à l'ordre du cône de complexe, et par conséquent au degré du complexe.*

C'est parce que le nombre α est à la fois un *ordre* et une *classe* qu'il convient de lui donner le nom neutre de *degré*.

Corrélativement aux points singuliers, il peut exister pour un complexe des *plans singuliers*, tels que toutes leurs droites appartiennent au complexe.

B. — COMPLEXE LINÉAIRE.

81. Définition. — Le plus simple de tous les complexes, celui par conséquent dont l'étude se présente d'abord, est le complexe du premier degré ou *complexe linéaire*. Son équation est de la forme

$$(1) \qquad A\,l + B\,m + C\,n + D\,p + E\,q + F\,r = 0,$$

A, B, C, D, E, F étant des coefficients quelconques. Un complexe linéaire dépend de cinq paramètres, qui sont les rapports mutuels de ces coefficients.

Il existe donc ∞^5 complexes linéaires.

Cinq droites données quelconques appartiennent toujours au moins à un complexe linéaire. En effet, si $(l_i,\ m_i,\ n_i,\ p_i,\ q_i,\ r)$ $(l_i = 1, 2, 3, 4, 5)$ sont les coordonnées de ces cinq droites, le système homogène d'équations linéaires en A, B, C, D, E, F,

$$(2) \qquad A\,l_i + B\,m_i + C\,n_i + D\,p_i + E\,q_i + F\,r_i \qquad (i = 1, 2, 3, 4, 5),$$

admet toujours au moins un système homogène de solutions non toutes nulles. En général, ce système est unique. Mais il peut arriver que les équations (2) aient une infinité de solutions.

82. Complexe spécial. — *Les droites D assujetties à rencontrer une droite fixe D_0 $(l_0,\ m_0,\ n_0,\ p_0,\ q_0,\ r_0)$ forment un complexe linéaire.* En effet, les coordonnées de D doivent satisfaire à la condition

$$p_0\,l + q_0\,m + r_0\,n + l_0\,p + m_0\,q + n_0\,r = 0,$$

qui est linéaire.

Un tel complexe est dit *spécial* et la droite D_0 est dite sa *directrice* ou son *axe*.

Pour que le complexe (1) du n° 81 soit spécial, il faut et il suffit que D, E, F, A, B, C puissent être considérés comme étant les coordonnées d'une droite, donc que l'on ait

$$AD + BE + CF = o.$$

Les propriétés du complexe spécial sont évidentes. En particulier, *tous les points de sa directrice sont des points singuliers, tous les plans contenant sa directrice sont des plans singuliers.*

Un complexe linéaire non spécial n'a ni point singulier ni plan singulier.

Soit en effet le complexe

$$(1) \qquad Al + Bm + Cn + Dp + Eq + Fr = o.$$

Supposons qu'il ait un point singulier. Prenons celui-ci comme origine (¹).

Alors, toutes les droites passant par l'origine appartiennent au complexe.

Or, une droite passant par l'origine a ses trois dernières coordonnées nulles (car le moment par rapport à l'origine d'un vecteur glissant supporté par une telle droite est nul).

Il faut donc que (1) soit vérifié par le système (l, m, n, o, o, o), quels que soient l, m, n. Cela exige

$$A = B = C = o.$$

L'équation (1) se réduit à

$$Dp + Eq + Fr = o,$$

ce qui est l'équation du complexe spécial dont la directrice a pour coordonnées

$$(D, E, F, o, o, o).$$

La première partie du théorème est ainsi démontrée. La seconde s'ensuit par corrélation. On peut aussi l'établir directement : prenons comme plan Oxy le plan singulier. Les droites du plan Oxy sont

---

(¹) Je suppose que ce point singulier est à distance finie. Je laisse au lecteur le soin d'examiner le cas où il serait rejeté à l'infini. La démonstration est tout aussi simple.

caractérisées par les conditions

$$n = 0, \qquad p = 0, \qquad q = 0,$$

exprimant, la première qu'un vecteur glissant porté par une telle droite a une projection nulle sur Oz, les deux dernières que le moment de ce vecteur glissant, par rapport au point O est parallèle à Oz. On doit donc avoir, quels que soient l, m, r,

$$A\,l + B\,m + F\,r = 0,$$

d'où

$$A = 0, \qquad B = 0, \qquad F = 0,$$

et l'équation (1) se réduit à

$$C\,n + D\,p + E\,q = 0.$$

équation d'un complexe spécial dont la directrice est la droite du plan $O\,xy$

$$(D,\ E,\ 0,\ 0,\ 0,\ C).$$

83. Pôle et plan polaire. — Le cône d'un complexe linéaire est une surface du premier ordre, c'est-à-dire un plan; sa courbe est une courbe de la première classe, c'est-à-dire un point. On peut donc dire qu'*un complexe linéaire est un système de ∞^3 droites tel que toutes les droites de ce système qui passent par un point ϖ sont dans un plan P, contenant ϖ, et que toutes ses droites qui sont dans un plan P passent par un point ϖ, contenu dans P.*

Le point ϖ est dit *pôle* du plan P, le plan P est dit *plan polaire* du point ϖ. Un plan est le plan polaire de son pôle, un point est le pôle de son plan polaire.

Réciproquement, toute droite passant par un point et contenue dans le plan polaire de ce point appartient au complexe linéaire.

Le complexe étant supposé non spécial, les résultats précédents ne comportent aucune exception, quels que soient le point ϖ ou le plan P considérés, à distance finie ou infinie.

84. Propriété fondamentale. — *Soient A et B deux plans, α et β leurs pôles. Si α est dans B, β est dans A.*

Soit en effet D la droite d'intersection des plans A et B (*fig.* 31). Le point α étant à la fois dans A et dans B est sur D. Donc D, étant une droite du plan A qui passe par le pôle α de ce plan, appartient au complexe. D, appartenant au complexe et étant dans B, contient le pôle β de ce plan. Donc β est dans le plan A.   C. Q. F. D.

Fig. 31.

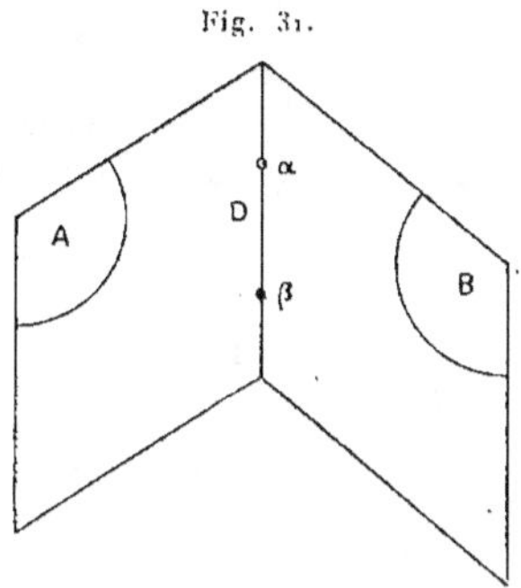

Ce théorème peut encore s'énoncer sous les formes suivantes :

Le lieu du pôle β d'un plan B qui varie en passant par un point donné α est le plan polaire A de α.

L'enveloppe du plan polaire B d'un point β qui varie dans un plan donné A est el pôle α de A.

85. Droites conjuguées. — Donnons-nous une droite D (*fig.* 32) et cherchons le lieu du pôle ϖ d'un plan P qui varie en passant par D.

Si D appartient au complexe, le lieu cherché est évidemment la droite D même.

Ce cas écarté, soient α et β deux points quelconques de D, A et B leurs plans polaires. D'après le théorème du n° 84, P passant par α, son pôle ϖ est dans A. De même ϖ est dans B. Donc ϖ décrit la droite Δ, intersection de A et de B.

Supposons maintenant qu'un plan tourne autour de Δ. Le lieu du pôle de ce plan sera encore une certaine droite D'. Mais deux des positions du plan mobile sont A et B, dont les pôles α et β sont sur D. Donc D' se confond avec D.

En résumé, *à toute droite D on peut faire correspondre une droite Δ,* *telle que si un plan tourne autour de l'une des droites* D *et* Δ, *son pôle décrit l'autre droite.*

On peut dire aussi bien que si un point décrit l'une des droites, son plan polaire tourne autour de l'autre.

Les droites D et Δ sont dites *conjuguées*, à cause de la réciprocité de leurs relations.

Une droite du complexe se confond avec sa conjuguée.

Une droite D *qui n'appartient pas au complexe ne peut rencontrer*

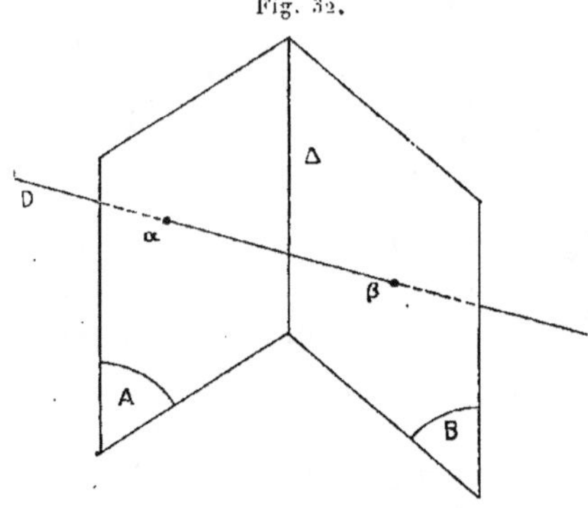

Fig. 32.

sa conjuguée Δ. En effet, aucun plan passant par D ne peut avoir son pôle sur D. Donc Δ n'a aucun point commun avec D.

86. Propriétés des droites conjuguées. — 1° *Si une droite* L *du complexe rencontre une droite* D, *elle rencontre aussi la conjuguée* Δ *de* D.

En effet, considérons le plan (D, L) ou P. L appartenant au complexe et étant dans le plan P contient le pôle ϖ de ce plan. Or, ϖ est sur Δ. Donc L rencontre Δ.

2° *Toute droite* L *qui rencontre* D *et* Δ *appartient au complexe.*

En effet, considérons encore le plan (D, L) ou P, dont le pôle ϖ est sur Δ. L est dans P et passe par ϖ, donc appartient au complexe.

3° *Si deux droites* D *et* Δ *sont telles que toute droite qui les rencontre appartienne au complexe, elles sont conjuguées.*

En effet, ϖ étant un point quelconque de Δ, toute droite passant par ϖ rencontrant D, c'est-à-dire toute droite du plan (ϖ, D) ou P appartient au complexe. Donc ϖ est le pôle de P, donc, etc.

4° *Deux couples* (D, Δ) *et* (D', Δ') *de droites conjuguées, telles que* D' *ne rencontre ni* D *ni* Δ, *sont quatre génératrices d'une semi-quadrique* [1].

En effet, les droites D, Δ et D' ne se rencontrant pas deux à deux déterminent une semi-quadrique Q. Soit L une génératrice quelconque de la semi-quadrique complémentaire. L rencontrant D et Δ appartient au complexe (2°). Donc L, rencontrant D', rencontre Δ' (1°). Ainsi, toute droite rencontrant D, Δ et D' rencontre aussi Δ', ce qui exige que cette dernière droite appartienne à Q.

87. Diamètres, plans diamétraux, axe, plan orthographique. —

On appelle *diamètre* d'un complexe linéaire toute droite dont la conjuguée est une droite impropre.

Un diamètre est donc le lieu des pôles d'une famille de plans passant par une droite impropre, c'est-à-dire de plans parallèles. Il est dit *conjugué* de cette famille.

Tous les diamètres sont parallèles. En effet, toute droite impropre est dans le plan de l'infini. Donc, tout diamètre contient le pôle du plan de l'infini, pôle qui est lui-même un point à l'infini. Par conséquent, tous les diamètres contiennent un même point à l'infini, ce qui est la propriété énoncée.

On appelle *plan orthographique* tout plan perpendiculaire à la direction commune des diamètres. Les plans orthographiques constituent une famille de plans parallèles, qui a un diamètre conjugué, dit *axe* du complexe. L'axe du complexe peut être défini comme étant la seule droite dont la conjuguée soit la droite impropre commune aux plans perpendiculaires à la droite dont il s'agit.

88. Propriété métrique des droites d'un complexe linéaire. —

Soient δ *la plus courte distance de l'axe* X *d'un complexe linéaire et d'une droite quelconque* L *de ce complexe,* φ *l'angle aigu que fait* L

---

[1] Une *semi-quadrique* est l'ensemble des génératrices, d'un système donné, d'une quadrique. Une quadrique porte deux semi-quadriques qui seront dites *complémentaires*.

avec X. *On a la relation*

$$(1) \qquad\qquad \delta \, \text{tang} \, \varphi = h,$$

h étant une constante qui caractérise le complexe.

Il faut démontrer que le produit $\delta \, \text{tang} \, \varphi$ reste invariant quand on passe d'une droite L du complexe à une autre L_1. Démontrons d'abord cela dans deux cas particuliers :

1° L *et* L_1 *se coupent à distance finie.* — Faisons la figure en géométrie descriptive (*fig.* 33) : prenons les plans de projection de telle

Fig. 33.

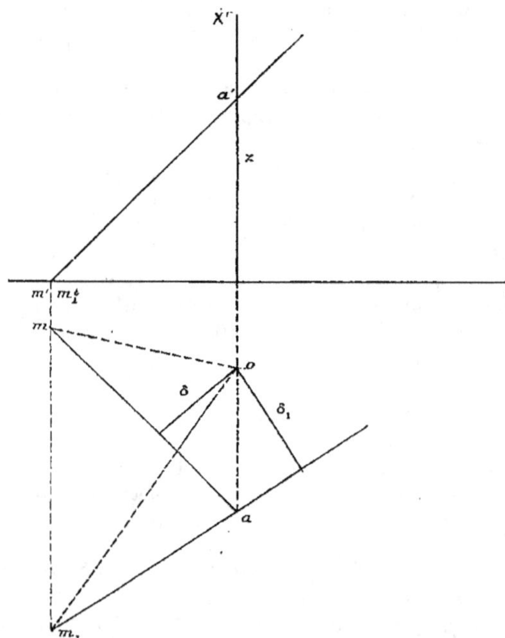

sorte que l'axe (o, X') du complexe soit vertical et que le point (a, a') commun aux deux droites considérées soit dans le plan de profil de cet axe.

Le plan polaire du point (a, a') contient la perpendiculaire abaissée de ce point sur l'axe, car cette perpendiculaire, rencontrant l'axe et la droite impropre commune aux plans orthographiques, qui sont deux droites conjuguées, appartient au complexe. Donc, deux droites du complexe, passant par le point (a, a'), sont dans un même plan de bout et ont leurs projections verticales confondues. Soient m et m_1 leurs traces horizontales.

Appelons δ et δ_1 leurs plus courtes distances à l'axe, φ_1 et φ_2 leurs angles avec l'axe, z la cote du point (a, a'). Les deux triangles oam, oam_1 ayant même aire, on a

$$\delta . am = \delta_1 . am_1, \qquad \text{ou} \qquad \delta z \, \text{tang}\,\varphi = \delta_1 z \, \text{tang}\,\varphi_1,$$

ou enfin

$$\delta \, \text{tang}\,\varphi = \delta_1 \, \text{tang}\,\varphi_1. \qquad\qquad \text{c. q. f. d.}$$

2° *L et L_1 sont parallèles.* — Alors le plan (L, L_1) a son pôle rejeté à l'infini et il est par conséquent parallèle à son diamètre conjugué. Mais ce diamètre est parallèle à l'axe du complexe X. Donc le plan (L, L_1) est parallèle à X, et l'on a

$$\delta = \delta_1, \qquad \text{tang}\,\varphi = \text{tang}\,\varphi_1.$$

Donc encore

$$\delta \, \text{tang}\,\varphi = \delta_1 \, \text{tang}\,\varphi_1.$$

3° *L et L_1 ne se coupent pas et ne sont pas parallèles.* — α étant un point quelconque de L, son plan polaire coupe L_1 en un point α_1, à distance finie ou infinie. Soit L_2 la droite $\alpha\alpha_1$. Le produit $\delta \, \text{tang}\,\varphi$ reste invariant quand on passe de L à L_2 et de L_2 à L_1, donc quand on passe de L à L_1. $\qquad\qquad$ c. q. f. d.

89. Génération du complexe linéaire. Pas du complexe. — Considérons (*fig.* 34) le cylindre de révolution (Cy) d'axe X et de rayon δ, et sur ce cylindre traçons une hélice H, passant par le point P, pied de la perpendiculaire commune à X et à la droite du complexe L, et normale à L. Cette hélice a pour binormale en P la droite L, puisque son plan osculateur en P est normal au cylindre (n° 50). D'autre part, l'angle de la tangente à H avec un plan de section droite de (Cy) est égal à φ. Son pas réduit est donc

$$\delta \, \text{tang}\,\varphi = h.$$

Il est constant, quelle que soit la droite du complexe L; d'où ce résultat :

Les droites du complexe linéaire constituent l'ensemble des binormales aux diverses hélices de même pas h réduit tracées sur les divers cylindres de révolution d'axe X.

Les cylindres en question sont en nombre ∞^1. Sur chacun d'eux on peut tracer ∞^1 hélices de pas donné, et chacune de ces hélices

Fig. 34.

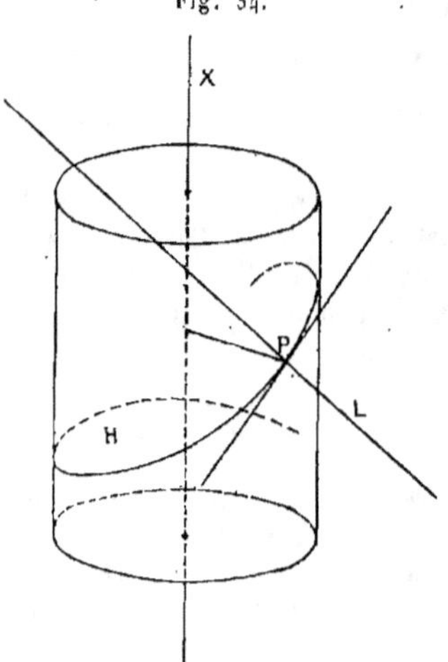

a ∞^1 binormales. On trouve bien, comme il convient, ∞^3 binormales.

Remarquons, en outre, que toutes les hélices correspondant à un même complexe (*hélices du complexe*) ont une même disposition, positive ou négative, car on passe évidemment par continuité de l'une à l'autre. On peut donc préciser la formule (1) du n° 88. On considérera h comme positif si les hélices du complexe ont leur pas positif, et comme négatif dans le cas contraire.

La constante h est dite *pas réduit* du complexe; $2\pi h$ est le *pas* du complexe.

Si l'on veut reconnaître le signe du pas d'un complexe, sans recourir à la considération de ses hélices, on obtient facilement la règle suivante : orientons d'une façon quelconque l'axe X, et L étant une droite du complexe, orientons L de telle manière que cette droite orientée fasse avec X un angle aigu. Un observateur traversé des pieds à la tête par X voit alors un point parcourant L dans le sens défini par l'orientation de cette droite aller vers sa droite ou vers sa gauche. Dans le premier cas, le pas du complexe est positif; dans le second, il est négatif.

90. Cas particuliers. — Si le pas réduit h est nul, on a

$$\delta \tang\varphi = 0,$$

d'où $\delta = 0$ ou $\varphi = 0$. Les droites du complexe ou bien rencontrent X, ou bien lui sont parallèles. On a donc le *complexe spécial d'axe* X.

Si le pas réduit h est infini, on a soit $\delta = \infty$, soit $\varphi = \dfrac{\pi}{2}$. On trouve donc l'ensemble des droites impropres et des droites perpendiculaires à X.

Cet ensemble constitue le complexe spécial ayant pour axe la droite impropre des plans perpendiculaires à X.

91. Une propriété de deux droites conjuguées. — Deux droites conjuguées quelconques ont avec l'axe une relation remarquable que nous allons établir.

Rappelons d'abord une propriété du *paraboloïde hyperbolique équilatère,* c'est-à-dire du paraboloïde hyperbolique dont les plans directeurs sont rectangulaires. Ce paraboloïde a deux systèmes de génératrices. Dans chaque système, il existe une génératrice qui rencontre à angle droit toutes les génératrices de l'autre système. Je l'appellerai *génératrice principale.* Les deux génératrices principales se coupent à angle droit au sommet du paraboloïde. Chacune d'elles est perpendiculaire au plan directeur auquel elle n'est pas parallèle.

Cela posé, soient D et Δ deux droites conjuguées quelconques (*fig.* 35). Appelons X' la droite impropre, commune aux plans orthographiques : c'est la conjuguée de l'axe X. Les quatre droites D, Δ, X, X' appartiennent à une même semi-quadrique (n° 86, 4°).

supportée par une quadrique Q. Q ayant une génératrice X' à l'infini est un paraboloïde dont un plan directeur a X' pour droite impropre. C'est donc un plan orthographique. L'autre plan directeur

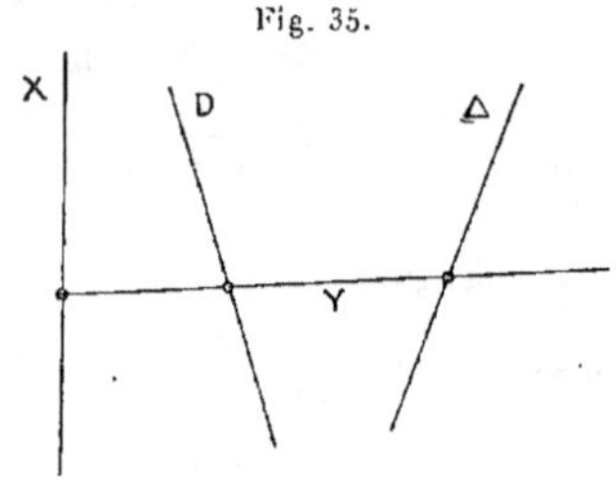

Fig. 35.

doit être parallèle à X. Par conséquent, Q est un paraboloïde équilatère, et X est une de ses génératrices principales. Ainsi :

L'axe du complexe est une génératrice principale d'un paraboloïde hyperbolique équilatère contenant deux droites conjuguées D *et* Δ.

On peut remarquer, en particulier, que Q a une autre génératrice principale Y qui rencontre à angle droit D, Δ et X. Par conséquent :

L'axe du complexe rencontre à angle droit la perpendiculaire commune à deux droites conjuguées quelconques.

92. Polarité par rapport à un complexe linéaire. — On connaît la *polarité par rapport à une quadrique :* c'est une transformation qui, à tout point de l'espace, fait correspondre son plan polaire par rapport à cette quadrique. On peut rattacher au complexe linéaire une polarité qui n'est pas moins remarquable.

C'est la transformation ainsi définie : *à tout point* α *on fait correspondre son plan polaire* A *par rapport au complexe.* Si le point α varie dans un plan B, son plan polaire A tourne autour du pôle β de B. Si le point α décrit une droite D, son plan polaire A tourne autour de la conjuguée Δ de D.

Ces propriétés s'énoncent, on le voit, exactement comme celles que l'on rencontre dans l'étude de la polarité par rapport à une quadrique. Les deux polarités se distinguent en ceci : dans la polarité par rapport à un complexe, *tout point est dans son plan polaire,* alors que, dans la polarité par rapport à une quadrique, ce fait est exceptionnel (il faut que le point soit sur la quadrique) ([1]).

93. Exemple : tétraèdres de Möbius. — La polarité par rapport à un complexe linéaire conduit à l'invention de figures intéressantes. Considérons, par exemple, un tétraèdre $\alpha\beta\gamma\delta$. Les plans polaires A. B, C, D de ses sommets forment un nouveau tétraèdre $\alpha'\beta'\gamma'\delta'$ (α' est le sommet opposé à la face A, etc.). Comme le point α' appartient aux plans B, C, D, il est dans le plan qui passe par les pôles

Fig. 76.

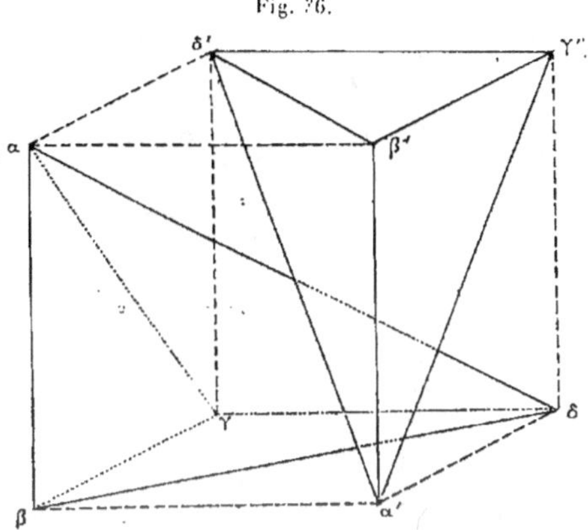

de ces plans, c'est-à-dire dans le plan $\beta\gamma\delta$. Les points β', γ' et δ' donnent lieu à des remarques analogues. Par conséquent, le tétraèdre $\alpha'\beta'\gamma'\delta'$ a tous ses sommets dans les faces du tétraèdre $\alpha\beta\gamma\delta$,

---

([1]) Les deux polarités sont *involutives*, c'est-à-dire que chacune d'elles se confond avec la transformation *inverse*, qui, à un plan, fait correspondre son pôle.

On sait qu'on appelle, d'une manière générale, *transformation corrélative* (ou *dualistique*) toute transformation qui fait correspondre un plan à un point. Il est assez facile de reconnaître que *les seules transformations corrélatives involutives sont la polarité par rapport à une quadrique et la polarité par rapport à un complexe linéaire.*

Les géomètres allemands donnent à la polarité par rapport à un complexe le nom de *Nullsystem*.

c'est-à-dire qu'il est inscrit à ce tétraèdre. Mais le tétraèdre $\alpha\beta\gamma\delta$ a tous ses sommets dans les faces du tétraèdre $\alpha'\beta'\gamma'\delta'$, car le point α par exemple appartient au plan $\beta'\gamma'\delta'$, qui n'est autre que le plan Λ, plan polaire de α. On obtient donc en définitive deux tétraèdres *tels que chacun d'eux soit inscrit à l'autre.* C'est ce que l'on appelle un système de *tétraèdres de Möbius.*

On peut donner un exemple simple de tétraèdres de Möbius. Partons d'un cube, et répartissons ses sommets en deux groupes $\alpha\beta\gamma\delta$ et $\alpha'\beta'\gamma'\delta'$, disposés comme l'indique la figure 36. On reconnaît que chacun des deux tétraèdres $\alpha\beta\gamma\delta$, $\alpha'\beta'\gamma'\delta'$ est inscrit à l'autre.

Fig. 37.

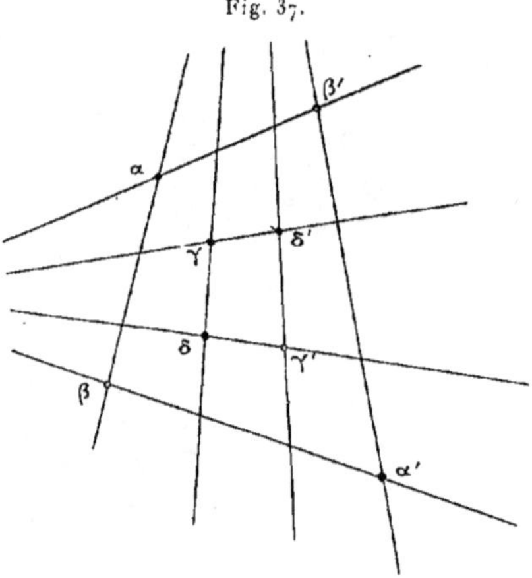

Mais ce système est trop particulier : on voit que les deux tétraèdres ont, en plus de leur relation d'être inscrits l'un à l'autre, celle que les arêtes $\alpha\delta$ et $\alpha'\delta'$ sont dans un même plan, et de même $\beta\gamma$ et $\beta'\gamma'$. Ce sont là des circonstances exceptionnelles. Si l'on veut former de la manière la plus générale un système de tétraèdres de Möbius, on peut s'y prendre comme il suit : $\alpha\beta\gamma\delta$ et $\alpha'\beta'\gamma'\delta'$ désignant toujours les deux tétraèdres à construire, considérons les deux systèmes de quatre droites

$$\alpha\beta, \quad \alpha'\beta', \quad \gamma\delta, \quad \gamma'\delta'$$

et

$$\alpha\beta', \quad \alpha'\beta, \quad \gamma\delta', \quad \gamma'\delta.$$

On reconnaît que, d'après les relations imposées aux deux tétraèdres, chaque droite de l'un des systèmes rencontre chaque droite de
l'autre système. Par conséquent, les quatre droites du premier
système doivent être quatre génératrices d'une semi-quadrique et
les quatre autres quatre génératrices de la semi-quadrique complémentaire.

On aboutit donc à la construction suivante : Étant donnée une
quadrique Q, tracer quatre génératrices quelconques d'un même
système et quatre génératrices quelconques de l'autre système. Ces
génératrices se rencontrent mutuellement en seize points. En choisir
huit, disposés comme l'indique la figure 37. Ce sont les sommets de
deux tétraèdres de Mobius, construits d'une manière aussi générale
que possible.

94. Complexe linéaire attaché à un torseur. — Soit $\mathfrak{C}$ un torseur
donné. On appelle *droite* (ou *axe*) *de moment nul* de ce torseur toute
droite par rapport à laquelle le moment du torseur est nul.

1^0 *Les droites de moment nul d'un torseur forment un complexe
linéaire* (C).

On reconnaît tout d'abord que les droites de moment nul du
torseur $\mathfrak{C}$ forment un complexe : car assujettir une droite à être
de moment nul, c'est l'assujettir à une condition unique, et elle
dépend encore de trois paramètres indépendants. Il est clair en
second lieu que ce complexe est algébrique, car la condition imposée
s'exprime par une relation algébrique entre les coordonnées de la
droite et les coordonnées connues du torseur.

Cherchons le cône du complexe, ayant un sommet donné quelconque A. Soit **m** le moment de $\mathfrak{C}$ par rapport à A. Pour qu'une
droite L passant par A soit droite de moment nul de $\mathfrak{C}$, il faut et
il suffit qu'elle soit perpendiculaire au vecteur **m**. Donc le lieu de L,
c'est-à-dire le cône du complexe, de sommet A, est un plan. Par
conséquent, le complexe considéré est bien linéaire.

2^0 *L'axe du complexe* (C) *n'est autre que l'axe X du torseur.*

En effet, soit M un point de X. Le moment de $\mathfrak{C}$ par rapport à M
est, comme on sait, un vecteur parallèle à X. Donc, toute droite de
moment nul issue de M est perpendiculaire à X. Autrement dit,

le plan polaire par rapport à (C) de tout point de X est perpendiculaire à X. Donc X est un diamètre de (C) perpendiculaire à la famille des plans conjugués, ce qui caractérise bien l'axe de (C).

3° *Le pas réduit de* (C) *est égal, en grandeur et en signe, à* $\dfrac{\Lambda}{\mathbf{u}^2}$, Λ *étant l'automoment et* $\mathbf{u}$ *le vecteur du torseur* $\mathfrak{T}$.

Soient en effet (*fig.* 38) X l'axe commun de (C) et de ($\mathfrak{T}$), M un point quelconque, 1 sa projection sur X; $\mathbf{m}$ étant le moment de ($\mathfrak{T}$) par rapport à M, soit P le point $M + \mathbf{m}$; $\mathbf{m}$ est la somme de $\mathbf{m}_0$, moment du couple qui figure dans la réduction canonique du torseur,

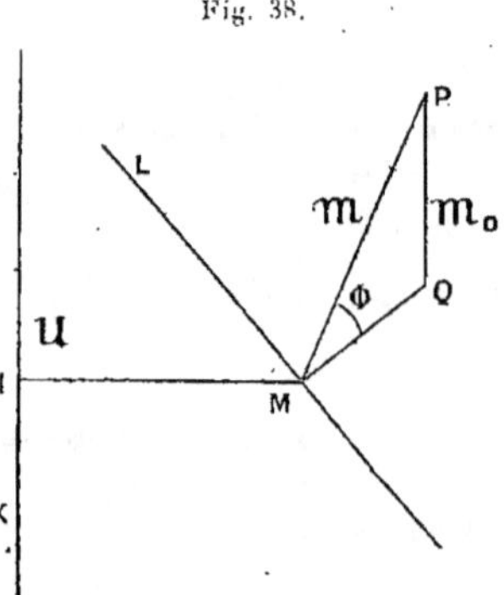

Fig. 38.

et du moment par rapport à M du vecteur glissant (X, $\mathbf{u}$); ce dernier moment est perpendiculaire au plan (M, X), tandis que $\mathbf{m}_0$ est parallèle à X. Si donc on construit le triangle rectangle MQP, tel que MQ soit perpendiculaire au plan (X, M) et QP parallèle à X, on a

$$P - Q = \mathbf{m}_0,$$

$Q - M = $ moment par rapport à M de $(X,\ \mathbf{u}) = (I - M) \wedge \mathbf{u}$, d'où

$$QP = \operatorname{mod} \mathbf{m}_0, \quad MQ = \operatorname{mod}(I - M) \wedge \mathbf{u} = MI.\operatorname{mod} \mathbf{u},$$

la dernière égalité résultant de ce que MI est perpendiculaire à X.

Menons maintenant par le point M la droite L perpendiculaire au plan (IMP). L étant perpendiculaire à **m** est une droite de moment nul de $(\mathscr{C})$, donc appartient à (C). Soit φ l'angle aigu que fait L avec X. Cet angle se retrouve en $\widehat{\text{QMP}}$, et l'on a

$$\tan g\varphi = \frac{QP}{MQ} = \frac{\bmod \mathbf{m}_0}{MI \cdot \bmod \mathbf{u}},$$

d'où, en posant $MI = \delta$,

$$\delta \tan g\varphi = \frac{\bmod \mathbf{m}_0}{\bmod \mathbf{u}} = \frac{\bmod \mathbf{m}_0 \bmod \mathbf{u}}{\mathbf{u}^2} = \frac{|A|}{\mathbf{u}^2},$$

car

$$|A| = |\mathbf{m}_0 \times \mathbf{u}| = \bmod \mathbf{m}_0 \cdot \bmod \mathbf{u},$$

puisque $\mathbf{m}_0$ et **u** sont parallèles. Mais $\delta \tan g\varphi = |h|$, h étant le pas réduit de (C). On a donc

$$|h| = \frac{|A|}{\mathbf{u}^2}.$$

L'égalité en vue n'est encore établie qu'en valeur absolue. Mais si A est positif, c'est-à-dire si $\mathbf{m}_0$ et **u** sont de même sens, la droite L orientée de manière à faire un angle aigu avec l'axe X orienté comme $\mathbf{m}_0$ et **u** est dirigée vers la droite de X, et h est positif. De même A et h sont simultanément négatifs. On a donc bien en grandeur et en signe

$$h = \frac{A}{\mathbf{u}^2}.$$

C. Q. F. D.

4° *Si l'on réduit le torseur $\mathscr{C}$ à un système de deux vecteurs glissants* (D, **u**) *et* (D', **u'**), *leurs supports D et D' sont deux droites conjuguées par rapport au complexe* (C).

En effet, soit L une droite de moment nul de $\mathscr{C}$. Elle est aussi de moment nul pour le torseur égal (D, **u**) $+$ (D', **u'**). Supposons qu'elle rencontre D. Alors, le moment par rapport à L du vecteur glissant (D, **u**) est nul. Il doit donc en être de même du moment de (D', **u'**). Donc L rencontre D'. Ainsi, toute droite de (C) qui rencontre D doit aussi rencontrer D'. Cela exige bien que D et D' soient conjuguées par rapport à (C).

5° *Réciproquement,* D *et* D' *étant deux droites conjuguées quel-*

conques par rapport au complexe (C), on peut trouver deux vecteurs glissants $\overrightarrow{AB}$ et $\overrightarrow{A'B'}$ ayant pour supports respectifs D et D', et formant un torseur égal à $\mathcal{T}$.

Soient en effet M et M' deux points pris arbitrairement sur D et sur D' (*fig.* 39), $\mathbf{m} = N - M$ et $\mathbf{m}' = N' - M'$ les moments

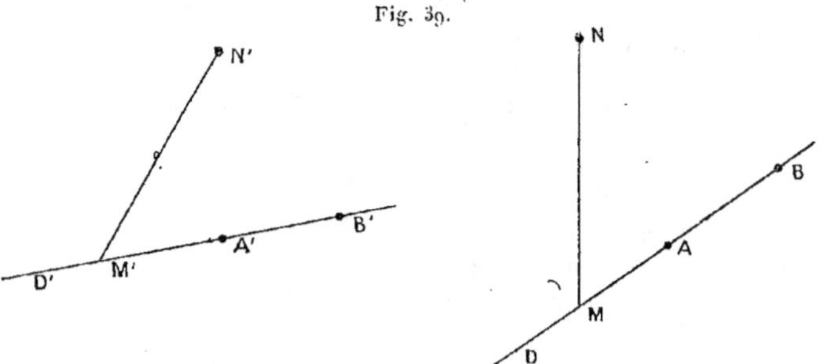

Fig. 39.

respectifs de $\mathcal{T}$ par rapport à M et à M'. MN est perpendiculaire à toutes les droites du complexe (C) issues du point M, donc au plan (MD') qui est le plan polaire de ce point, puisque D et D' sont conjuguées.

On peut donc trouver un vecteur glissant $\overrightarrow{A'B'}$ ayant pour support D' et ayant pour moment par rapport au point M le vecteur $\mathbf{m}$.

On peut, de même, trouver un vecteur glissant $\overrightarrow{AB}$ ayant pour support D et ayant pour moment par rapport au point M' le vecteur $\mathbf{m}'$.

Le moment du torseur $\overrightarrow{AB} + \overrightarrow{A'B'}$ par rapport au point M est le vecteur $\mathbf{m}$; son moment par rapport au point M' est le vecteur $\mathbf{m}'$. Par conséquent, ce torseur a même moment que $\mathcal{T}$ par rapport à deux points distincts M et M'.

On a donc bien

$$\mathcal{T} = \overrightarrow{AB} + \overrightarrow{A'B'}.$$

Nous précisons ainsi un résultat obtenu au n° 36 par un compte de paramètres et de conditions : on peut réduire un torseur à un système de deux vecteurs glissants dont l'un a un support donné D, *à la condition que* D *ne soit pas une droite de moment nul du torseur*, et la réduction est complètement déterminée.

95. Application. — Comme application, traitons le problème suivant, dont la solution nous sera plus tard utile dans l'étude des engrenages à axes non concourants.

Construire l'axe du torseur $\mathfrak{T}$ *constitué par deux vecteurs glissants donnés.*

Faisons une figure de géométrie descriptive (*fig.* 40).

Fig. 40.

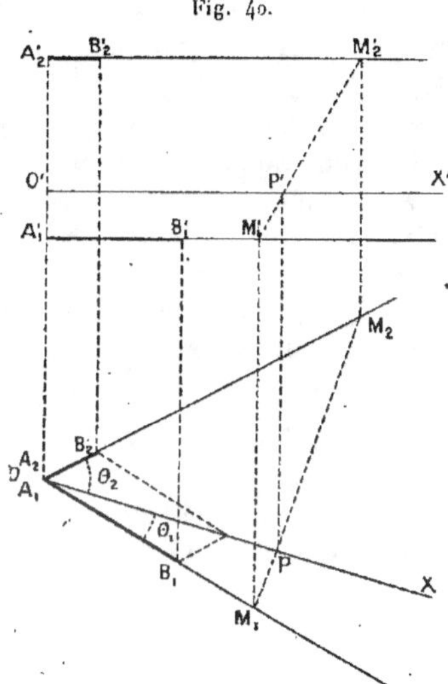

Soient $\left(\overrightarrow{A_1\,B_1},\ \overrightarrow{A'_1\,B'_1}\right)$ et $\left(\overrightarrow{A_2\,B_2},\ \overrightarrow{A'_2\,B'_2}\right)$ les deux vecteurs glissants donnés, les plans de projection étant choisis de telle manière que ces vecteurs glissants soient horizontaux.

L'axe $(X,\ X')$ du torseur est parallèle au vecteur du torseur. Il est donc horizontal, et l'on a sa projection horizontale, en direction, par la construction faite sur la figure.

Cela posé, soit (C) le complexe linéaire attaché au torseur $\mathcal{C}$, (X, X′) est son axe.

On vient de voir (n° 94) que les supports des deux vecteurs glissants donnés sont des droites conjuguées par rapport à (C). Par conséquent, cet axe rencontre à angle droit la perpendiculaire commune aux supports des deux vecteurs glissants (n° 91). Cette perpendiculaire commune étant la verticale O, X passe en projection horizontale par O, confondu avec A_1 et A_2.

Pour déterminer la projection verticale de l'axe, rappelons que cet axe est une génératrice principale du paraboloïde hyperbolique équilatère qui le contient et qui contient les supports des deux vecteurs glissants (n° 91). Le plan directeur non horizontal de ce paraboloïde est perpendiculaire à X; donc une génératrice quelconque $(M_1 M_2, M_1' M_2')$ de la surface se projette horizontalement perpendiculairement à X. Soit P le point de rencontre de X et de $M_1 M_2$. Par des lignes de rappel, on obtient les projections verticales M_1', M_2', P′, et X′ est l'horizontale qui passe par P′.

Les formules suivantes seront utiles : désignons par l_1 et l_2 les modules respectifs des deux vecteurs glissants donnés, et par θ_1 et θ_2 les angles que fait X avec leurs supports. X étant la diagonale du parallélogramme construit sur OB_1 et sur OB_2, on a

$$(1) \qquad \frac{\sin\theta_1}{\sin\theta_2} = \frac{OB_2}{OB_1} = \frac{l_2}{l_1}.$$

En second lieu, cherchons le rapport de division du segment $A_1' A_2'$ par le point O′. On a la suite d'égalités

$$\frac{O'A_1'}{O'A_2'} = \frac{P'M_1'}{P'M_2'} = \frac{PM_1}{PM_2}.$$

Mais

$$PM_1 = OP \tang\theta_1, \qquad PM_2 = OP \tang\theta_2,$$

d'où, en valeur absolue,

$$(2) \qquad \left|\frac{O'A_1'}{O'A_2'}\right| = \frac{\tang\theta_1}{\tang\theta_2}.$$

C. — FAISCEAU DE COMPLEXES LINÉAIRES ET CONGRUENCE LINÉAIRE.

96. Faisceau de complexes linéaires. — Soient (C_1) et (C_2) deux complexes linéaires, d'équations respectives

$$(1) \qquad K_1 = A_1 l + B_1 m + C_1 n + D_1 p + E_1 q + F_1 r = 0,$$

$$(2) \qquad K_2 = A_2 l + B_2 m + C_2 n + D_2 p + E_2 q + F_2 r = 0.$$

L'intersection de ces complexes est une congruence (G), à laquelle on donne le nom de *congruence linéaire*. Les droites de cette congruence ont des coordonnées qui, satisfaisant à (1) et (2), satisfont aussi, quel que soit λ, à l'équation

$$(3) \qquad K_1 + \lambda K_2 = (A_1 + A_2 \lambda) l + \ldots + (F_1 + F_2 \lambda) r = 0.$$

Cette équation représente un complexe linéaire (C). Quand on fait varier λ, on dit que les complexes (C) forment un *faisceau*, ayant pour *base* la congruence (G).

97. Génération de la congruence linéaire. — Cherchons si le complexe (C) peut être spécial. Pour cela, il faut et il suffit que l'on ait (n° 82)

$$(1) \qquad (A_1 + A_2 \lambda)(D_1 + D_2 \lambda) + (B_1 + B_2 \lambda)(E_1 + E_2 \lambda)$$
$$+ (C_1 + C_2 \lambda)(F_1 + F_2 \lambda) = 0.$$

Cette équation du second degré en λ a, en général, deux racines distinctes, réelles ou imaginaires (on verra tout à l'heure les cas particuliers). Donc un *faisceau de complexes contient en général deux complexes spéciaux* (C') et (C''). Soient X' et X'' leurs directrices. Toutes les droites de la congruence (G) appartiennent à (C') et à (C''). Donc, par définition du complexe spécial, elles rencontrent X' et X''. Par conséquent :

Les droites d'une congruence linéaire rencontrent deux droites fixes.

Réciproquement, *l'ensemble des droites qui rencontrent deux droites fixes constitue une congruence linéaire.* En effet, on voit d'abord que ces droites étant en nombre ∞^2 constituent bien une congruence; celle-ci est l'intersection des deux complexes spéciaux ayant les deux droites pour directrices respectives. C'est donc bien l'intersection de deux complexes linéaires.

Les droites X' et X'' sont dites les *directrices* de (G).

X' *et* X'' *sont conjuguées par rapport à tous les complexes* (C) *du faisceau qui a* (G) *pour base* : en effet, toute droite rencontrant X' et X'' appartient à (G), donc au complexe (C), et cette propriété caractérise (n° 86, 3°) deux droites conjuguées par rapport à (C).

98. Congruence spéciale. — Il peut arriver, pour un choix particulier des complexes (C_1) et (C_2), que l'équation (1) du n° 97 soit identiquement satisfaite. Il faut et il suffit pour cela que l'on ait

$$A_1 D_1 + B_1 E_1 + C_1 F_1 = 0,$$
$$A_2 D_2 + B_2 E_2 + C_2 F_2 = 0,$$
$$A_1 D_2 + B_1 E_2 + C_1 F_2 + D_1 A_2 + E_1 B_2 + F_1 C_2 = 0,$$

ce qui s'interprète ainsi : 1° (C_1) est un complexe spécial, dont la directrice X_1 a pour coordonnées

$$(D_1,\ E_1,\ F_1,\ A_1,\ B_1,\ C_1).$$

2° (C_2) est un complexe spécial dont la directrice X_2 a pour coordonnées

$$(D_2,\ E_2,\ F_2,\ A_2,\ B_2,\ C_2).$$

3° Les droites X_1 et X_2 se rencontrent.

Par conséquent, *la congruence* (G) *est constituée par l'ensemble des droites qui rencontrent deux droites* X_1 *et* X_2 *se rencontrant elles-mêmes.* Elle se décompose en deux systèmes de droites : 1° celles qui passent par le point de rencontre de X_1 et de X_2; 2° celles qui appartiennent au plan de X_1 et X_2.

Donc, plus brièvement :

La congruence (G) *est constituée par le système des droites qui passent par un point* (gerbe), *joint au système des droites qui sont dans un plan passant par ce point* (faisceau).

On donne à une telle congruence le nom de *congruence spéciale.*

99. Congruence singulière. — J'appellerai ainsi la congruence correspondant au cas où l'équation (1) du n° 97 a ses deux racines égales.

Pour étudier ce cas, faisons d'abord le raisonnement suivant, qui manque de rigueur, mais qui conduit naturellement à la génération de la congruence singulière : la congruence singulière peut être considérée comme étant la limite d'une congruence ordinaire, dont l'une des directrices X_2 tend à se confondre avec l'autre X_1 (*fig.* 41).

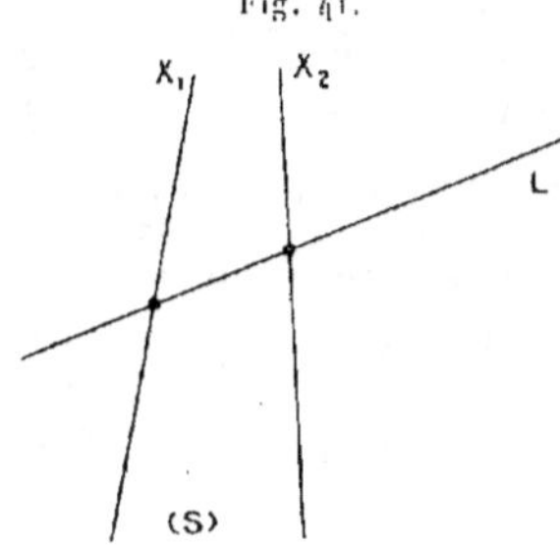

Fig. 41.

Si X_2 tend vers X_1 d'une manière déterminée, X_2 engendre une surface réglée (S,) dont X_1 est une génératrice, et X_2 est une génératrice infiniment voisine de X_1.

Une droite L qui rencontre X_2 et X_1 devient, à la limite, une droite qui touche (S) en un point de X_1, et qui est d'ailleurs quelconque. On aboutit donc à ce résultat :

La congruence singulière est constituée par l'ensemble des droites qui touchent une surface réglée, aux divers points de l'une de ses génératrices.

On voit le défaut du raisonnement : rien ne prouve que, lorsqu'on fait varier la loi suivant laquelle X_2 tend vers X_1, le plan tangent à la surface (S) en un point donné de X_1, soit toujours le même, autrement dit que toutes les surfaces (S) se raccordent le long de X_1.

Il est nécessaire, pour établir rigoureusement le théorème énoncé ci-dessus, d'avoir recours à la géométrie analytique.

Soit (G) une congruence spéciale. Par définition, les deux complexes spéciaux du faisceau dont elle est la base doivent se confondre

en un seul (C_1). Prenons comme axe des z la directrice de ce complexe·
Son équation s'obtient immédiatement en écrivant que le moment
d'une quelconque de ses droites par rapport à Oz est nul, ce qui
donne

$$(1) \qquad\qquad r = 0.$$

Soit

$$(2) \qquad A\,l + B\,m + C\,n + D\,p + E\,q + F\,r = 0$$

l'équation d'un second complexe. L'équation générale du complexe
(C) du faisceau défini par les deux premiers est

$$r + \lambda(A\,l + B\,m + C\,n + D\,p + E\,q + F\,r) = 0.$$

Pour que (C) soit spécial, il faut qu'on ait

$$A\lambda.\,D\lambda + B\lambda.\,E\lambda + C\lambda(F\lambda + 1) = 0.$$

Cette équation en λ a une racine nulle. Pour que (G) soit singulière, il faut que la seconde racine le soit aussi, ce qui donne

$$C = 0.$$

En définitive, (G) est définie par les équations,

$$(1) \qquad\qquad r = 0,$$
$$A\,l + B\,m + D\,p + E\,q + F\,r = 0,$$

dont on peut remplacer la seconde par

$$(3) \qquad A\,l + B\,m + D\,p + E\,q = 0.$$

Toutes les droites de (G) rencontrent Oz. Cherchons le lieu de
celles qui rencontrent cet axe en un point donné $M\ (0,\ 0,\ z_0)$.

Une droite de paramètres directeurs l, m, n passant par ce point
a pour coordonnées

$$l,\quad m,\quad n,\quad p = -z_0 m,\quad q = z_0 l,\quad r = 0.$$

En écrivant qu'elle satisfait à (3), on a

$$A\,l + B\,m - D z_0 m + E z_0 l = 0$$

ou

$$(A + E z_0)\,l + (B - D z_0)\,m = 0.$$

On en conclut que la droite considérée a pour lieu le plan P

$$(4) \qquad\qquad (A + E z_0) x + (B - D z_0) y = 0,$$

qui contient $O z$.

D'après la forme de l'équation (4), on voit que *ce plan correspond homographiquement à* z_0, *c'est-à-dire au point* M. On a donc le résultat suivant :

Les droites d'une congruence singulière (G) *sont les droites en nombre* ∞^2 *qui rencontrent une droite* $O z$, *et cela de telle manière que celles qui passent par un point donné* M *de* $O z$ *aient pour lieu un plan* P *passant par* $O z$, *la correspondance entre le point* M *et le plan* P *étant homographique.*

Or, on a reconnu (Chap. II, n° 66) qu'étant donnée une surface réglée (S) dont $O z$ est une génératrice, il existe une correspondance homographique entre un point M de $O z$ et le plan P tangent à (S) en ce point. Cette correspondance peut être quelconque, car on peut se donner arbitrairement les plans tangents en trois points de $O z$. On peut donc l'identifier à celle à laquelle donne lieu la congruence G.

Nous retrouvons donc la génération à laquelle avait conduit un raisonnement géométrique. La surface (S) peut être remplacée par une surface quelconque qui se raccorde avec elle le long de $O z$; ce qui importe, c'est que la distribution du plan tangent à $O z$ le long de (S) est bien déterminée par une congruence singulière donnée.

100. Propriétés générales des congruences linéaires. —On reconnaît aisément que la congruence linéaire générale, spéciale ou singulière est telle que : *par un point de l'espace, il passe en général une droite et une seule de la congruence; dans un plan donné, il existe en général une droite et une seule de la congruence.*

Ces théorèmes sont en défaut pour un point appartenant à une directrice de la congruence, ou pour un plan qui la contient.

D'une manière générale, on appelle *ordre* d'une *congruence algébrique* (c'est-à-dire d'une congruence définie par deux équations algébriques) le nombre de ses droites qui passent par un point donné quelconque, et *classe* de cette congruence le nombre de ses droites qui sont dans un plan donné quelconque. On peut démontrer que la seule congruence du premier ordre et de la première classe est la congruence linéaire.

101. Le cylindroïde. — Considérons un faisceau de complexes linéaires, ayant pour base une congruence linéaire (G) qui sera supposée générale. Chaque complexe du faisceau a un axe X. *Cherchons le lieu de ces axes.*

Soient X′ et X″ les directrices, supposées distinctes et ne se rencontrant pas, de la congruence (G). Elles sont conjuguées par rapport à un complexe quelconque (C) du faisceau (n° 97). Donc l'axe X de (C) est une génératrice principale d'un paraboloïde hyperbolique contenant X′ et X″. L'autre génératrice principale d'un tel paraboloïde est toujours la perpendiculaire commune à X′ et à X″. Par conséquent, le problème revient à *trouver le lieu des génératrices principales, autres que X, des paraboloïdes hyperboliques contenant X′ et X″.*

On reconnaît directement que ce lieu existe : en effet, assujettir une quadrique à être un paraboloïde, à être équilatère et à contenir les droites X′ et X″, c'est l'assujettir à $1 + 1 + 3 + 3 = 8$ conditions. Elle dépend donc d'un paramètre, et de même sa génératrice principale variable, qui engendre par conséquent une surface réglée. On donne à celle-ci le nom de *cylindroïde*.

Cherchons l'équation du cylindroïde. On prendra pour axe Oz (*fig.* 42) la perpendiculaire commune $A′A″$ à X′ et à X″, pour origine le milieu de $A′A″$, pour axes Ox et Oy les deux bissectrices de l'angle suivant lequel X′ et X″ se projettent sur le plan Oxy. Dans ces conditions, X′ et X″ ont pour équations respectives, h et m étant deux constantes,

$$X', \quad z - h = 0, \quad m x - y = 0,$$
$$X'', \quad z + h = 0, \quad m x + y = 0.$$

Soient Q un paraboloïde hyperbolique contenant X′ et X″, X sa génératrice principale qui rencontre Oz à angle droit en un point A, sommet de Q. X a des équations de la forme

$$(1) \qquad z - \zeta = 0, \quad \lambda x - y = 0.$$

Q a pour plans directeurs $z = o$ et le plan P perpendiculaire à X

$$\frac{1}{\lambda} x + y' = o.$$

Considérons les quatre points suivants de O z : A, A′, A″ et le point à l'infini I. Les plans tangents à Q en ces points sont respectivement (O z X), (O z X′), (O z X″) et le plan P. Il y a homographie

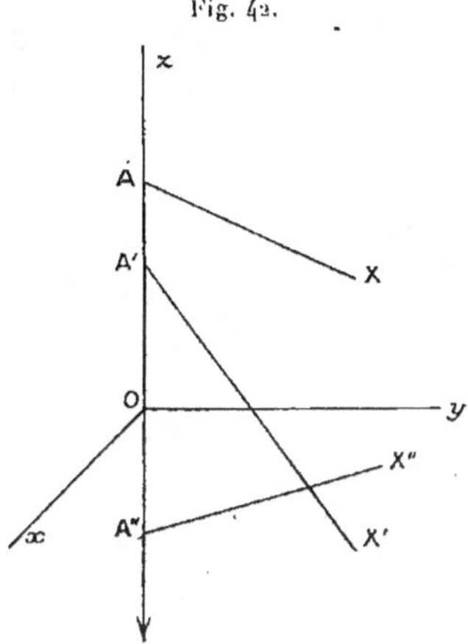

entre les points et les plans, donc égalité entre le rapport anharmonique des cotes des points, d'une part, et des coefficients angulaires des traces des plans sur le plan Oxy, de l'autre.

Les cotes sont

$$\zeta, \quad h, \quad -h, \quad \infty.$$

Les coefficients angulaires sont

$$\lambda, \quad m, \quad -m, \quad -\frac{1}{\lambda}.$$

On a donc

$$\frac{\lambda + m}{\lambda + \frac{1}{\lambda}} \, \frac{m + \frac{1}{\lambda}}{2m} = \frac{\zeta + h}{\zeta - \infty} \, \frac{h - \infty}{2h},$$

ou

$$(2) \qquad \frac{(\lambda + m)(\lambda m + 1)}{m(\lambda^2 + 1)} = \frac{\zeta + h}{h}.$$

Le lieu cherché s'obtient en éliminant λ et ζ entre les équations (1) et (2), ce qui donne

$$\frac{\left(\dfrac{y}{x} + m\right)\left(m\dfrac{y}{x} + 1\right)}{m\left(\dfrac{y^2}{x^2} + 1\right)} = \frac{(mx + y)(x + my)}{m(x^2 + y^2)} = \frac{z + h}{h},$$

ou

$$m(x^2 + y^2)\, z + mh(x^2 + y^2) - h(mx + y)(x + my) = 0,$$
$$m(x^2 + y^2)\, z - (m^2 + 1)\, h\, xy = 0,$$

ou enfin

$$(3) \qquad (x^2 + y^2)\, z - 2\alpha xy = 0,$$

en posant

$$\alpha = \frac{(m^2 + 1)\, h}{2\, m}.$$

L'équation (3) montre que le cylindroïde est une surface du troisième ordre. Son cône asymptotique est décomposé en les trois plans

$$z = 0, \qquad x + iy = 0, \qquad x - iy = 0.$$

Un plan $z = \lambda$ le coupe suivant les deux droites représentées par

$$(4) \qquad z = \lambda, \qquad \lambda(x^2 + y^2) - 2\alpha xy = 0.$$

Donc Oz est une droite double du cylindroïde.

Les deux droites (4) ne sont réelles que si l'on a

$$\lambda^2 \leqq \alpha^2, \qquad |\lambda| \leqq \alpha.$$

Donc le cylindroïde est compris entre les deux plans

$$z = \pm \alpha.$$

Les génératrices extrêmes sont

$$z = \alpha, \qquad x - y = 0$$

et

$$z = -\alpha, \qquad x + y = 0.$$

Elles sont rectangulaires. Chacune d'elles, comptée deux fois, constitue l'intersection (à distance finie) du cylindroïde par le plan $z = \lambda$ correspondant.

Donc les deux plans $z = \pm \alpha$ touchent le cylindroïde tout le long des génératrices correspondantes. Ces génératrices exceptionnelles, le long desquelles la surface se comporte comme une développable, sont dites *génératrices singulières*.

Le cylindroïde est un conoïde droit, d'axe $O z$. Pour cette raison, on l'appelle aussi *conoïde de Plücker*, du nom du géomètre qui l'a considéré le premier.

102. Propriétés diverses du cylindroïde. — Un plan tangent quelconque au cylindroïde est un plan P passant par une génératrice X.

Le plan P coupe le cylindroïde suivant une courbe du troisième ordre dont une partie est la droite X. Le reste est donc une conique C. C doit passer par le point où X rencontre $O z$, puisque, cette dernière droite étant double, toute section plane de la surface présente un

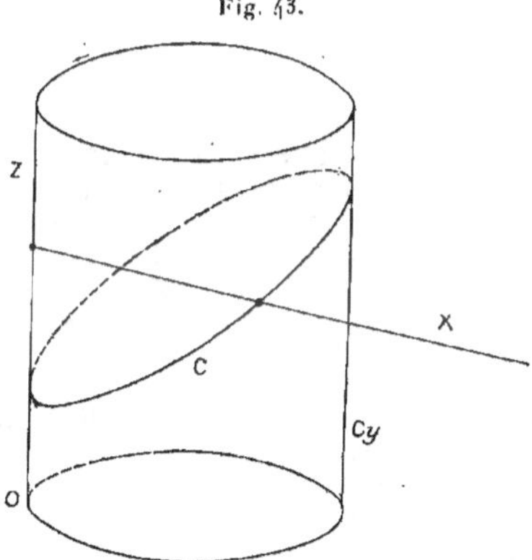

Fig. 43.

point double au point où son plan rencontre $O z$. Les points à l'infini de C appartiennent aux plans isotropes

$$x + iy = 0, \qquad x - iy = 0.$$

Par conséquent, les points à l'infini de la courbe C_0, projection de C sur le plan Oxy, sont les points cycliques de ce plan. C_0 est donc un cercle. Ainsi :

Tout plan tangent au cylindroïde le coupe suivant une conique qui se projette suivant un cercle sur le plan Oxy. Ce cercle C_0 passe par le point O.

Réciproquement, soit (Cy) un cylindre de révolution contenant $O z$ et d'ailleurs quelconque. Il coupe le cylindroïde suivant une courbe du sixième ordre, qui se décompose en la droite $O z$ comptée deux fois, la droite à l'infini de chacun des plans

$$x + iy = 0, \qquad x - iy = 0,$$

et une courbe C qui est d'ordre égal à $6 - 2 - 1 - 1 = 2$. C'est donc une conique qui ne peut être qu'une ellipse.

Cette propriété conduit à une génération du cylindroïde, propre à faire concevoir la forme de cette surface : *On donne un cylindre de révolution* (Cy) *(fig. 43), une génératrice $O z$ et une section plane* C *quelconque de ce cylindre. Le cylindroïde est le conoïde droit qui a pour axe $O z$ et pour directrice* C,

**D. — SYSTÈMES LINÉAIRES DE COMPLEXES LINÉAIRES,
A PLUS DE DEUX PARAMÈTRES.**

103. Réseau de complexes linéaires. — Soient

$$C_1 = 0, \qquad C_2 = 0, \qquad C_3 = 0$$

les équations de trois complexes linéaires (C_1), (C_2), (C_3). On appelle *réseau* le système des ∞^2 complexes linéaires (C) définies par l'équation

$$C = \lambda_1 C_1 + \lambda_2 C_2 + \lambda_3 C_3 = 0.$$

où λ_1, λ_2 et λ_3 sont des paramètres variables.

Tous les complexes (C) ont en commun les ∞^1 droites communes à (C_1), (C_2) et (C_3). L'une quelconque de ces droites L appartient au complexe

$$C_3 = 0$$

et à la congruence (G) base du faisceau

$$\lambda_1 C_1 + \lambda_2 C_2 = 0.$$

Soient X' et X'' les directrices de (G). L rencontrant X' rencontre aussi la conjuguée X''' de X' par rapport à (C_3). Réciproquement, toute droite L rencontrant X', X'' et X''' appartient d'une part à (G), d'autre part à (C_3), donc finalement à (C). On en conclut que *les droites L engendrent une semi-quadrique*. Cette semi-quadrique S est l'intersection des complexes (C_1), (C_2), (C_3) et est dite *base* du réseau considéré.

Je laisse de côté les cas particuliers de dégénérescence de S.

Le lecteur démontrera aisément les propriétés suivantes, que je me contente d'énoncer :

Soient L_1, L_2, L_3, trois génératrices quelconques de la semi-quadrique complémentaire de S. Le réseau des complexes C peut être obtenu en supposant que les trois complexes C_1, C_2, C_3 sont les complexes spéciaux ayant pour directrices respectives L_1, L_2, L_3.

Le réseau contient ∞^4 complexes spéciaux dont les directrices sont toutes des génératrices de la semi-quadrique complémentaire de S.

Les axes des ∞^2 complexes (C) forment une congruence, qui est constituée par l'ensemble des perpendiculaires communes aux génératrices, prises deux à deux, de la semi-quadrique S.

104. Autres systèmes de complexes linéaires. — On peut enfin considérer *les systèmes linéaires* de complexes à trois paramètres

$$\lambda_1 C_1 + \lambda_2 C_2 + \lambda_3 C_3 + \lambda_4 C_4 = 0$$

et à quatre paramètres

$$\lambda_1 C_1 + \lambda_2 C_2 + \lambda_3 C_3 + \lambda_4 C_4 + \lambda_5 C_5 = 0.$$

On reconnaît que :

1° *Les complexes d'un système linéaire à trois paramètres ont en commun deux droites, qui constituent l'intersection des quatre complexes* (C_1), (C_2), (C_3), (C_4).

2° *Les complexes d'un système linéaire à quatre paramètres n'ont en général aucune droite commune.*

LIVRE II.

DÉPLACEMENT ET MOUVEMENT.

CHAPITRE IV.

DÉPLACEMENT FINI.

A. — GÉNÉRALITÉS.

105. Objet de la Cinématique. Définitions. — On appelle *corps solide*, ou plus simplement *solide*, un système de points dont les distances mutuelles sont invariables. Un solide peut occuper une infinité de *positions* dans l'espace.

On appelle *déplacement* toute opération qui fait passer un solide d'une position à une autre. Dans la réalité, un déplacement résulte toujours d'un *mouvement*, opération au cours de laquelle le solide occupe une infinité continue de positions, depuis la position initiale jusqu'à la position finale.

Un mouvement demande un certain temps pour être effectué. Il faut, pour le caractériser, non seulement définir géométriquement la suite des positions occupées par le solide, mais encore donner la *loi de temps* qui fait connaître à quel instant est occupée chaque position.

Un déplacement donné peut être obtenu par une infinité de mouvements différant entre eux, soit par leurs définitions géométriques, soit par leurs lois de temps.

La *Cinématique* a pour objet l'étude des déplacements et celle des mouvements.

Nous commencerons par celle des déplacements, ce qui revient à étudier les relations *géométriques* entre deux positions d'un solide, sans avoir égard aux positions intermédiaires occupées par le solide au cours d'un mouvement qui le ferait passer de la première position à la seconde. La théorie des déplacements, ou, comme nous dirons avec plus de précision, des *déplacements finis*, pour marquer que les considérations de continuité inséparables de la notion de mouvement n'y interviennent pas, n'est donc en réalité que celle des relations qui existent entre des figures *égales* (1), c'est-à-dire *superposables*, et constitue un chapitre de la géométrie pure.

106. Observations sur les notions de solide et de déplacement. — Dans ce qui précède, je n'ai pas donné de définition proprement dite : j'ai simplement précisé quelques notions que l'expérience a rendues familières à tout le monde. Un essai de définitions véritables se heurte à des difficultés d'ordre philosophique, que ce n'est pas le lieu d'affronter.

Disons seulement que l'existence du *solide*, que nous avons admise, ne peut être que *postulée* et qu'il est impossible de la vérifier par l'expérience. En effet, l'affirmer, c'est affirmer qu'un corps peut être déplacé sans que varient les distances mutuelles de ses points. Or, pour reconnaître que la distance de deux points reste invariable, il faut employer un instrument de mesure, par exemple un compas dont on met les pointes en coïncidence avec les deux points, avant et après le déplacement. C'est donc que l'on admet que la distance des pointes n'a pas varié, c'est-à-dire que le compas est lui-même un solide. Pour s'en assurer, il faudrait contrôler le compas au moyen d'un autre corps tenu pour solide, et ainsi de suite.

Quant au *mouvement*, j'y reviendrai au Livre III.

B. — DÉPLACEMENT DANS LE PLAN.

107. Figure plane de grandeur invariable. — L'étude du déplacement est particulièrement simple quand le solide déplacé se réduit à un système de points situés dans un plan, qui reste lui-même en coïncidence avec un plan fixe.

On a alors affaire à une *figure plane de grandeur invariable déplacée*

______

(1) A l'étranger, on dit plus volontiers : figures *congruentes*.

dans son plan. Il est avantageux de considérer comme faisant partie
de la figure tous les points de son plan et de les lui lier. On arrive
ainsi à la conception *d'un plan mobile glissant sur un plan fixe,* en
sous-entendant que le plan mobile entraîne tous ses points, supposés
liés les uns aux autres, et *marqués* dans le plan.

**108. Nombre des paramètres dont dépend la position d'un plan
mobile.** — Soit Π un plan mobile glissant sur un plan fixe Π_0. Pour
fixer le plan Π, il faut d'abord amener un point M, marqué dans
ce plan, en coïncidence avec un point M_0 donné dans le plan Π_0.
Cela fait, le plan Π peut encore tourner autour de M_0. Pour achever
de le fixer, il faut faire en sorte qu'une certaine droite *orientée* issue
de M et marquée dans Π vienne en coïncidence avec une droite
orientée donnée, issue de M_0 (si les droites considérées n'étaient pas
orientées, la position de Π resterait douteuse).

On peut aussi procéder analytiquement. Soient Ox, Oy deux
axes rectangulaires marqués dans le plan Π. Pour fixer celui-ci sans
ambiguïté, il suffit évidemment de définir la position des axes par
rapport à deux axes rectangulaires O_0x_0, O_0y_0 donnés dans Π_0.
A cet effet, on donnera les coordonnées ξ, η du point O par rapport
à ces axes, et l'angle $\widehat{Ox_0, Ox} = \varphi$.

On en conclut que *la position d'un plan mobile glissant sur un
plan fixe dépend de trois paramètres* ξ, η, φ. On dit aussi que *le plan
mobile peut prendre* ∞^3 *positions.*

Cette manière de fixer un plan mobile donne le moyen d'étudier
analytiquement le déplacement. Soit M un point du plan Π. On
peut définir ce point par ses coordonnées (x, y) par rapport aux
axes Ox et Oy. Quand le plan mobile prend la position définie
par les valeurs ξ, η, φ des trois paramètres, les coordonnées (x_0, y_0)
dans le plan fixe Π_0 du point M_0, avec lequel est venu coïncider le
point M, sont données par les formules de la *transformation des
coordonnées,* établies en géométrie analytique,

$$x_0 = \xi + x \cos\varphi - y \sin\varphi,$$
$$y_0 = \eta + x \sin\varphi + y \cos\varphi.$$

On peut, à l'aide de ces formules, obtenir les résultats que nous
établirons dans ce qui suit par la géométrie.

109. Retournement. — Un déplacement dans le plan peut être considéré comme une opération qui fait passer d'une figure à une figure *directement* égale à la première, c'est-à-dire superposable à la première par un mouvement qui n'exige pas qu'on fasse sortir la figure mobile de son plan. Or, on sait qu'il existe dans le plan des figures *inversement* égales : elles se correspondent point par point de telle manière que la distance de deux points de l'une des figures soit égale à la distance des points correspondants de l'autre figure, mais on ne peut superposer l'une des figures à l'autre qu'en lui donnant un mouvement qui la fasse sortir de son plan pour y rentrer ensuite, après l'avoir *retournée* à la façon d'une omelette. Telles sont une figure plane quelconque et son empreinte sur une feuille de papier buvard. On appellera *retournement* l'opération qui fait passer d'une figure à une figure inversement égale. Il est avantageux de considérer les retournements en même temps que les déplacements.

110. Opérations élémentaires. — Parmi tous les déplacements et retournements, il en est trois qui jouent un rôle fondamental : ce sont la *translation*, la *rotation* et la *symétrie*, dont les propriétés sont bien connues de par la géométrie élémentaire et d'ailleurs intuitive.

1° *Translation.* — C'est un déplacement dans lequel une droite orientée du plan mobile conserve sa direction et son sens. Il en est alors de même de toutes les droites orientées du plan mobile. Tous les segments orientés ayant pour origines les positions initiales et pour extrémités les positions finales des points du plan mobile ont un même vecteur libre **u**.

Toute droite du plan mobile, parallèle à ce vecteur, reste en coïncidence avec elle-même.

La connaissance du seul vecteur libre **u** suffit à définir une translation, car la position initiale du plan mobile étant donnée, la position finale en résulte sans ambiguïté : M_1 étant la position initiale d'un point du plan, la position finale M_2 est telle que l'on ait

$$M_2 = M_1 + u.$$

On désignera cette translation par le symbole T (**u**).

2° *Rotation.* — C'est un déplacement dans lequel un point du plan mobile occupe une position fixe O, dite *centre de la rotation*. Si M_1 et M_2 sont les positions initiale et finale d'un point du plan mobile, on a $OM_2 = OM_1$, et l'angle $\widehat{M_1 OM_2}$ a une valeur θ indépendante du point considéré. Cet angle θ est dit *angle de la rotation*.

Pour définir une rotation, il suffit de s'en donner le centre O et l'angle θ, ce dernier en grandeur et en signe, suivant la convention de la trigonométrie.

On désignera cette rotation par le symbole R (O, θ).

Il est clair que, k étant un nombre entier positif, négatif ou nul, on a

$$R(O, \theta + 2 k \pi) = R(O, \theta),$$

puisque les rotations désignées par ces deux symboles, appliquées à une position initiale quelconque du plan mobile, l'amènent à la même position finale.

3° *Symétrie.* — C'est un *retournement* tel que les positions initiale et finale d'un point quelconque du plan mobile soient symétriques par rapport à une droite D, donnée dans le plan fixe [1]. La connaissance de cette droite, dite *axe de symétrie*, suffit à définir l'opération considérée, qui sera désignée par le symbole S (D).

Remarque. — Il importe d'observer que les trois opérations *sont définies indépendamment de la position initiale que l'on donne au plan mobile.* On peut donc en parler d'une manière absolue, sans fixer cette position.

On pourrait considérer d'autres opérations, qui dépendraient au contraire de la position initiale : par exemple, la rotation d'un angle droit du plan mobile autour d'un point *marqué dans ce plan*. Une telle opération n'est définie que si l'on connaît la position initiale du plan.

Tout ce qui va être dit sur la *multiplication des déplacements et*

---

[1] En géométrie, on considère aussi la symétrie par rapport à un point O. Mais il est clair que cette symétrie n'est autre qu'une rotation de deux angles droits autour du point O, c'est-à-dire l'opération R (O, π). Il sera bien entendu que le mot *symétrie*, employé absolument, désigne la symétrie par rapport à une droite.

des retournements n'aurait pas de sens, s'il s'agissait d'opérations de la seconde sorte.

111. Multiplication des déplacements et des retournements. Généralités. — Soient D_1, D_2, D_3, ..., ρ_1, ρ_2, ..., des déplacements et des retournements qui satisfont à la condition énoncée dans la remarque qui termine le paragraphe précédent, c'est-à-dire *d'être définis indépendamment de la position initiale d'un plan mobile auquel on les applique.*

Considérons le plan mobile Π dans une position initiale Π_1 et appliquons-lui le déplacement D_1. Il prend alors une position Π_2. Appliquons au plan Π, partant de la position initiale Π_2, le déplacement D_2. Il prend la position Π_3. On aurait pu passer directement de la position Π_1 à la position Π_2 par un certain déplacement D. On dit que D *résulte de la multiplication du déplacement D_1 par le déplacement D_2*, ou plus brièvement qu'il est le *produit* de D_1 et de D_2. On écrit symboliquement

$$D = D_1 D_2.$$

Cette considération n'a d'intérêt que parce que le déplacement D est, comme D_1 et D_2, défini indépendamment de la position initiale à laquelle on l'applique. On s'en rend compte par un raisonnement analytique. Soient ξ_i, η_i, φ_i les trois paramètres, introduits au n° 108, qui définissent une position Π_i. Le déplacement D_1 se traduit par trois relations

$$(1) \qquad \xi_2 = f_1(\xi_1, \eta_1, \varphi_1), \quad \eta_2 = g_1(\xi_1, \eta_1, \varphi_1), \quad \varphi_2 = h_1(\xi_1, \eta_1, \varphi_1),$$

où f_1, g_1, h_1 sont trois fonctions qui caractérisent ce déplacement et sont définies, quels que soient ξ_1, η_1, φ_1. De même D_2 se traduit par trois relations

$$(2) \qquad \xi_3 = f_2(\xi_2, \eta_2, \varphi_2), \quad \eta_3 = g_2(\xi_2, \eta_2, \varphi_2), \quad \varphi_3 = h_2(\xi_2, \eta_2, \varphi_2).$$

En remplaçant dans les (2) ξ_2, η_2 et φ_2 par leurs valeurs (1), on a des expressions de la forme

$$\xi_3 = f(\xi_1, \eta_1, \varphi_1), \quad \eta_3 = g(\xi_1, \eta_1, \varphi_1), \quad \varphi_3 = h(\xi_1, \eta_1, \varphi_1),$$

qui définissent bien un déplacement $D = D_1 D_2$, indépendant de la position Π_1 auquel on l'applique.

Le produit $D_2 D_1$ est ordinairement distinct du produit $D_1 D_2$. C'est ce que l'on verra tout à l'heure, par exemple, pour le produit de deux rotations. Donc *la multiplication de deux déplacements n'est pas commutative, en général.*

Si l'on a, exceptionnellement,

$$D_1 D_2 = D_2 D_1,$$

on dit que D_1 et D_2 sont *permutables.*

Passons au produit de trois déplacements. Par définition, $D_1 D_2 D_3$ est le produit du déplacement $D_1 D_2$ par le déplacement D_3. Ainsi

$$D_1 D_2 D_3 = (D_1 D_2) D_3.$$

Cette définition s'étend immédiatement au produit d'un nombre quelconque de déplacements.

Si les multiplications de cette sorte ne sont pas commutatives, en général, *elles sont, en revanche, associatives.* On entend par là *que, dans un produit de déplacements, on peut remplacer des facteurs consécutifs, en nombre quelconque, par leur produit effectué.*

Considérons, par exemple, le produit $D_1 D_2 D_3$. D_1 appliqué à une position Π_1 fait passer à une position Π_2. D_2 appliqué à Π_2 fait passer à Π_3. D_3 appliqué à Π_3 fait passer à Π_4. Ainsi $D_1 D_2$ a fait passer de Π_1 à Π_3, et $(D_1 D_2) D_3 = D_1 D_2 D_3$, de Π_1 à Π_4.

Mais on aurait eu le même résultat en passant d'abord de Π_1 à Π_2 par D_1, puis de Π_2 à Π_4 directement par $D_2 D_3$. Donc on a bien

$$(D_1 D_2) D_3 = D_1 (D_2 D_3),$$

ce qui justifie, sur l'exemple pris, l'assertion énoncée. La démonstration s'étend d'elle-même à un produit quelconque.

Nous n'avons jusqu'ici parlé que de déplacements. Mais il est clair que tout ce qui a été dit subsiste, si l'on fait intervenir aussi des retournements. On peut composer (ou multiplier) des retournements entre eux, des déplacements et des retournements. On considérera, par exemple, une opération telle que $D_1 \rho_1 \rho_2 D_2 D_3$.

Observons qu'*un produit tel que celui qui vient d'être écrit est un déplacement ou un retournement, suivant que les retournements y figurent en nombre pair ou impair.* En effet un retournement transforme une figure en figure *inversement* égale, deux retournements ramènent à une figure *directement* égale à la figure initiale, etc.

On emploie la notation des exposants, quand plusieurs facteurs consécutifs d'un produit sont égaux. On écrira, par exemple,

$$D_1 \rho_1 \rho_1 D_2 D_2 D_2 = D_1 \rho_1^2 D_2^3.$$

Il peut arriver qu'un produit d'opérations ramène le plan mobile à sa position initiale : c'est le cas, par exemple, pour un produit de rotations de même centre, dont les angles ont pour somme algébrique un multiple quelconque de 2π. Quand un tel produit de facteurs consécutifs entre dans un produit plus étendu, on peut le supprimer, de même que dans un produit arithmétique, on supprime des facteurs dont le produit est égal à l'unité. Cela conduit à représenter par le symbole 1 l'opération d'*effet nul* qui consiste à ne pas déplacer une figure.

Par exemple, si l'on effectue deux fois une symétrie par rapport à la même droite, il est clair qu'on ramène le plan mobile à sa position initiale. On écrira donc, S étant cette symétrie,

$$S^2 = 1.$$

Si un déplacement D fait passer de la position Π_1 à la position Π_2, on appelle *déplacement inverse* de D le déplacement D' qui fait passer de Π_2 à Π_1. On a

$$DD' = 1,$$

ce qui conduit à poser

$$D' = D^{-1},$$

de sorte qu'on a, comme en arithmétique,

$$DD^{-1} = 1.$$

On remarque que D et D^{-1} sont permutables.

On peut, de même, considérer le *retournement inverse* ρ^{-1} d'un retournement ρ.

112. Multiplication des opérations élémentaires. — Nous allons passer en revue les multiplications d'opérations suivantes :

1° Translation et translation; 2° symétrie et symétrie; 3° rotation et rotation; 4° translation et rotation; 5° rotation et translation.

Les combinaisons laissées de côté (symétrie et translation, translation et symétrie, symétrie et rotation, rotation et symétrie) ne présentent pour la suite qu'un intérêt secondaire. Le lecteur n'éprouverait d'ailleurs aucune peine à les étudier.

113. Produit de deux translations. — Soient données les deux translations $T(u_1)$ et $T(u_2)$. Il est intuitif que leur produit est la translation $T(u_1 + u_2)$.

Ainsi

$$T(u_1)\,T(u_2) = T(u_1 + u_2).$$

On voit que la multiplication des translations, se ramenant à l'addition des vecteurs, est une *opération commutative*.

114. Produit de deux symétries. — Soit à effectuer le produit $S(D_1)\,S(D_2)$, D_1 et D_2 étant deux droites données. Désignons par M_1 la position occupée par un certain point du plan mobile Π, alors que celui-ci occupe la position Π_1. Soient M_2 le symétrique de M_1 par rapport à D_1, et M_3 le symétrique de M_2 par rapport à D_2. Il y a deux cas à distinguer :

1° D_1 *et* D_2 *sont parallèles (fig. 44).* — Il est évident que le produit

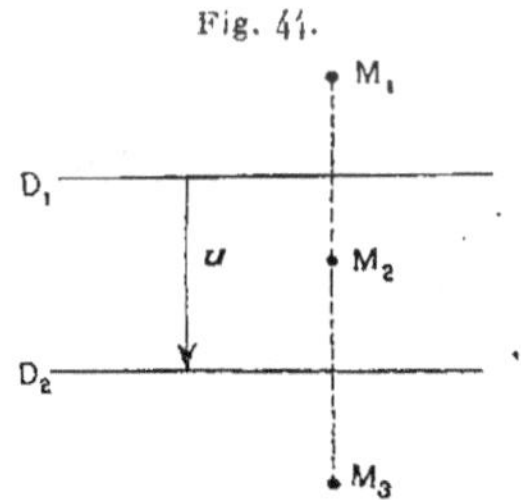

$S(D_1)\,S(D_2)$ donne un résultat identique à celui de la translation $T(2\,u)$, u étant le vecteur de la translation perpendiculaire à D_1 et à D_2 qui amène la première de ces droites à coïncider avec

la seconde. Ainsi

$$S(D_1)\,S(D_2) = T(2\mathbf{u}).$$

Réciproquement, toute translation peut être mise, d'une infinité de manières, sous la forme du produit de deux symétries dont les axes sont parallèles. On peut se donner arbitrairement l'un de ces axes, à la condition de le prendre perpendiculairement au vecteur de la translation.

2° D_1 *et* D_2 *ne sont pas parallèles (fig. 45)*. — Soit O leur point de

Fig. 45.

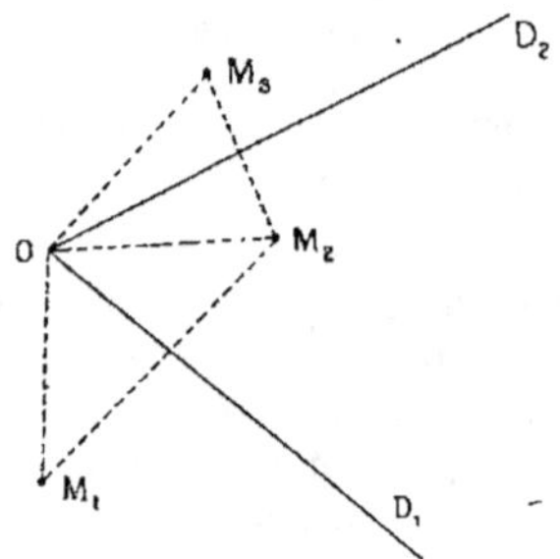

rencontre. On a les égalités

$$OM_3 = OM_2 = OM_1,$$

$$\widehat{M_1OM_2} = 2\,\widehat{D_1OM_2}, \qquad \widehat{M_2OM_3} = 2\,\widehat{M_2OD_2},$$

d'où

$$\widehat{M_1OM_3} = 2\,\widehat{D_1OD_2}.$$

Par conséquent, l'opération $S(D_1)\,S(D_2)$ est d'effet identique à la rotation de centre O et d'angle $2\,\widehat{D_1OD_2}$. On écrira donc

$$S(D_1)\,S(D_2) = R\left(O,\, 2\,\widehat{D_1OD_2}\right) \quad (^1).$$

____

(¹) Les droites D_1 et D_2 n'étant pas orientées, l'angle $\widehat{D_1OD_2}$ n'est défini qu'à π près. Mais l'angle double est défini à 2π près. La rotation $R(O,\, 2\,\widehat{D_1OD_2})$ est donc bien définie.

Réciproquement, une rotation donnée $R(O, \theta)$ peut être mise, d'une infinité de manières, sous la forme d'un produit de deux symétries dont les axes passent par le point O et font entre eux l'angle $\frac{1}{2}\theta$. On peut prendre pour l'un de ces axes une droite quelconque passant par O.

Le produit $S(D_2) S(D_1)$ est égal à la rotation $R\left(O, 2\,\widehat{D_2OD_1}\right)$ de même centre que la précédente, mais d'angle opposé. Ainsi, *la multiplication de deux symétries n'est pas commutative en général.*

Pour qu'elle le soit, il faut et il suffit qu'on ait, k étant un nombre entier,

$$2\,\widehat{D_1OD_2} = 2\,\widehat{D_2OD_1} + 2k\pi,$$

ou

$$\widehat{D_1OD_2} = \widehat{D_2OD_1} + k\pi = -\,\widehat{D_1OD_2} + k\pi,$$

ou enfin

$$\widehat{D_1OD_2} = \frac{1}{2}k\pi.$$

Si k est pair, D_1 et D_2 sont confondues, solution banale. Si k est impair, D_1 et D_2 sont rectangulaires.

Ainsi, *deux symétries dont les axes sont rectangulaires sont permutables. Leur produit est une rotation d'angle π, c'est-à-dire une symétrie par rapport à un point.*

115. Produit de deux rotations. — Il est clair tout d'abord que le produit de deux rotations de même centre $R(O, \theta_1)$ et $R(O, \theta_2)$

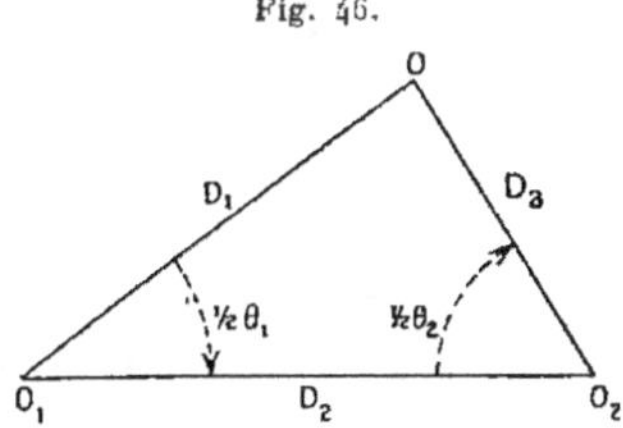

est la rotation $R(O, \theta_1 + \theta_2)$. Les deux facteurs sont permutables.

Ce cas écarté, considérons deux rotations de centres différents $R(O_1, \theta_1)$ et $R(O_2, \theta_2)$ (*fig. 46*).

Menons la droite $O_1 O_2$ ou D_2, puis par O_1 une droite D_1, et par O_2 une droite D_3 telles que l'on ait

$$\widehat{D_1 O_1 D_2} = \frac{\theta_1}{2}, \qquad \widehat{D_2 O_2 D_3} = \frac{\theta_2}{2}.$$

On a, en tenant compte du résultat obtenu au n° 114, 2°,

$$R(O_1, \theta_1)\, R(O_2, \theta_2) = S(D_1)\, S(D_2)\, S(D_2)\, S(D_3) = S(D_1)\, S(D_3),$$

car on a (n° 111)

$$S(D_2)\, S(D_2) = [S(D_2)]^2 = 1.$$

Deux cas sont maintenant à distinguer :

1° *On a* $\theta_1 + \theta_2 \not= 0$. Alors D_1 et D_2 ne sont pas parallèles et se coupent en un point O. Ce cas est celui de la figure 46. On a

$$S(D_1)\, S(D_3) = R\!\left(O,\, 2\widehat{D_1 O D_2}\right).$$

Donc *le produit de deux rotations est en général une rotation.*

2° *On a* $\theta_1 + \theta_2 = 0$. Alors D_1 et D_2 sont parallèles (*fig.* 47), et

Fig. 47.

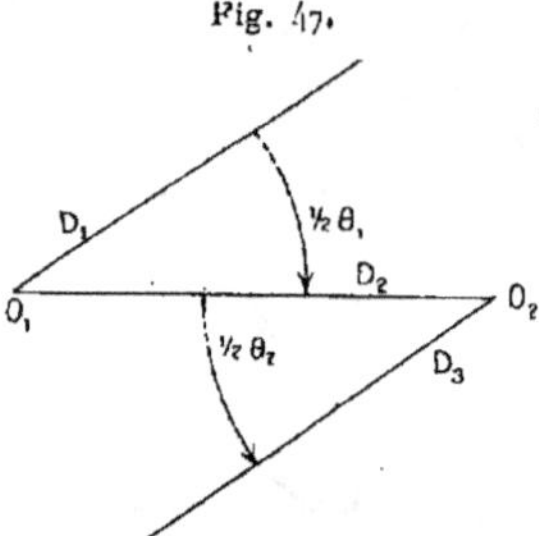

l'on dit que les deux rotations considérées forment un *couple.*

Le produit $S(D_1)\, S(D_3)$ est dans ce cas une translation (n° 114, 1°). Donc :

Un couple de rotations équivaut à une translation.

116. Produit d'une translation par une rotation. — Soient la translation T(u) et la rotation R(O, θ). T(**u**) peut être remplacée par le produit de deux symétries à axes parallèles S(D$_1$) et S(D$_2$), la droite D$_2$ étant assujettie à passer par O (*fig. 48*). La rotation R (O, θ)

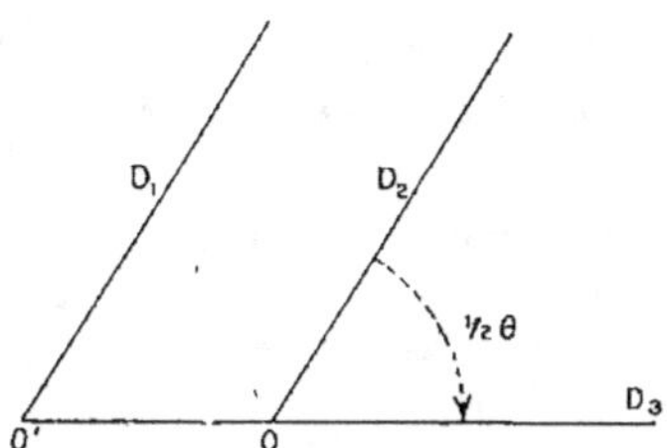

Fig. 48.

peut être remplacée par le produit de S(D$_2$) par une autre symétrie S(D$_3$), la droite D$_3$ passant par O et l'angle $\widehat{D_2OD_3}$ étant égal à $\frac{1}{2}\theta$ L'angle θ n'étant pas nul (si $\theta = 0$, R (O, θ) $= 1$ et le problème ne se pose pas), D$_3$ rencontre D$_1$ en un point O′ et l'on a la suite d'égalités

$$T(u) R(O, \theta) = S(D_1) S(D_2) S(D_2) S(D_3)$$
$$= S(D_1) S(D_3) = R\left(O', 2\widehat{D_1 O' D_3}\right) = R(O', \theta).$$

Ainsi, *le produit d'une translation par une rotation est égal à une rotation de même angle que la première.*

117. Produit d'une rotation par une translation. — Soit à effectuer

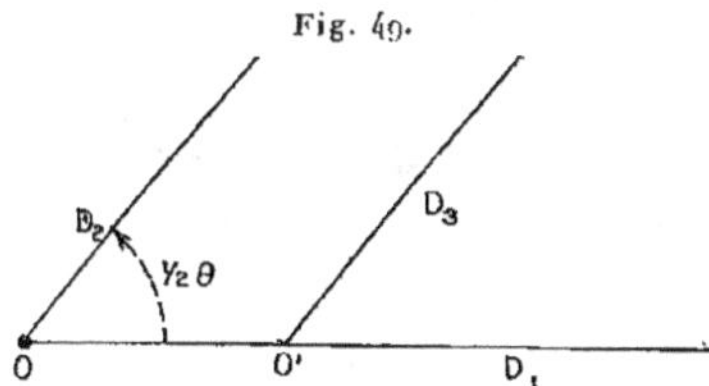

Fig. 49.

le produit R (O, θ) T (**u**). On peut remplacer T(**u**) par S(D$_2$) S(D$_3$), D$_2$ et D$_3$ étant parallèles et D$_2$ passant par O. On peut remplacer

$R(O, \theta)$ par $S(D_1)\,S(D_2)$, D_1 passant par O et l'angle $\widehat{D_1\,OD_2}$ étant égal à $\frac{1}{2}\theta$ (*fig.* 49). Soit O' le point où D_1 rencontre D_2. On a

$$R(O, 0)\,T(u) = S(D_1)\,S(D_3) = R(O', 0).$$

Ainsi *le produit d'une rotation par une translation est encore égal à une rotation de même angle que la première.*

118. Forme canonique d'un déplacement. — Soit D un déplacement quelconque amenant le plan II d'une position II_1 à une position II_2, et soient M_1 et M_2 les positions correspondantes d'un même point du plan II. Pour amener II de II_1 à II_2, on peut d'abord lui faire subir la translation $T(M_2 - M_1)$ qui amène M_1 sur M_2. II prend ainsi une position II_1'. Si II_1' coïncide avec II_2, c'est que $D = T(M_2 - M_1)$. Dans le cas contraire, une certaine rotation $R(M_2, \theta)$ amènera II de la position II_1' à la position II_2, et l'on aura

$$D = T(M_2 - M_1)\,R(M_2, \theta),$$

produit égal à une certaine rotation d'angle θ (n° 116). Donc :

Tout déplacement, dans le plan, est une rotation ou une translation.

Le cas général est celui de la rotation.

La réduction d'un déplacement à une rotation ou à une translation n'est possible que d'une seule manière (ce qui ne résulte pas de la démonstration précédente, où intervient un point arbitraire M du plan). On reconnaît en effet immédiatement que deux rotations ou deux translations ne peuvent être *équivalentes* que si elles sont *identiques.*

C'est pourquoi l'on dira que la forme donnée à un déplacement par le théorème énoncé ci-dessus est une forme *canonique.*

Le théorème démontré dans ce paragraphe a la conséquence immédiate suivante :

Si l'on considère deux positions quelconques du plan mobile, la médiatrice du segment qui a pour extrémités les positions correspondantes d'un même point de ce plan passe par un point fixe qui, exceptionnellement, peut être rejeté à l'infini.

119. Remarque sur le théorème précédent. — Il existe une manière, bien plus rapide en apparence, d'établir le théorème du n° 118.

Remarquons tout d'abord qu'un plan Π glissant sur un plan fixe Π_0 est complètement fixé quand on a fixé deux de ses points. Soient alors A_1 et B_1 deux points du plan Π dans la position Π_1 (*fig.* 5o),

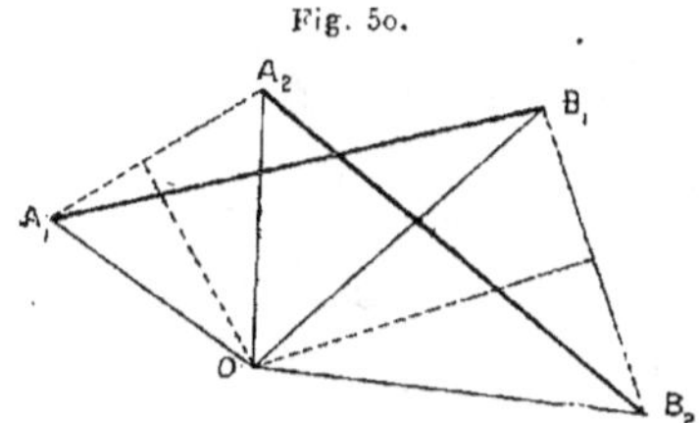

Fig. 5o.

A_2 et B_2 les positions que prennent ces points quand Π est venu dans la position Π_2. On a $A_2 B_2 = A_1 B_1$. Si l'on démontre que l'on peut amener $A_1 B_1$ sur $A_2 B_2$ par une simple rotation, on en conclura que cette rotation amène Π tout entier de Π_1 à Π_2.

Menons les médiatrices de $A_1 A_2$ et de $B_1 B_2$ et soit O leur point de rencontre. On a

$$OA_1 = OA_2, \qquad OB_1 = OB_2. \qquad A_1 B_1 = A_2 B_2$$

Donc les deux triangles $OA_1 B_1$ et $OA_2 B_2$ sont égaux comme ayant leurs trois côtés égaux, et il s'ensuit que le premier de ces deux triangles tournant autour du point O de l'angle $\widehat{A_1 OA_2} = \widehat{B_1 OB_2}$ vient coïncider avec le second, ce qui établit la proposition. Mais, pour être assuré de cette conséquence, il faut ajouter que les deux triangles considérés sont *directement* égaux, et cela ne résulte nullement de la démonstration. Celle-ci demande donc à être complétée, ce qui n'est pas très facile.

120. Forme canonique d'un retournement. — Soient Π_1 et Π_2 deux positions telles que l'on passe de la première à la seconde par un retournement ρ. Soient M_1 et M_2 les deux positions correspondantes d'un même point (*fig.* 5r).

Menons $M_1 M_2$ ou D_2 et la médiatrice D_1 de $M_1 M_2$. Appliquons à Π_1 la symétrie $S(D_1)$. Nous obtenons ainsi une position Π'_1 qui est *directement* égale à Π_2, et peut être amenée à coïncider avec cette dernière position par une rotation de centre M_2 et d'angle nul ou

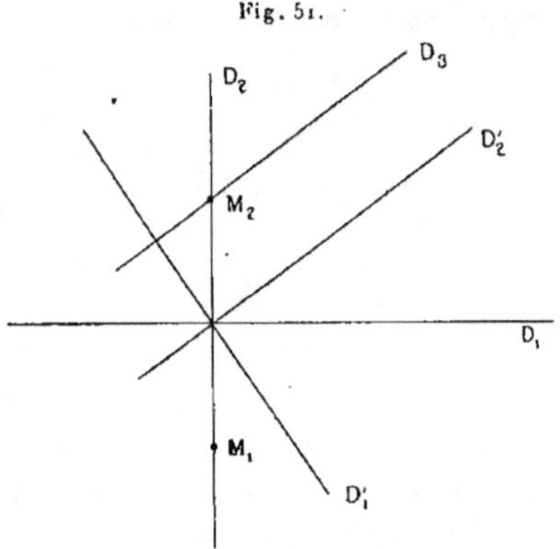

Fig. 51.

non. Cette rotation peut être remplacée par le produit $S(D_2)\,S(D_3)$, D_3 étant une certaine droite passant par M_2 (elle est confondue avec D_2, si l'angle de la rotation est nul). On a donc

$$\rho = S(D_1)\,S(D_2)\,S(D_3).$$

Le produit des deux premiers facteurs peut être remplacé par $S(D'_1)\,S(D'_2)$, l'angle $\widehat{D'_1, D'_2}$ étant droit, de même sommet que l'angle $\widehat{D_1, D_2}$, et D'_2 étant parallèle à D_3. Donc

$$\rho = S(D'_1)\,S(D'_2)\,S(D_3).$$

Mais le produit $S(D'_2)\,S(D_3)$ est une translation T parallèle à D'_1. On a finalement

$$\rho = S(D'_1)\,T.$$

Ainsi tout retournement peut être obtenu par une symétrie suivie d'une translation parallèle à l'axe de cette symétrie (cette translation peut exceptionnellement être nulle).

On reconnaît aisément que la forme trouvée est canonique, et que la symétrie et la translation qui y figurent sont permutables.

Le théorème démontré a cette conséquence immédiate : *Quand deux figures d'un même plan sont inversement égales, les segments ayant pour extrémités deux points correspondants des deux figures ont tous leurs milieux sur une même droite.*

121. Le déplacement plan considéré comme une transformation homographique. — Rappelons que l'on appelle *transformation homographique* du plan en lui-même la transformation ponctuelle qui, à un point M de coordonnées homogènes (x_1, y_1, t_1), fait correspondre un point M′ de coordonnées homogènes (x_2, y_2, t_2) par les formules

$$(1) \quad \begin{cases} x_2 = A x_1 + B y_1 + C t_1 \\ y_2 = A' x_1 + B' y_1 + C' t_1 \\ t_2 = A'' x_1 + B'' y_1 + C'' t_1, \end{cases}$$

où A, B, ..., C'' sont des constantes quelconques.

Une transformation homographique étant donnée, il existe en général trois *points doubles*, c'est-à-dire trois points dont chacun se correspond à lui-même par la transformation. Soit, en effet, (x_1, y_1, t_1) un tel point. Les nombres x_2, y_2, t_2, définis par les (1) doivent être proportionnels à x_1, y_1, t_1. On a donc, ρ étant un facteur de proportionnalité,

$$\rho x_1 = A x_1 + B y_1 + C t_1,$$
$$\rho y_1 = A' x_1 + B' y_1 + C' t_1,$$
$$\rho t_1 = A'' x_1 + B'' y_1 + C'' t_1.$$

Ces équations en x_1, y_1, t_1 doivent avoir une solution non nulle. D'où la condition

$$(2) \quad \begin{vmatrix} A - \rho & B & C \\ A' & B' - \rho & C' \\ A'' & B'' & C'' - \rho \end{vmatrix} = 0.$$

Cette équation du troisième degré en ρ a en général trois racines distinctes, à chacune desquelles correspond un système bien déterminé de nombres x_1, y_1, z_1 (définis à un facteur près). D'où les trois points doubles, en général distincts. Dans certains cas, deux de ces points ou tous les trois peuvent se confondre. Dans d'autres cas, on trouvera une infinité de points doubles.

Tout cela rappelé, considérons un déplacement quelconque. Écartons le cas sans intérêt où ce déplacement est le déplacement identique et celui, facile à traiter, où il se réduit à une translation. Nous le supposons donc équivalent à une rotation d'angle non nul R (O, θ). Soient Π_2 et Π_1 deux positions telles que le déplacement considéré fasse passer de l'une à l'autre. Π_2 et Π_1 ont le point O en commun.

Rapportons Π_1 à deux axes rectangulaires Ox_1, Oy_1, l'origine étant le centre de la rotation R (O, θ), le plan Π_2 aux axes Ox_2, Oy_2 qui sont ce que deviennent les premiers axes sous l'effet de la rotation. M_1 et M_2 étant les deux positions correspondantes d'un même point du plan mobile, soient (x_1, y_1) les coordonnées de M_1 par rapport à $(Ox_1 y_1)$. M_2 a les mêmes coordonnées par rapport à $(Ox_2 y_2)$, et ses coordonnées (x_2, y_2) par rapport à $(Ox_1 y_1)$ sont données par les formules connues

$$x_2 = x_1 \cos\theta - y_1 \sin\theta,$$
$$y_2 = x_1 \sin\theta + y_1 \cos\theta.$$

Il s'agit là de coordonnées cartésiennes. *En coordonnées homogènes*, on écrira

$$x_2 = x_1 \cos\theta - y_1 \sin\theta,$$
$$y_2 = x_1 \sin\theta + y_1 \cos\theta,$$
$$t_2 = t_1,$$

ce qui définit une transformation homographique. Ainsi *un déplacement est une transformation homographique particulière*.

Cherchons les points doubles de celle-ci. Pour cela, formons l'équation (2) en ρ. On a

$$\begin{vmatrix} \cos\theta - \rho & -\sin\theta & 0 \\ \sin\theta & \cos\theta - \rho & 0 \\ 0 & 0 & 1 - \rho \end{vmatrix} = 0,$$

qui se décompose en

$$1 - \rho = 0, \qquad (\cos\theta - \rho)^2 + \sin^2\theta = 1 - 2\cos\theta\,\rho + \rho^2 = 0,$$

d'où les trois racines

$$\rho_1 = 1, \qquad \rho_2 = \cos\theta + i\sin\theta = e^{i\theta}, \qquad \rho_3 = \cos\theta - i\sin\theta = e^{-i\theta}.$$

D'autre part, les coordonnées du point double correspondant à une racine ρ sont données par

$$(\cos\theta - \rho)\,x - \sin\theta\,y = 0,$$
$$\sin\theta\,x + (\cos\theta - \rho)\,y = 0,$$
$$(1 - \rho)\,t = 0.$$

On achève aisément et l'on trouve que *les trois points doubles sont :* 1° *le point* O; 2° *et* 3° *les deux points cycliques du plan.*

Il faut observer que la transformation homographique la plus générale qui a les points cycliques pour points doubles n'est pas le déplacement : c'est *la similitude directe,* c'est-à-dire la transformation qui à une figure fait correspondre une figure semblable et orientée de même. Le déplacement en est un cas particulier.

122. Le retournement considéré comme une transformation homographique. — D'après le n° 120, un retournement est, dans le cas le plus général, le produit d'une symétrie S (D_1) suivie d'une translation parallèle à D_1. Si l'on prend la droite D_1 pour axe des x, on en conclut immédiatement qu'un retournement est défini par les équations suivantes, en coordonnées cartésiennes :

$$x_2 = x_1 + a,$$
$$y_2 = -y_1,$$

a étant une constante.

En coordonnées homogènes, on écrira

$$x_2 = x_1 + at,$$
$$y_2 = -y_1,$$
$$t_2 = t_1.$$

Donc un retournement est encore une transformation homographique. Cherchons-en les points doubles. L'équation (2) du n° 121 est ici :

$$\begin{vmatrix} 1-\rho & 0 & a \\ 0 & -1-\rho & 0 \\ 0 & 0 & 1-\rho \end{vmatrix} = 0$$

ou

$$(1-\rho)^2\,(1+\rho) = 0.$$

Cette équation a -1 pour racine simple et 1 pour racine double. En achevant, on trouve que *la transformation a deux points doubles confondus au point à l'infini de* D_1, *et un point double au point rejeté à l'infini dans la direction perpendiculaire à* D_1.

123. Déplacements réciproques. — Soit toujours Π un plan glissant sur le plan fixe Π_0. On peut imaginer un observateur lié au plan Π, qu'il considère comme fixe. Alors, à tout déplacement de Π correspond pour cet observateur un déplacement apparent de Π_0. Ce nouveau déplacement sera dit *réciproque* [1] du premier.

Si Π_1 et Π_2 sont deux positions du plan Π, le plan peut être amené de la première position à la seconde, comme on l'a vu, par une certaine rotation $R\ (O,\ \theta)$ (je me place dans le cas général : le cas particulier de la translation serait encore plus simple). Aux yeux de l'observateur lié à Π, le plan Π_0 a subi un déplacement réductible lui aussi à une rotation $R\ (O',\ \theta')$. Il est clair que le point O' est confondu avec le point O, et que l'angle θ' est opposé à θ. Donc :

Les rotations auxquelles sont réductibles un déplacement et le déplacement réciproque ont le même centre et des angles opposés.

C. — DÉPLACEMENT DANS L'ESPACE.

124. Généralités. — Comme dans l'étude du déplacement d'un plan, il est avantageux de considérer comme faisant partie d'un solide tous les points qui lui sont liés. On parvient ainsi à la conception d'un *espace mobile en lui-même*. Je conserverai cependant l'expression de *solide*.

Pour fixer un solide, il suffit de fixer un triangle ABC qui en fasse partie, car tout autre point M du solide, devant se trouver à des distances déterminées des trois points A, B et C, se trouve dès lors fixé. Or, pour fixer le point A, il faut se donner ses trois coordonnées. Cela fait, le point B devant se trouver sur une sphère de centre A et de rayon AB, il ne faut plus que deux conditions pour le fixer. Le point C est maintenant assujetti à se trouver sur un cercle connu, ayant pour axe AB, et, pour le fixer, il ne faut plus qu'une condition. On trouve ainsi qu'il faut en tout $3 + 2 + 1 = 6$ conditions pour

---

[1] On dit aussi *déplacement inverse*. Mais cette expression a déjà reçu un autre sens au n° 111.

fixer le solide. Par conséquent, *la position d'un solide libre dépend de six paramètres*. Ou encore : un solide peut prendre ∞^6 positions dans l'espace.

Dans les études analytiques sur le déplacement, on rapporte le solide à trois axes trirectangulaires Ox, Oy, Oz en faisant partie. Pour fixer le trièdre $Oxyz$, par rapport à un trièdre fixe $O_0 x_0 y_0 z_0$, il faut se donner les coordonnées (ξ, η, ζ) du point O et les angles que font entre eux les axes des deux trièdres, angles tous compris entre o et π. Ces angles sont donc déterminés sans équivoque par leurs cosinus α, α', α''; β, β', β''; γ, γ', γ'', la signification de chaque cosinus résultant du tableau

	$O_0 x_0$.	$O_0 y_0$.	$O_0 z_0$.
Ox.	α	β	γ
Oy.	α'	β'	γ'
Oz.	α''	β''	γ''

qui se comprend de lui-même. Un point M du solide, ayant pour coordonnées (x, y, z) par rapport au trièdre $Oxyz$, a par rapport au trièdre $O_0 x_0 y_0 z_0$ des coordonnées (x_0, y_0, z_0) dont les valeurs sont données par les formules suivantes, bien connues (*formules de la transformation des coordonnées*) :

$$x_0 = \xi + \alpha x + \alpha' y + \alpha'' z,$$
$$y_0 = \eta + \beta x + \beta' y + \beta'' z,$$
$$z_0 = \zeta + \gamma x + \gamma' y + \gamma'' z.$$

On sait que les neuf cosinus α, β, …, γ'' sont reliés entre eux par les six relations

$$\alpha^2 + \beta^2 + \gamma^2 = 1, \qquad \alpha'\alpha'' + \beta'\beta'' + \gamma'\gamma'' = 0,$$
$$\alpha'^2 + \beta'^2 + \gamma'^2 = 1, \qquad \alpha''\alpha + \beta''\beta + \gamma''\gamma = 0,$$
$$\alpha''^2 + \beta''^2 + \gamma''^2 = 1, \qquad \alpha\alpha' + \beta\beta' + \gamma\gamma' = 0.$$

dont l'interprétation est évidente; ils sont donc fonctions de trois paramètres seulement. Par conséquent, on retrouve que la position du solide dépend de six paramètres : les trois dont je viens de parler et les trois coordonnées ξ, η, ζ.

A côté des déplacements, qui font passer d'une figure à une figure *directement* égale, il y a, comme dans le plan, à considérer les *retour-nements*, qui font passer d'une figure à une figure *inversement égale*, telles que le sont une figure et son image dans un miroir. Il faut observer qu'une figure *plane* peut être amenée en coïncidence avec une figure inversement égale par un mouvement physiquement réalisable. Il n'en est pas de même dans l'espace (il faut invoquer un passage symbolique par l'espace à quatre dimensions).

C'est donc par un abus de langage que nous parlerons de deux *positions* d'un solide, quand il faut un retournement pour passer de l'une à l'autre.

125. Opérations élémentaires. — Elles sont ici au nombre de cinq : la *translation*, la *rotation*, le *renversement*, le *vissage*, la *symétrie plane*. Les quatre premières sont des déplacements, la cinquième est un retournement.

1° *Translation.* — Même définition que dans le plan. Une translation est définie par un vecteur **u** et sera représentée par le symbole T (**u**).

2° *Rotation.* — C'est un déplacement qui laisse fixes tous les points d'une droite, dite *axe de rotation*. Le dièdre qui a pour arête cet axe et dont les faces passent respectivement par la position initiale et par la position finale d'un point du solide mobile a une grandeur constante, quel que soit le point considéré. L'angle de ce dièdre est dit *angle de rotation*.

Pour définir une rotation sans ambiguïté, il faut orienter son axe. Alors l'angle de rotation est donné en grandeur et en signe, suivant la convention introduite au n° 2.

Une rotation d'axe X et d'angle θ sera désignée par R (X, θ). On a, comme dans le plan,

$$R(X, \theta) = R(X, \theta + 2\pi).$$

3° *Renversement.* — C'est une rotation dont l'angle est égal à π. Les positions initiale et finale d'un point du solide mobile sont symétriques par rapport à l'axe, en sorte qu'*un renversement n'est autre qu'une symétrie par rapport à une droite*. Une telle symétrie, qui dans le plan est un *retournement*, est donc, dans l'espace, un *déplacement*.

Un renversement d'axe X sera désigné, comme il est naturel, par le symbole R (X, π).

Il n'est pas nécessaire d'orienter l'axe d'un renversement pour le définir sans ambiguïté. Cela tient à ce que l'on a évidemment

$$R(X, \pi) = R(X, -\pi).$$

4° *Vissage.* — C'est un déplacement dans lequel une droite du solide reste en coïncidence avec elle-même, sans qu'il en soit de même, en général, pour les points de cette droite. Celle-ci est dite l'*axe* du vissage.

L'expression de *vissage* provient de ce que le déplacement considéré est celui qui résulte du mouvement d'une vis dans son écrou. On dit aussi *déplacement hélicoïdal, déplacement de verrou.*

Un vissage peut être obtenu par une translation parallèle à son axe, suivie d'une rotation autour de cet axe. Les deux opérations sont permutables.

Soient X l'axe, supposé orienté, d'un vissage, l la longueur algébrique du vecteur de la translation, et θ l'angle de la rotation en lesquelles on peut décomposer ce vissage. Le vissage considéré sera désigné par le symbole V (X, l, θ).

On appelle *pas* du vissage la longueur algébrique $\frac{2\pi l}{\theta}$, et *pas* réduit la longueur algébrique $\frac{l}{\theta}$.

Un vissage de pas *nul* $(l = 0)$ est une rotation; un vissage de pas *infini* $(\theta = 0)$ est une translation. Dans ce dernier cas, l'axe X est indéterminé, à la direction près.

5° *Symétrie plane.* — C'est un retournement, dans lequel les positions initiale et finale du solide mobile sont symétriques par rapport à un plan, qui suffit à définir la symétrie. On désignera par le symbole S (P) la symétrie plane définie par le plan P, dit *plan fondamental* de la symétrie.

126. Nombres des paramètres dont dépendent les opérations élémentaires. — Une translation, étant définie par un vecteur, dépend comme celui-ci de 3 paramètres. Il y a donc ∞^3 translations.

Une rotation est définie par une droite et un angle. Il y a donc $\infty^{4+1} = \infty^5$ rotations.

Un renversement est défini par une droite. Il y a donc ∞^4 renversements.

Un vissage est défini par une droite, une longueur et un angle. Il y a donc $\infty^{4+1+1} = \infty^6$ vissages.

Une symétrie plane est définie par un plan. Il y a donc ∞^3 symétries planes.

Comme il existe ∞^6 déplacements (autant que de positions finales, étant donnée une position initiale), on conclut des nombres précédents qu'un déplacement général n'est certainement pas réductible à une rotation, qui ne dépend que de 5 paramètres. Au contraire, on est conduit à *présumer* qu'il est réductible à un vissage. Nous reconnaîtrons qu'il en est bien ainsi.

127. Multiplication des opérations élémentaires. — Les considérations du n° 111 valent pour la multiplication des déplacements et des retournements dans l'espace. Nous allons passer en revue quelques multiplications importantes.

128. Produit de deux translations. — On a, comme dans le plan,

$$T(u_1)\,T(u_2) = T(u_1 + u_2).$$

129. Produit de deux symétries planes. — Si elles sont confondues, on est en présence du carré d'une symétrie plane, évidemment égal à l'unité.

Si elles sont distinctes, il y a deux cas à examiner. Soient $S(P_1)$ et $S(P_2)$ les deux symétries planes données :

1° *Les plans P_1 et P_2 sont parallèles.* — En raisonnant comme au n° 114, 1°, on trouve

$$S(P_1)\,S(P_2) = T(2u),$$

u étant le vecteur de la translation perpendiculaire à P_1 et à P_2, qui amène le premier plan à coïncider avec le second.

2° *Les plans P_1 et P_2 ne sont pas parallèles.* — En raisonnant comme au n° 114, 2°, on trouve

$$S(P_1)\,S(P_2) = R\left(X,\ 2\,\widehat{P_1XP_2}\right),$$

X étant la droite d'intersection de P_1 et de P_2 et $\widehat{P_1XP_2}$ leur angle.

Il peut sembler que, X n'étant pas orientée, le résultat est ambigu. Mais non : supposons, en effet, qu'on oriente X d'une certaine manière; alors, l'angle $\widehat{P_1XP_2}$ (angle dont il faut faire tourner P_1 autour de X pour l'amener en coïncidence avec P_2) est défini à π près, et $2\,\widehat{P_1XP_2}$ est défini à 2π près. La rotation $R\left(X,\ 2\,\widehat{P_1XP_2}\right)$ est bien déterminée. Inversons maintenant l'orientation de X. Alors $\widehat{P_1XP_2}$ change de signe, $2\,\widehat{P_1XP_2}$ aussi. Mais il est clair que deux rotations d'angles *opposés* autour de deux axes d'orientation *opposés* donnent le même résultat. Le symbole $R\left(X,\ 2\,\widehat{P_1XP_2}\right)$ désigne donc le même déplacement que précédemment.

Réciproquement, une rotation donnée est, d'une infinité de manières, le produit de deux symétries planes, dont les plans fondamentaux se coupent suivant l'axe de la rotation. On peut prendre pour l'un ou l'autre de ces plans un plan quelconque passant par l'axe.

En particulier, *un renversement est, d'une infinité de manières, le produit de deux symétries planes dont les plans fondamentaux sont rectangulaires.* Ces deux symétries planes sont permutables.

130. **Produit de deux renversements.** — On voit d'abord que le carré d'un renversement est égal à l'unité.

Soient alors deux renversements $R\,(X_1, \pi)$ et $R\,(X_2, \pi)$ d'axes X_1 et X_2 distincts. Menons la perpendiculaire commune A_1A_2 ou Y à X_1 et à X_2 (*fig.* 52).

Si X_1 et X_2 sont parallèles, A_1A_2 sera l'une quelconque de leurs perpendiculaires communes. Si X_1 et X_2 se rencontrent, la droite Y est bien déterminée, mais les points A_1 et A_2 sont confondus.

Appelons Q_1 le plan (X_1, Y), Q_2 le plan $(X_2 Y)$, P_1 et P_2 les plans perpendiculaires à Y menés respectivement par X_1 et par X_2. On a, d'après le n° 129,

$$R(X_1, \pi)\,R(X_2, \pi) = S(P_1)\,S(Q_1)\,S(Q_2)\,S(P_2).$$

Or, P_2 est perpendiculaire à Q_1 et à Q_2. On peut donc écrire, en profitant de ce que deux symétries planes dont les plans fondamentaux sont rectangulaires, sont permutables,

$$S(P_1)\,S(Q_1)\,S(Q_2)\,S(P_2) = S(P_1)\,S(Q_1)\,S(P_2)\,S(Q_2)$$
$$= S(P_1)\,S(P_2)\,S(Q_1)\,S(Q_2).$$

Fig. 52.

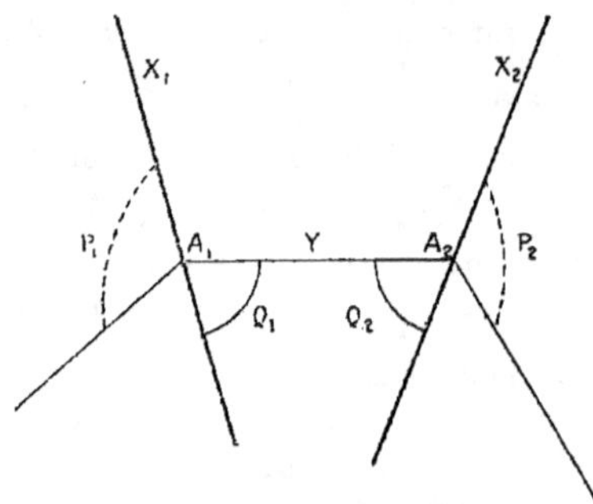

P_1 et P_2 sont parallèles et perpendiculaires à $A_1 A_2$. On a donc, en vertu du n° 129, 1°,

$$S(P_1)\,S(P_2) = T[2(A_2 - A_1)].$$

D'autre part, en vertu du n° 129, 2°,

$$S(Q_1)\,S(Q_2) = R\left(Y,\ 2\,\widehat{Q_1\,Y\,Q_2}\right).$$

Donc, finalement,

$$R(X_1,\ \pi)\,R(X_2,\ \pi) = T[2(A_2 - A_1)]\,R\left(Y,\ 2\,\widehat{Q_1\,Y\,Q_2}\right).$$

Dans le second membre, on reconnaît le vissage

$$V\left(Y,\ 2A_1 A_2,\ 2\,\widehat{Q_1\,Y\,Q_2}\right).$$

On remarque que $\widehat{Q_1\,Y\,Q_2}$ n'est autre que l'angle $\widehat{X_1,\,X_2}$. Donc :

Le produit de deux renversements est un vissage dont l'axe est la perpendiculaire commune à leurs axes, dont la translation est le double de la plus courte distance de ces axes, dont l'angle est le double de l'angle de ces axes.

En particulier :

Si X_1 et X_2 sont parallèles, le produit se réduit à la translation T $|2 (A_2 — A_1)|$.

Si X_1 et X_2 se rencontrent, le produit se réduit à la rotation R $\left(Y_1 \; 2 \; \widehat{Q_1 Y Q_2}\right)$.

Réciproquement, un vissage donné V (Y, l, θ) *est de ∞^2 manières le produit de deux renversements* R (X_1, π), R (X_2, π). On peut prendre pour X_1 une droite quelconque rencontrant Y à angle droit, ce qui est possible de ∞^2 manières. Soit A_1 le point de rencontre. Alors X_2 doit rencontrer Y en un point A_2 tel que $A_1 A_2 = \frac{1}{2} l$, et faire avec X_1 un angle égal à $\frac{1}{2}\theta$, ce qui détermine X_2 sans ambiguïté, l'axe Y étant orienté. On peut aussi se donner X_2 et X_1 en résulte.

Cela reste vrai, si le vissage donné se réduit à une rotation ou à une translation. Dans le premier cas, il n'y a de particulier que le fait que $l = 0$. Dans le second cas, X_1 peut être pris arbitrairement, sous la seule condition d'être perpendiculaire au vecteur de la translation.

131. **Produit de deux vissages.** — Soient les deux vissages $V_1 (X_1, l_1, \theta_1)$ et $V_2 (X_2, l_2, \theta_2)$ qui peuvent se réduire, soit séparément, soit tous les deux, à des translations ou à des rotations. Le raisonnement qui suit vaut dans tous les cas.

Construisons (*fig.* 53) la perpendiculaire commune Y_3 à X_1 et à X_2 (ou l'une quelconque des perpendiculaires communes à ces axes, s'ils sont parallèles). On peut, d'après le n° 130, mener à X_1 une perpendiculaire Y_2 telle que

$$V(X_1, l_1, \theta_1) = R(Y_2, \pi) R(Y_3, \pi),$$

et une perpendiculaire Y_1 à X_2 telle que

$$V(X_2, l_2, \theta_2) = R(Y_3, \pi) R(Y_1, \pi).$$

Faisons le produit des égalités précédentes, en tenant compte de ce que

$$[\,\mathrm{R}\,(\mathrm{Y}_3,\,\pi)\,]^2 = 1.$$

Il vient

$$\mathrm{V}(\mathrm{X}_1,\,l_1,\,\theta_1)\,\mathrm{V}(\mathrm{X}_2,\,l_2,\,\theta_2) = \mathrm{R}(\mathrm{Y}_2,\,\pi)\,\mathrm{R}(\mathrm{Y}_1,\,\pi).$$

Soient maintenant X la perpendiculaire commune à Y_2 et à Y_1,

Fig. 53.

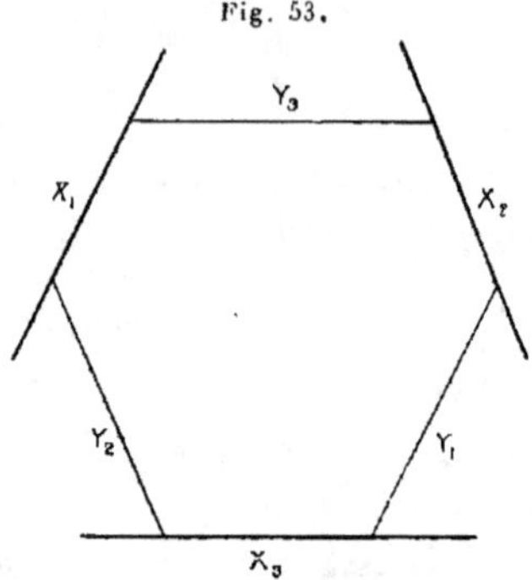

$\frac{1}{2}\,l_3$ la plus courte distance de ces deux derniers axes, $\frac{1}{2}\,\theta_3$ leur angle.
On obtient

$$\mathrm{V}(\mathrm{X}_1,\,l_1,\,\theta_1)\,\mathrm{V}(\mathrm{X}_2,\,l_2,\,\theta_2) = \mathrm{V}(\mathrm{X}_3,\,l_3,\,\theta_3).$$

Ainsi *le produit de deux vissages est un vissage.* Celui-ci peut se réduire à une rotation ou à une translation.

132. Produit de deux rotations dont les axes concourent. — La multiplication de deux rotations dont les axes concourent rentre dans le cas général étudié au paragraphe précédent, mais elle mérite d'être particulièrement signalée.

Les axes X_1, X_2, Y_3, Y_1, Y_2 de la figure passent alors par un même point (*fig.* 54); donc X_3 y passe aussi, l_3 est nul, et l'on a

$$\mathrm{R}(\mathrm{X}_1,\,\theta_1)\,\mathrm{R}(\mathrm{X}_2,\,\theta_2) = \mathrm{R}(\mathrm{X}_3,\,\theta_3).$$

Par conséquent, *le produit de deux rotations à axes concourants est une rotation dont l'axe concourt avec ceux-ci.*

On voit encore que *le produit de deux rotations dont les axes sont parallèles est une rotation dont l'axe est parallèle à ceux-ci où, exceptionnellement, une translation.*

On le reconnaît aisément en particularisant la figure 53, mais il

Fig. 54.

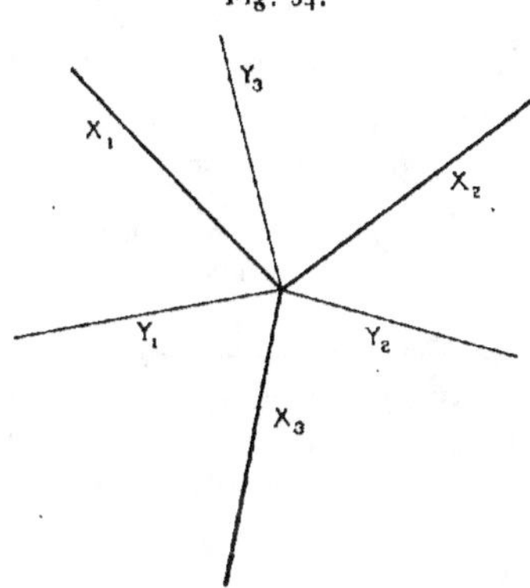

est plus simple de remarquer que cela résulte immédiatement de la multiplication des rotations dans le plan (n° 115).

133. Forme canonique d'un déplacement. — Soient Σ_1 et Σ_2 deux positions d'un solide mobile Σ. Distinguons deux cas :

1° *On sait que les deux positions ont en commun un point O (fig. 55).* — Soient alors M_1 et M_2 les deux positions, dans Σ_1 et dans Σ_2,

Fig. 55.

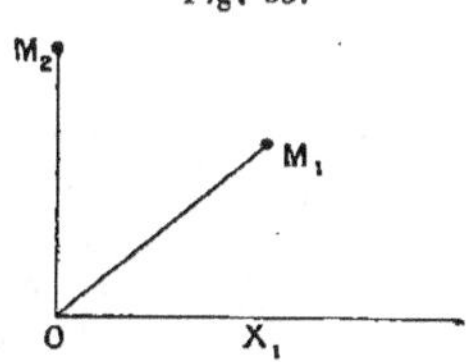

d'un même point de Σ. On a $OM_1 = OM_2$. Soit X_1 la perpendiculaire commune à OM_1 et à OM_2. Il existe une certaine rotation $R(X_1, \theta_1)$ qui amène OM_1 à coïncider avec OM_2.

Cette rotation fait passer Σ de la position Σ_1 à une autre position Σ_1'. Il se peut que Σ_1' soit identique à Σ_2. Alors le déplacement considéré se réduit à $R(X_1, \theta_1)$. Sinon, une certaine rotation d'axe OM_2, $R(OM_2, \theta_2)$ fait passer de Σ_1' à Σ_2. Finalement, on passe de Σ_1 à Σ_2 par le produit $R(X_1, \theta_1)\, R(OM_2, \theta_2)$, qui est (n° 132) une rotation $R(X, \theta_3)$ dont l'axe passe par O. Ainsi :

Quand deux positions ont un point commun O, on peut passer de l'une à l'autre par une rotation dont l'axe X contient ce point.

On voit que *les deux positions ont en commun, non seulement le point O, mais encore tous les points de X.*

2° *On ignore si les deux positions ont un point commun.* — Soient M_1 et M_2 (*fig.* 56) les deux positions d'un même point de Σ. Menons

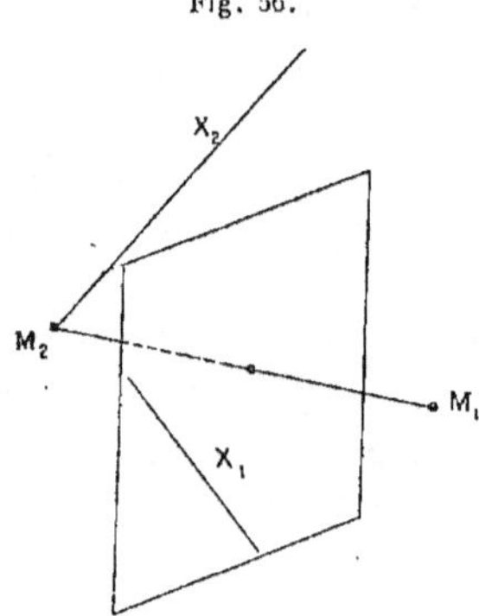

Fig. 56.

une droite quelconque X_1 appartenant au plan médiateur de $M_1 M_2$. Il existe une rotation $R(X_1, \theta_1)$ qui amène M_1 sur M_2. Cette rotation fait passer Σ de la position Σ_1 à une position Σ_1', qui a en commun avec Σ_2 le point M_2. Donc on peut passer de Σ_1' à Σ_2 par une rotation $R(X_2, \theta_2)$, cela en vertu du théorème établi au 1°. On passe donc de Σ_1 à Σ_2 par le produit $R(X_1, \theta_1)\, R(X_2, \theta_2)$, qui est un vissage (n° 131) pouvant se réduire à une rotation ou à une translation. Donc :

Un solide peut toujours être amené d'une position à une autre par un vissage, exceptionnellement par une rotation ou par une translation.

On reconnaît que la réduction d'un déplacement à un vissage n'est possible que d'une seule manière, ce qui ne résulte pas de la démonstration précédente. Autrement dit, *deux vissages équivalents sont identiques.* En effet, dans un vissage, l'axe glisse sur lui-même, et cette propriété ne peut appartenir qu'à une droite du solide, si le déplacement de celui-ci ne se réduit pas à une translation. Donc les deux vissages ont leurs axes confondus. Il est clair ensuite que les translations et les rotations dont ils se composent sont identiques pour les deux vissages.

Le cas général étant celui où le déplacement est un vissage proprement dit, on voit, qu'en général, *il n'y a pas de point qui reste fixe dans un déplacement.* S'il y en a un, il y en a une infinité, comme on l'a reconnu plus haut.

Ce fait établit une différence profonde entre le déplacement dans l'espace et le déplacement dans le plan, qui laisse fixe un point.

134. Forme canonique d'un retournement. — Soient Σ_1 et Σ_2 deux positions telles que l'on passe de l'une à l'autre par un retournement. M_1 et M_2 étant les deux positions correspondantes d'un même point du solide (*fig.* 57), construisons le plan médiateur P_1 de $M_1 M_2$. La symétrie plane $S(P_1)$ fait passer de la position Σ_1 à une position Σ_1' *directement égale* à Σ_2, et ces deux dernières positions ont en commun le point M_2. On passe donc de Σ_1' à Σ_2 par une rotation dont l'axe X passe par M_2, et cette rotation peut elle-même être remplacée par un produit $S(P_2) S(P_3)$, les plans P_2 et P_3 se coupant suivant X. On peut prendre pour P_2 le plan mené par X perpendiculairement à P_1 (ou un plan quelconque passant par X, si X est perpendiculaire à P_1).

Ainsi l'on passe de Σ_1 à Σ_2 par le produit $S(P_1) S(P_2) S(P_3)$.

Le produit des deux premiers facteurs peut être remplacé par le produit $S(P_1') S(P_2')$, le dièdre $\widehat{(P_1', P_2')}$ étant égal au dièdre $\widehat{(P_1, P_2)}$, ayant même arête, et le plan P_2' étant perpendiculaire à P_3. On a ainsi, comme nouvelle expression du retournement,

$$S(P_1') S(P_2') S(P_3),$$

produit qu'on peut écrire

$$S(P'_2)\,S(P''_1)\,S(P_3),$$

en permutant les deux premières symétries, dont les plans fondamentaux sont rectangulaires.

Le produit $S\,(P'_1)\,S\,(P_3)$ est, en général, une rotation $R\,(X',\,0')$

Fig. 57.

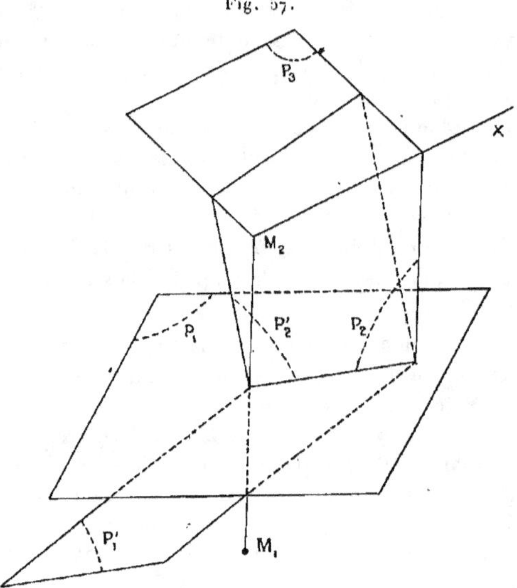

dont l'axe X'_1, intersection des plans P'_1 et P'_3 qui sont perpendiculaires à P'_2, est lui-même perpendiculaire à ce plan. Exceptionnellement, ce produit pourra être une translation parallèle au plan P'_2. On aboutit donc au résultat suivant :

Un retournement est le produit d'une symétrie plane par une rotation dont l'axe est perpendiculaire au plan fondamental de cette symétrie. Exceptionnellement, la rotation est remplacée par une translation parallèle à ce plan fondamental.

On reconnaît aisément : 1° que la réduction d'un retournement à un tel produit n'est possible que d'une seule manière, c'est-à-dire que la forme indiquée est *canonique*; 2° que les deux facteurs du produit sont permutables.

135. Le déplacement et le retournement considérés comme des transformations homographiques. — Dans l'espace, une transformation homographique est définie, en coordonnées homogènes, par quatre équations :

$$x_2 = A_1 x_1 + B_1 y_1 + C_1 z_1 + D_1 t_1,$$
$$y_2 = A_2 x_1 + B_2 y_1 + C_2 z_1 + D_2 t_1,$$
$$z_2 = A_3 x_1 + B_3 y_1 + C_3 z_1 + D_3 t_1,$$
$$t_2 = A_4 x_1 + B_4 y_1 + C_4 z_1 + D_4 t_1.$$

Elle possède, en général, *quatre* points doubles; les coordonnées d'un tel point satisfont aux relations

$$\rho x_1 = A_1 x_1 + B_1 y_1 + C_1 z_1 + D_1 t_1,$$
$$\rho y_1 = \ldots, \qquad \rho z_1 = \ldots, \qquad \rho t_1 = \ldots,$$

où ρ est une racine de l'équation

$$(1) \qquad \begin{vmatrix} A_1 - \rho & B_1 & C_1 & D_1 \\ A_2 & B_2 - \rho & C_2 & D_2 \\ A_3 & B_3 & C_3 - \rho & D_3 \\ A_4 & B_4 & C_4 & D_4 - \rho \end{vmatrix} = 0.$$

1° Cela rappelé, considérons un déplacement quelconque, que je supposerai général, c'est-à-dire réductible à un vissage qui n'est ni une rotation ni une translation. Prenons trois axes rectangulaires Ox, Oy, Oz, Oz étant dirigé suivant l'axe de ce vissage. Comme celui-ci résulte d'une rotation autour de Oz et d'une translation parallèle à Oz, on voit que les équations qui le définissent sont, en coordonnées cartésiennes,

$$x_2 = x_1 \cos\theta - y_1 \sin\theta,$$
$$y_2 = x_1 \sin\theta + y_1 \cos\theta,$$
$$z_2 = z_1 + k,$$

k et θ étant des constantes, et, en coordonnées homogènes,

$$x_2 = x_1 \cos\theta - y_1 \sin\theta,$$
$$y_2 = x_1 \sin\theta + y_1 \cos\theta,$$
$$z_2 = z_1 + k t_1,$$
$$t_2 = t_1.$$

Cherchons les points doubles. L'équation (1) est ici :

$$
\begin{vmatrix}
\cos\theta - \rho & -\sin\theta & 0 & 0 \\
\sin\theta & \cos\theta - \rho & 0 & 0 \\
0 & 0 & 1 - \rho & k \\
0 & 0 & 0 & 1 - \rho
\end{vmatrix} = 0,
$$

équation qui a pour racine double $\rho = 1$ et pour racines simples $e^{i\theta}$, $e^{-i\theta}$.

On achève aisément, et l'on trouve que les points doubles sont : *le point à l'infini de l'axe du vissage, compté deux fois, et les points cycliques des plans perpendiculaires à cet axe.*

2° Un retournement est, comme on l'a vu (n° 134), le produit d'une symétrie plane par une rotation dont l'axe est perpendiculaire au plan fondamental de cette symétrie. Soient P ce plan, X l'axe de la rotation, O sa trace sur P. Le retournement peut être considéré comme étant une transformation homographique. On trouve, par un calcul semblable à celui du n° 122, que *les points doubles de celle-ci sont le point* O, *le point à l'infini de* X *et les deux points cycliques du plan* P.

CHAPITRE V.

PROPRIÉTÉS GÉNÉRALES DU MOUVEMENT.

A. — GÉNÉRALITÉS.

136. Notion de temps. — Comme on l'a dit au n° 105, l'étude du mouvement fait intervenir la notion de *temps*, étrangère à la théorie du déplacement qui appartient à la géométrie pure.

La notion de temps est indéfinissable : c'est une donnée première de la conscience. Nous admettons que le temps a les caractères d'une *grandeur mesurable*, c'est-à-dire que les expressions suivantes : *intervalles de temps égaux, intervalle de temps égal à la somme de deux autres intervalles de temps*, ont un sens. Des instruments spéciaux, dits *chronomètres*, permettent de vérifier l'égalité de deux intervalles de temps et d'additionner deux intervalles de temps.

Appelons *événement* un phénomène qui se passe en un point de l'espace et dont la production ne demande pas une durée appréciable, par exemple une explosion, l'éclatement d'une étincelle électrique. Pour caractériser un événement, un observateur doit le *localiser* et le *dater*. A cet effet, ayant choisi des axes *liés à sa personne*, l'observateur détermine les trois coordonnées du point où a lieu l'événement. D'autre part, au moyen d'un chronomètre, il le repère dans le temps, et en détermine ainsi la *date* (ou l'*instant*).

Cette dernière opération n'a de sens que si l'on accepte *a priori* la notion de *simultanéité d'événements ayant lieu en des points différents de l'espace*. Par exemple, il apparaît au ciel une étoile nouvelle. Nous postulons que la naissance de cette *Nova* fut contemporaine de certains événements qui se passaient sur la Terre, et les astronomes recherchent la date de ces événements. Ils trouvent, pour fixer les idées, qu'à cette date, au temps de Louis XIV, le Vésuve fut en éruption. Nous disons que la naissance de l'étoile et l'éruption du Vésuve furent des événements *simultanés*.

Nous admettrons aussi que la simultanéité présente un caractère absolu, c'est-à-dire que deux événements simultanés aux yeux d'un observateur le sont aussi aux yeux de tout autre observateur. Pour reprendre l'exemple précédent, supposons qu'un observateur placé sur la planète Mars ait eu connaissance de l'éruption du Vésuve et de la naissance de la *Nova*, et qu'il en calcule les dates précises, en tenant compte de la vitesse de la lumière (comme nous devons le faire, nous, en ce qui concerne l'étoile, et comme il est obligé de le faire, lui, pour les deux phénomènes). Il trouvera, comme nous, que ces deux dates sont les mêmes ([1]).

Le postulat de la simultanéité admis, il est possible de dater d'une façon absolue les événements qui ont lieu en des points quelconques de l'espace. On choisit une unité de temps, une origine de temps, et la *date* ou *instant* d'un événement est le nombre qui mesure, avec l'unité choisie, le temps écoulé depuis l'origine jusqu'à l'événement considéré. Pour dater les événements antérieurs à la date origine, ou date zéro, on introduit les nombres négatifs avec les conventions ordinaires.

137. Étude d'un mouvement. — Soit alors un observateur A qui se juge immobile et qui voit un point M décrire une certaine courbe ou *trajectoire* (M). Si l'on n'ajoute rien d'autre, le mouvement de M n'est défini que géométriquement. Mais si l'on fait connaître l'instant de l'événement constitué par le passage de M en chaque point de (M), ou bien, si, inversement, on fait connaître le point de (M) où M passe, à chaque instant donné, on dit que l'on donne la *loi de temps* du mouvement de M, et l'on passe de la *géométrie* à la *cinématique*.

([1]) Jusque environ 1900, nul n'aurait songé à contester ce postulat ni même, peut-être, à l'énoncer. Mais, comme l'on sait, une nouvelle théorie s'est introduite dans la science depuis une vingtaine d'années, celle de la *Relativité*, dont un trait essentiel est de nier la simultanéité absolue : en Relativité, *deux événements simultanés selon un observateur ne le sont pas nécessairement selon un autre, si celui-ci est en mouvement par rapport au premier.* Il n'entre pas dans le plan de cet Ouvrage d'y étudier la cinématique de la Relativité, qui est à la cinématique classique ce que les géométries non euclidiennes sont à la géométrie d'Euclide.

On voit qu'un mouvement défini de la sorte ne l'est que *par rapport à un observateur, que l'on convient de supposer fixe.* Peut-on parler de *mouvements absolus* et tenter de les définir ? Pour les uns (les relativistes), la question n'a pas de sens : on ne peut concevoir de mouvement sans repère; parler de mouvement absolu, c'est parler de repères dans l'*espace vide*, ce qui contredit l'idée que nous nous faisons de son homogénéité (¹). Selon d'autres, il est légitime de considérer des mouvements absolus : il ne faut pas dire avec Henri Poincaré que croire que la Terre tourne, c'est simplement faire une hypothèse plus commode que l'hypothèse opposée; il faut *savoir* que la Terre tourne. Je crois, pour mon compte, que la question échappe à la science et ressortit à la métaphysique, branche de la philosophie qui, on le sait, prétend étudier les choses en soi et non leurs apparences. Quoi qu'il en puisse être, il est bien certain que les seuls mouvements accessibles à l'étude sont des mouvements relatifs : quand donc nous parlerons d'un système *fixe*, ce ne sera jamais que par une convention de langage, toujours provisoire.

Je n'ai parlé jusqu'ici que du mouvement d'un point. S'il s'agit du mouvement d'un solide, chaque point de celui-ci a une trajectoire qu'il décrit selon une certaine loi de temps, et l'objet principal de la cinématique est d'étudier les relations qui existent entre les mouvements des divers points du solide.

B. — MOUVEMENT D'UN POINT.

138. Vecteur vitesse et vitesse. — Par rapport à un système de référence donné, un point mobile M est un point fonction du temps t, et l'on peut définir son mouvement par une équation

$$M = F(t).$$

Considérons les deux positions du mobile $M = F(t)$ et $M' = F(t + \Delta t)$ occupées aux instants t et $t + \Delta t$. Le vecteur libre du segment orienté MM' est dit *vecteur vitesse moyenne* du point M, entre les

---

(¹) *L'espace à soi pareil,* dit Stéphane Mallarmé.

instants t et $t + \Delta t$. Ce vecteur a pour expression

$$\frac{M' - M}{\Delta t} = \frac{F(t + \Delta t) - F(t)}{\Delta t}.$$

Si Δt tend vers zéro, et si la fonction F a une dérivée (l'hypothèse contraire ne correspond à aucune réalité physique, avec la représentation que nous nous faisons du monde), le vecteur libre considéré a une limite

$$v = \frac{dM}{dt},$$

qu'on appelle *vecteur vitesse* du point M à l'instant t. Il est parallèle à la tangente à la trajectoire en M.

Le module $V = \mathrm{mod}\ v$ de ce vecteur est appelé *vitesse* du point M. On peut écrire

$$v = \frac{ds}{dt}\frac{dM}{ds} = \frac{ds}{dt}t,$$

avec les notations du Chapitre II, section A. Le vecteur t étant unitaire, on a

$$V = \left|\frac{ds}{dt}\right|.$$

Il est souvent avantageux d'appeler *vitesse* de M, non pas cette valeur absolue, mais le nombre relatif $\frac{ds}{dt}$.

Si l'on étudie le mouvement en coordonnées cartésiennes rectangulaires, on le définit par trois équations

$$x = f(t), \qquad y = g(t), \qquad z = h(t),$$

x, y, z étant les coordonnées du point M. Le vecteur vitesse v a pour projections

$$\frac{dx}{dt}, \qquad \frac{dy}{dt}, \qquad \frac{dz}{dt}.$$

On a

$$V^2 = \left(\frac{dx}{dt}\right)^2 + \left(\frac{dy}{dt}\right)^2 + \left(\frac{dz}{dt}\right)^2.$$

139. Caractère de la vitesse considérée comme grandeur. Évaluations numériques. — Une vitesse V est le quotient d'un nombre mesurant une longueur par un nombre mesurant un temps. Avec le symbolisme usité dans la théorie des grandeurs, on dit qu'une vitesse est une *grandeur dérivée de dimensions* LT^{-1}.

On a fréquemment, dans la pratique, à évaluer numériquement des vitesses, avec des unités autres que celles qui figurent dans les données. Ce sont là des problèmes élémentaires qu'il faut traiter sans hésitation.

Par exemple, *un train fait* 80^{km} *à l'heure. Quelle est sa vitesse en mètres par seconde ?*

V étant la vitesse demandée, on a

$$V = \frac{80 \times 1000}{3600} = 22,22\ldots$$

On écrit généralement

$$V = 80 \ \mathrm{km/h} = 22,22 \ \mathrm{m/s}.$$

140. Hodographe. Accélération. — Construisons à chaque instant le point

$$\mu = O + \mathbf{v},$$

O étant un point fixe quelconque. Ce point, fonction du temps, décrit une certaine trajectoire (μ), dite *hodographe* du mouvement. Son vecteur vitesse $\mathbf{w} = \dfrac{d\mu}{dt} = \dfrac{d\mathbf{v}}{dt}$ est dit *vecteur accélération* du point M.

En coordonnées cartésiennes, ce vecteur accélération a pour projections

$$\frac{d^2 x}{dt^2}, \qquad \frac{d^2 y}{dt^2}, \qquad \frac{d^2 z}{dt^2}.$$

Son module est dit *accélération (totale) du point* M.

141. Composantes tangentielle et normale de l'accélération. — On a, avec les notations du Chapitre II, section A,

$$\mathbf{v} = \frac{d\mathrm{M}}{dt} = \frac{ds}{dt} \frac{d\mathrm{M}}{ds} = V\mathbf{t},$$

d'où, en dérivant par rapport à t et en appliquant la première formule de Frenet,

$$\mathbf{w} = \frac{d\mathbf{v}}{dt} = \frac{dV}{dt}\mathbf{t} + V\frac{ds}{dt}\frac{d\mathbf{t}}{ds} = \frac{dV}{dt}\mathbf{t} + \frac{V^2}{R}\mathbf{n},$$

ce qui s'interprète ainsi : *le vecteur accélération* **w** *est la somme de deux vecteurs, l'un de module égal à* $\frac{dV}{dt}$, *parallèle à la tangente en* M, *l'autre, de module* $\frac{V^2}{R}$, *parallèle à la normale principale en* M *et de même sens.*

Le premier de ces vecteurs est dit *vecteur accélération tangentielle*, le second *vecteur accélération normale*. Ces deux vecteurs étant parallèles au plan osculateur à la trajectoire, on voit *qu'il en est de même du vecteur accélération.*

142. Caractère de l'accélération considérée comme grandeur. — Le nombre qui mesure une accélération est le quotient du nombre qui mesure une longueur par le nombre qui mesure le carré d'un temps. On dit que l'accélération est une grandeur dérivée de dimensions LT^{-2}.

En écrivant la valeur numérique d'une accélération, il ne faut pas omettre de mentionner les unités de temps et de longueur. On a, par exemple, pour la valeur de l'accélération de la pesanteur à Paris,

$$g = 9,81 \text{ m/s}^2 = 981 \text{ cm/s}^2.$$

143. Mouvements particuliers. — 1° Si la trajectoire (M) est une droite, on dit que le mouvement du point M est *rectiligne*. Ses vecteurs vitesse et accélération sont toujours parallèles à la trajectoire (M).

2° Si la trajectoire étant quelconque, la vitesse V est constante, le mouvement est dit uniforme.

On reconnaît immédiatement que si l'accélération est nulle à chaque instant, le mouvement est *rectiligne et uniforme.*

3° Si (M) est un cercle, le mouvement est dit *circulaire*.

Soient O le centre de (M), R son rayon, θ l'angle que fait OM avec un rayon fixe de (M). On a

$$V = \frac{ds}{dt} = R\frac{d\theta}{dt}, \qquad \text{d'où} \qquad \frac{d\theta}{dt} = \frac{V}{R}.$$

On appelle $\omega = \frac{d\theta}{dt}$ la *vitesse angulaire* du point M. Le calcul précédent suppose que θ est exprimé en radians; si l'unité de temps choisie est la seconde, ω est exprimé en *radians par seconde* (rad/s).

Industriellement, les vitesses angulaires sont fréquemment exprimées en *tours par minute* (t/m). On passe aisément d'une évaluation à l'autre. Soit une même vitesse angulaire ayant les deux expressions ω rad/s et N t/m. Une demi-droite tournant avec cette vitesse balaie en une minute un angle de 60 ω radians, ce qui fait $\dfrac{60\,\omega}{2\pi}$ tours. Donc,

$$N = \frac{60\,\omega}{2\pi}, \qquad \omega = \frac{2\pi N}{60}.$$

On a souvent aussi à passer des vitesses angulaires, données en t/m, aux *vitesses circonférentielles*, exprimées en m/s. Le problème est le suivant : *Un point M décrit un cercle de rayon R mètres à raison de N t/m. Quelle est sa vitesse V en m/s ?* On a immédiatement

$$V = R\,\omega = \frac{2\pi N}{60}\,R.$$

144. Point ayant une vitesse nulle. — *Si, à un certain instant t_0, un point M a une vitesse nulle, son accélération n'étant pas nulle au même instant, ce point passe par un point de rebroussement de sa trajectoire.*

Soient en effet x_0, y_0, z_0 les coordonnées du point M à l'instant t_0. A un instant voisin t, ses coordonnées sont données par des développements tayloriens

$$x = x_0 + A\,(t - t_0) + B\,(t - t_0)^2 + \ldots,$$
$$y = y_0 + A'(t - t_0) + B'(t - t_0)^2 + \ldots,$$
$$z = z_0 + A''(t - t_0) + B''(t - t_0)^2 + \ldots,$$

A, A', A'' sont les valeurs de $\dfrac{dx}{dt}$, $\dfrac{dy}{dt}$, $\dfrac{dz}{dt}$, à l'instant $t = t_0$; de même B, B', B'' sont les valeurs de $\dfrac{1}{2}\dfrac{d^2 x}{dt^2}$, $\dfrac{1}{2}\dfrac{d^2 y}{dt^2}$, $\dfrac{1}{2}\dfrac{d^2 z}{dt^2}$ au même instant. On peut supposer les axes tellement choisis que, à l'instant t_0, le vecteur accélération non nul du point M ne soit parallèle à aucun de ces axes. On a donc, par hypothèse,

$$A = A' = A'' = 0, \qquad B \neq 0, \qquad B' \neq 0, \qquad B'' \neq 0.$$

Les développements de x, y, z se réduisent à

$$x = x_0 + \mathrm{B}\,(t - t_0)^2 + \ldots,$$
$$y = y_0 + \mathrm{B}'(t - t_0)^2 + \ldots,$$
$$z = z_0 + \mathrm{B}''(t - t_0)^2 + \ldots.$$

On voit donc que chacune de ces coordonnées passe, à l'instant t_0, par un extremum, ce qui caractérise un point de rebroussement.

C. — MOUVEMENT D'UN SOLIDE.

145. Généralités. — L'objet essentiel de la cinématique du solide est, comme on l'a vu, d'étudier les relations qui existent entre les mouvements des différents points d'un solide mobile; en particulier, les relations qui existent, à un instant donné, entre les vecteurs vitesses de ces différents points, et aussi de leurs vecteurs accélérations.

Dans le présent Ouvrage, ce sont surtout les propriétés *géométriques* du mouvement que j'ai en vue, parce que ce sont celles qui présentent le plus d'intérêt dans les applications pratiques aux mécanismes. On reconnaît que, dans l'étude de ces propriétés, la considération des vitesses joue un grand rôle, et celle des accélérations un bien moindre.

Aussi parlerai-je peu des accélérations. Celles-ci passent au premier plan quand on aborde l'étude des relations entre le mouvement et les forces qui le produisent, c'est-à-dire la *dynamique*, ce qui est un sujet tout différent.

L'étude faite du déplacement au Chapitre IV conduit rapidement aux propriétés fondamentales du mouvement, concernant les vitesses.

146. Mouvements particuliers. — Avant d'aborder le cas général, nous considérerons certains mouvements particuliers qui jouent un rôle essentiel dans la théorie : ce sont les mouvements de *translation*, de *rotation* et de *vissage*, qui se rattachent aux déplacements de mêmes noms, définis au Chapitre III.

1° *Mouvement de translation*. — C'est un mouvement tel que le déplacement, qui fait passer de la position initiale du solide à l'une quelconque des positions qu'il occupe au cours de ce mouvement, soit une translation.

Il est intuitif que tous les points du solide ont des mouvements identiques, c'est-à-dire que tous décrivent des trajectoires dérivant l'une de l'autre par une translation, et qu'à un instant donné, tous les points ont même vecteur vitesse et même vecteur accélération. On peut appeler ces vecteurs : *vecteur vitesse et vecteur accélération du mouvement de translation*.

Si les trajectoires sont des droites (naturellement toutes parallèles), on dit que le mouvement de translation est *rectiligne*. Si, en plus, le vecteur vitesse du mouvement de translation est constant, on dit que le mouvement de translation est *rectiligne et uniforme*.

2° *Mouvement de rotation*. — C'est un mouvement tel que le déplacement, qui fait passer le solide de sa position initiale à une autre quelconque de ses positions, soit une rotation dont l'axe X est fixe. Tous les points du solide ont pour trajectoires des cercles d'axe X. Tous, à un instant donné, ont la même vitesse angulaire autour de X : c'est la *vitesse angulaire du mouvement de rotation*. Celui-ci est dit *uniforme*, quand sa vitesse est constante.

3° *Mouvement de vissage* (on dit aussi *mouvement hélicoïdal*). — C'est un mouvement tel que le déplacement, qui fait passer le solide de sa position initiale à une autre quelconque de ses positions, soit un vissage V (X, l, θ) dont l'*axe X est fixe et dont le pas* $\frac{2\pi l}{\theta}$ *est constant*. Ce pas est dit *pas du mouvement de vissage*; $\frac{l}{\theta}$ est le *pas réduit*.

Il est clair que, dans le vissage considéré, tous les points du solide mobile décrivent des hélices, de pas réduit $\frac{l}{\theta}$, tracées sur des cylindres de révolution ayant pour axe commun X.

Le mouvement est défini si l'on se donne en fonction du temps l ou θ. Si $\frac{dl}{dt}$ est constant (et par conséquent $\frac{d\theta}{dt}$ aussi), on dit que le mouvement de vissage est *uniforme*.

Dans la pratique, en parlant de ces trois mouvements fondamentaux, je supprimerai souvent le mot *mouvement*, et je dirai une *trans-*

lation, une *rotation*, un *vissage* toutes les fois qu'il n'y aura pas à craindre de confusion avec les déplacements homonymes.

147. Vitesse d'un point entraîné dans une rotation. Vecteur glissant d'une rotation. — Soient S un solide animé d'une rotation d'axe X (*fig.* 58), M un point de ce solide. On peut trouver une expression intéressante de la vitesse de ce point.

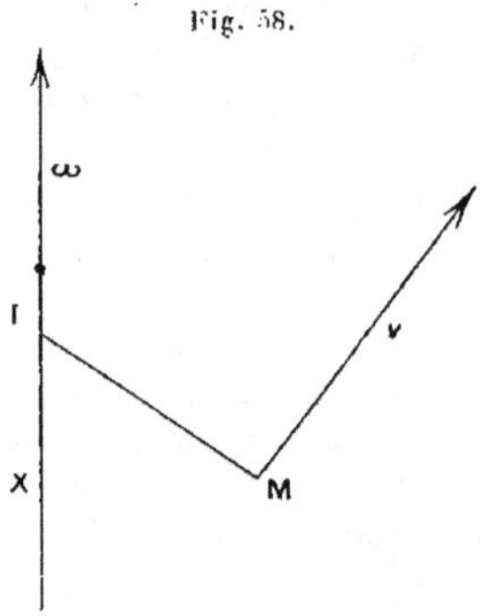

Fig. 58.

À cet effet, désignons par ω la vitesse angulaire (en valeur absolue) de la rotation à un instant t. On peut construire un vecteur glissant (X, ω) ayant pour support X, pour module ω et tel que, pour un observateur traversé des pieds à la tête par ce vecteur glissant, la rotation s'effectue dans le sens positif. (X, ω) sera dit le *vecteur glissant de la rotation* considérée.

Le vecteur vitesse **v** du point M satisfait aux conditions suivantes : il est perpendiculaire au plan (MX) et il a pour module MI. ω, MI étant la distance du point M à X. Enfin, il est tel que l'observateur défini ci-dessus le voie dirigé dans le sens direct (de droite à gauche). Donc, un observateur traversé des pieds à la tête par **v** voit aussi (X, ω) dirigé de droite à gauche. On conclut de tout cela que le vecteur **v** n'est autre que le moment du vecteur glissant (X, ω) par rapport au point M.

On a donc, A étant un point quelconque de X,

$$\mathbf{v} = (A - M) \wedge \omega = \omega \wedge (M - A).$$

Ainsi, *le vecteur vitesse d'un point quelconque du solide* S, *à un instant donné, est le moment par rapport à ce point du vecteur glissant de la rotation du solide.*

Nous verrons aussi intervenir le *vecteur libre de la rotation,* qui est le vecteur ω.

148. Déplacement infiniment petit. Mouvements tangents. —

Considérons un solide S animé d'un mouvement quelconque et soient $\Sigma(t)$, $\Sigma(t + \Delta t)$ les positions qu'il occupe aux instants t et $t + \Delta t$, Δt étant infiniment petit:

Le déplacement qui fait passer de $\Sigma(t)$ à $\Sigma(t + \Delta t)$ est dit lui-même *infiniment petit,* et les positions $\Sigma(t)$ et $\Sigma(t + \Delta t)$ sont dites *infiniment voisines.*

Si M et M′ sont les deux positions correspondantes d'un point du solide, le vecteur vitesse **v** de ce point, à l'instant t, est la limite du vecteur $\dfrac{M' - M}{\Delta t}$.

On peut considérer une infinité de mouvements ayant en commun les positions $\Sigma(t)$ et $\Sigma(t + \Delta t)$. Pour tous ces mouvements, le déplacement, de l'instant t à l'instant $t + \Delta t$, du point M est le même, et par conséquent aussi son vecteur vitesse à l'instant t. On dit que tous ces mouvements sont *tangents* entre eux.

Je dirai encore que le déplacement infiniment petit considéré est le *déplacement élémentaire* du solide, entraîné dans l'un quelconque des mouvements tangents.

149. Vissage tangent à un mouvement quelconque. — Conservons

les notations du paragraphe précédent. On peut passer de la position $\Sigma(t)$ à la position $\Sigma(t + \Delta t)$ par un certain déplacement de vissage, qui se réduit exceptionnellement à une rotation ou à une translation. Ce vissage peut être considéré comme le déplacement élémentaire du solide, entraîné dans un certain mouvement de vissage uniforme.

Par conséquent, *à un instant quelconque, il existe un mouvement de vissage uniforme tangent à un mouvement donné.* Autrement dit, étant donné un solide animé d'un mouvement quelconque, les points de ce solide ont, à tout instant donné, les mêmes vecteurs vitesses que s'ils étaient entraînés dans un vissage uniforme. Bien entendu ce vissage varie d'un instant à l'autre.

L'axe du vissage tangent s'appelle aussi *axe instantané de vissage, axe instantané de rotation et de glissement.*

Répétons que le vissage tangent peut se réduire à une rotation ou à une translation. *Le premier cas se présente notamment quand le solide a un point fixe, et l'axe de la rotation tangente passe alors constamment par ce point fixe.* Cela résulte immédiatement des propriétés du déplacement d'un solide qui possède un point fixe (n° 133).

150. Étude analytique d'un mouvement d'un solide. — Pour étudier analytiquement le mouvement d'un solide S, nous procéderons comme au n° 124.

L'espace fixe est rapporté à un trièdre trirectangle $O_0\, x_0\, y_0\, z_0$, le solide S à un trièdre $O\,xyz$ entraîné avec lui. Les deux trièdres sont supposés tous les deux de disposition positive.

Soient ξ, η, ζ les coordonnées du point O par rapport aux axes fixes et

	$O_0 x_0.$	$O_0 y_0.$	$O_0 z_0.$
$O\,x.$	α	β	γ
$O\,y.$	α'	β'	γ'
$O\,z.$	α''	β''	γ''

le tableau des cosinus directeurs des axes mobiles par rapport aux axes fixes.

Le mouvement du solide S est bien défini si l'on se donne en fonction du temps les coordonnées ξ, η, ζ et les neuf cosinus.

Soit M un point du solide S, de coordonnées x, y, z par rapport aux axes mobiles. Ses coordonnées par rapport aux axes fixes sont

$$(1) \quad \begin{cases} x_0 = \xi + \alpha x + \alpha' y + \alpha'' z, \\ y_0 = \eta + \beta x + \beta' y + \beta'' z, \\ z_0 = \zeta + \gamma x + \gamma' y + \gamma'' z. \end{cases}$$

Ces formules font connaître x_0, y_0, z_0 en fonction du temps t et permettent par conséquent d'étudier le mouvement du point M.

Dans ce qui suit, j'abrégerai notablement l'écriture et les calculs en employant la méthode vectorielle. Soient **i**, **j**, **k** les vecteurs unités parallèles à $O_0\,x_0$, $O_0\,y_0$, $O_0\,z_0$. On peut écrire

$$O = O_0 + u,$$

en posant

$$(2) \qquad u = \xi i + \eta j + \zeta k.$$

Introduisons, d'autre part, trois vecteurs unitaires l, $\mathbf{m}$, $\mathbf{n}$, parallèles respectivement à $O\,x$, $O\,y$, $O\,z$; on a

$$(3) \qquad \begin{cases} l = \alpha i + \beta j + \gamma k, \\ m = \alpha' i + \beta' j + \gamma' k, \\ n = \alpha'' i + \beta'' j + \gamma'' k. \end{cases}$$

Le point M est alors donné par la formule vectorielle

$$(4) \qquad M = O_0 + (O - O_0) + (M - O) = O_0 + u + x\,l + y\,m + z\,n,$$

qui remplace les trois relations (1).

Le mouvement est défini quand on se donne en fonction du temps le vecteur u et les trois vecteurs unitaires l, m, n.

151. Vecteur vitesse du point M. — Ce vecteur vitesse s'obtient par dérivation de la formule (4). On a

$$(1) \qquad \mathbf{v}(M) = \frac{du}{dt} + x\,\frac{dl}{dt} + y\,\frac{dm}{dt} + z\,\frac{dn}{dt}.$$

En remplaçant u et l, m, n par leurs valeurs (2) et (3) (nº 150), on obtient les composantes de $v(M)$ suivant les axes fixes. Ces composantes s'obtiennent d'ailleurs immédiatement par dérivation des formules (1) (nº 150). Mais la pratique fait reconnaître qu'il est en général plus utile de connaître *les projections de* $v(M)$ *sur les axes mobiles*. Calculons-les donc.

Ces projections ont pour valeur respectives

$$(2) \quad V_x(M) = l \times v(M), \qquad V_y(M) = m \times v(M), \qquad V_z(M) = n \times v(M).$$

Les résultats prennent une forme intéressante, si l'on fait tout d'abord les remarques suivantes :

1º On a $l^2 = 1$; donc

$$l \times \frac{dl}{dt} = 0.$$

De même

$$\mathbf{m} \times \frac{d\mathbf{m}}{dt} = 0; \qquad \mathbf{n} \times \frac{d\mathbf{n}}{dt} = 0.$$

2° $O\,y$ et $O\,z$ étant rectangulaires, on a $\mathbf{m} \times \mathbf{n} = 0$. Donc

$$\mathbf{m} \times \frac{d\mathbf{n}}{dt} + \mathbf{n} \times \frac{d\mathbf{m}}{dt} = 0,$$

avec les deux relations qui se déduisent de celle-là par permutation circulaire.

Posons

$$(3) \qquad p = \mathbf{n} \times \frac{d\mathbf{m}}{dt}, \qquad q = \mathbf{l} \times \frac{d\mathbf{n}}{dt}, \qquad r = \mathbf{m} \times \frac{d\mathbf{l}}{dt}.$$

On aura aussi

$$p = -\mathbf{m} \times \frac{d\mathbf{n}}{dt}, \qquad q = -\mathbf{n} \times \frac{d\mathbf{l}}{dt}, \qquad r = -\mathbf{l} \times \frac{d\mathbf{m}}{dt}.$$

En tenant compte de ces relations et de (1), les (2) deviennent

$$(4) \qquad \begin{cases} V_x(M) = \mathbf{l} \times \dfrac{d\mathbf{u}}{dt} + q\,z - r\,y, \\[2mm] V_y(M) = \mathbf{m} \times \dfrac{d\mathbf{u}}{dt} + r\,x - p\,z, \\[2mm] V_z(M) = \mathbf{n} \times \dfrac{d\mathbf{u}}{dt} + p\,y - q\,x. \end{cases}$$

On a des formules complètement cartésiennes en effectuant les produits scalaires qui interviennent dans (3) et (4). En se reportant aux expressions de $\mathbf{u}$, $\mathbf{l}$, $\mathbf{m}$ et $\mathbf{n}$, on trouve immédiatement

$$\mathbf{l} \times \frac{d\mathbf{u}}{dt} = \alpha \frac{d\xi}{dt} + \beta \frac{d\eta}{dt} + \gamma \frac{d\zeta}{dt},$$

$$\mathbf{m} \times \frac{d\mathbf{u}}{dt} = \alpha' \frac{d\xi}{dt} + \beta' \frac{d\eta}{dt} + \gamma' \frac{d\zeta}{dt},$$

$$\mathbf{n} \times \frac{d\mathbf{u}}{dt} = \alpha'' \frac{d\xi}{dt} + \beta'' \frac{d\eta}{dt} + \gamma'' \frac{d\zeta}{dt},$$

et

$$p = \alpha'' \frac{d\alpha'}{dt} + \beta'' \frac{d\beta'}{dt} + \gamma'' \frac{d\gamma'}{dt} = -\left(\alpha' \frac{d\alpha''}{dt} + \beta' \frac{d\beta''}{dt} + \gamma' \frac{d\gamma''}{dt} \right),$$

$$q = \alpha \frac{d\alpha''}{dt} + \beta \frac{d\beta''}{dt} + \gamma \frac{d\gamma''}{dt} = -\left(\alpha'' \frac{d\alpha}{dt} + \beta'' \frac{d\beta}{dt} + \gamma'' \frac{d\gamma}{dt} \right),$$

$$r = \alpha' \frac{d\alpha}{dt} + \beta' \frac{d\beta}{dt} + \gamma' \frac{d\gamma}{dt} = -\left(\alpha \frac{d\alpha'}{dt} + \beta \frac{d\beta'}{dt} + \gamma \frac{d\gamma'}{dt} \right).$$

152. Interprétation des formules (4). — Observons d'abord que $\frac{d\mathbf{u}}{dt}$ est le vecteur vitesse $\mathbf{v}(O)$ du point O; $\mathbf{l} \times \frac{d\mathbf{u}}{dt}$, $\mathbf{m} \times \frac{d\mathbf{u}}{dt}$, $\mathbf{n} \times \frac{d\mathbf{u}}{dt}$ sont ses trois projections sur Ox, Oy, Oz, et la somme des vecteurs $\mathbf{l}$, $\mathbf{m}$, $\mathbf{n}$, multipliés respectivement par ces projections, redonne le vecteur $\mathbf{v}(O)$. On a donc

$$\mathbf{v}(M) = V_x(M)\,\mathbf{l} + V_y(M)\,\mathbf{m} + V_z(M)\,\mathbf{n}$$
$$= \mathbf{v}(O) + (qz - ry)\,\mathbf{l} + (rx - pz)\,\mathbf{m} + (py - qx)\,\mathbf{n}.$$

Mais on observe que l'ensemble des trois derniers termes du dernier membre est le développement du produit vectoriel

$$(p\mathbf{l} + q\mathbf{m} + r\mathbf{n}) \wedge (x\mathbf{l} + y\mathbf{m} + z\mathbf{n}).$$

Posons

$$(1) \qquad p\mathbf{l} + q\mathbf{m} + r\mathbf{n} = \omega.$$

On a, d'autre part,

$$x\mathbf{l} + y\mathbf{m} + z\mathbf{n} = M - O.$$

Nous pouvons donc écrire

$$\mathbf{v}(M) = \mathbf{v}(O) + \omega \wedge (M - O),$$

$\omega \wedge (M - O)$ est le moment du vecteur glissant $O\,\omega$ par rapport au point M. Si donc on se reporte aux conclusions du n° 147, on voit que :

Le vecteur vitesse du point M est la somme du vecteur vitesse du point O et du vecteur vitesse qu'aurait le point M, dans une rotation de vecteur glissant $O\,\omega$, l'axe de cette rotation passant par le point O.

Si l'on remplaçait le point O par un autre point du solide S, on aurait une autre décomposition du vecteur vitesse du point M. Mais il importe de remarquer que *le vecteur libre ω de la rotation qui intervient dans cette décomposition ne dépend pas du point O* : c'est ce que montrent son expression (1) et les formules qui donnent p, q, r.

CHAPITRE VI.

COMPOSITION DES MOUVEMENTS ET MOUVEMENTS RELATIFS.

---

153. Définitions. — Comme on l'a dit au n° 137, un mouvement ne peut être défini que par rapport à un observateur. Soit S un solide lié à cet observateur. S est dit *solide* ou *système de comparaison*.

Soit maintenant S_0 un autre solide, par rapport auquel S est animé d'un certain mouvement. On voit se poser le problème suivant : *Connaissant le mouvement d'un point M par rapport à S, et le mouvement de S par rapport à S_0, ou mouvement d'entraînement, étudier le mouvement du point M par rapport à S_0.*

C'est le problème de la *composition des mouvements*.

On appellera :

Mouvement absolu de M, son mouvement par rapport à S_0;
Mouvement relatif de M, son mouvement par rapport à S.

A un instant donné, on peut considérer le point μ, *lié à S*, qui est confondu à cet instant avec le point M. Ce point μ est dit *point coïncidant*. Son mouvement relatif est nul, par définition. Son mouvement absolu est dit *mouvement d'entraînement* du point M.

On dit que *le mouvement absolu de M résulte de son mouvement relatif et de son mouvement d'entraînement.*

Les trajectoires, les vitesses et les accélérations qui se rapportent à ces trois mouvements sont dites elles-mêmes *absolues, relatives* et *d'entraînement*.

Remarquons la différence capitale entre la composition des *mouvements* et la multiplication des *déplacements* : on multiplie deux déplacements *successifs* et l'on compose deux mouvements *simultanés*. La composition de deux déplacements simultanés n'aurait pas de sens, et c'est pour cela que j'ai employé systématiquement le terme de *multiplication*.

154. Composition des vitesses. — On peut dire que le théorème suivant domine la Cinématique :

Dans un mouvement résultant, le vecteur vitesse absolue d'un point M est la somme de son vecteur vitesse d'entraînement et de son vecteur vitesse relative.

En effet, rapportons S_0 et S aux trièdres $O_0\, x_0\, y_0\, z_0$ et $O\, xyz$ définis au n° 150. Conservant les mêmes notations, récrivons la formule vectorielle

$$M = O_0 + O + x\mathbf{l} + y\mathbf{m} + z\mathbf{n}.$$

Les coordonnées x, y, z qui étaient des constantes, sont maintenant des fonctions du temps.

En dérivant, on a le vecteur vitesse absolue du point M

$$\mathbf{v}_a = \frac{dM}{dt} = \frac{dO}{dt} + x\frac{d\mathbf{l}}{dt} + y\frac{d\mathbf{m}}{dt} + z\frac{d\mathbf{n}}{dt} + \frac{dx}{dt}\mathbf{l} + \frac{dy}{dt}\mathbf{m} + \frac{dz}{dt}\mathbf{n}.$$

On voit que $\mathbf{v}\,(M)$ est la somme de deux vecteurs; le premier

$$\frac{dO}{dt} + x\frac{d\mathbf{l}}{dt} + y\frac{d\mathbf{m}}{dt} + z\frac{d\mathbf{n}}{dt}$$

est le vecteur vitesse du point de coordonnées constantes (x, y, z). C'est donc le vecteur vitesse du point coïncidant μ, c'est-à-dire, par définition, le vecteur vitesse d'entraînement $\mathbf{v}_e$ du point M.

Le second vecteur

$$\frac{dx}{dt}\mathbf{l} + \frac{dy}{dt}\mathbf{m} + \frac{dz}{dt}\mathbf{n}$$

a pour composantes suivant Ox, Oy et Oz les composantes du vecteur vitesse du point M par rapport au système S. C'est donc le vecteur vitesse relative $\mathbf{v}_r$. Donc

$$\mathbf{v}_a = \mathbf{v}_e + \mathbf{v}_r. \qquad\qquad \text{C. Q. F. D.}$$

155. Autre démonstration. — A cause de l'importance du théorème précédent, j'en indiquerai une autre démonstration qui repose sur une idée fort ingénieuse, et qui est due à M. Kœnigs.

Établissons d'abord le lemme suivant, d'ailleurs important en lui-même :

Soient M et N deux points se mouvant suivant des lois quelconques,

$\mathbf{v}$ (M) *et* $\mathbf{v}$ (N) *leurs vecteurs vitesses respectifs à l'instant t,* $\mathbf{u}$ *un vecteur unitaire parallèle au vecteur libre* M — N *et de même orientation,* l *la longueur* NM, *c'est-à-dire* mod (M — N). *On a la formule*

$$(1) \qquad \frac{dl}{dt} = \mathbf{u} \times [\mathbf{v}(M) - \mathbf{v}(N)].$$

On a en effet

$$M - N = l\mathbf{u},$$

d'où, en dérivant par rapport à t,

$$\frac{d\mathrm{M}}{dt} - \frac{d\mathrm{N}}{dt} = \mathbf{v}(M) - \mathbf{v}(N) = \frac{dl}{dt}\mathbf{u} + l\frac{d\mathbf{u}}{dt}.$$

Multiplions scalairement les deux membres de cette égalité par $\mathbf{u}$, en tenant compte de

$$\mathbf{u}^2 = 1, \qquad \mathbf{u} \times \frac{d\mathbf{u}}{dt} = 0.$$

On obtient bien la formule (1).

Le lemme peut encore s'exprimer ainsi : *La dérivée $\frac{dl}{dt}$ a pour valeur la différence des projections sur* NM *des vecteurs* $\mathbf{v}$ (M) *et* $\mathbf{v}$ (N).

Cela posé, revenons au théorème à démontrer. Considérons, outre le point M, un point N, d'ailleurs arbitraire. L'idée essentielle de la démonstration est la suivante : la longueur NM $= l$ est une fonction du temps qui a évidemment la même valeur, que cette longueur soit évaluée par un observateur fixe ou par un observateur lié au solide S. Il en est de même de la dérivée $\frac{dl}{dt}$.

Appliquons alors le lemme, en supposant que les évaluations soient faites successivement par l'observateur fixe et par l'observateur lié à S. On a, en conservant les notations précédentes,

$$(1) \qquad \frac{dl}{dt} = \mathbf{u} \times [\mathbf{v}_a(M) - \mathbf{v}_a(N)] = \mathbf{u} \times [\mathbf{v}_r(M) - \mathbf{v}_r(N)],$$

les indices a et r indiquant que, dans le premier cas, interviennent des vitesses absolues, et dans le second cas des vitesses relatives.

Appliquons cette formule au point μ coïncidant avec M. On a ici $\mathbf{v}_r(\mu) = 0$. Donc

$$\mathbf{u} \times [\mathbf{v}_a(\mu) - \mathbf{v}_a(N)] = -\mathbf{u} \times \mathbf{v}_r(N).$$

Mais, par définition, $\mathbf{v}_a\,(\mu) = \mathbf{v}_r\,(M)$. Donc

(2) $$\mathbf{u} \times [\mathbf{v}_e(M) - \mathbf{v}_a(N)] = -\mathbf{u} \times \mathbf{v}_r(N).$$

En retranchant (2) de (1), on a

$$\mathbf{u} \times [\mathbf{v}_a(M) - \mathbf{v}_e(M)] = \mathbf{u} \times \mathbf{v}_r(M)$$

ou

$$\mathbf{u} \times [\mathbf{v}_a(M) - \mathbf{v}_e(M) - \mathbf{v}_r(M)] = 0$$

Cette relation est vraie quel que soit le point N, c'est-à-dire quel que soit le vecteur unitaire u. On a donc

$$\mathbf{v}_a(M) - \mathbf{v}_e(M) - \mathbf{v}_r(M) = 0$$

ou

$$\mathbf{v}_a(M) = \mathbf{v}_e(M) + \mathbf{v}_r(M), \qquad \text{c. q. f. d.}$$

156. Première application de la composition des vitesses. Méthode de Roberval. — Montrons dès maintenant que le théorème sur la composition des vitesses se prête à la détermination des tangentes à certaines courbes. C'est la *méthode de Roberval*. Elle consiste à considérer systématiquement du point de vue *cinématique* la description d'une courbe par un point, et à regarder la tangente à cette courbe comme parallèle au vecteur vitesse de ce point.

Cherchons par exemple la tangente à l'ellipse définie par sa pro-

Fig. 59.

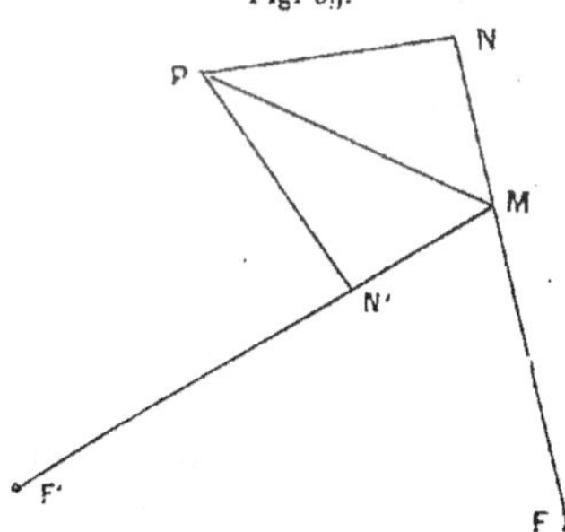

priété focale. Soient F et F′ les deux foyers d'une ellipse, M un point qui décrit cette courbe (*fig.* 59). On a

(1) $$FM + F'M = 2a.$$

On peut considérer le mouvement du point M sur l'ellipse, suivant une loi de temps quelconque, comme résultant :

1° D'un mouvement d'entraînement, qui est une rotation autour du point F d'un plan P glissant sur le plan fixe P_0 ;

2° D'un mouvement relatif du point M dans le plan P, la trajectoire relative du point M étant la droite FM, et la loi de ce mouvement étant telle que la trajectoire absolue du point M soit l'ellipse.

Avec les notations du n° 155, on a

$$\mathbf{v}_a(M) = \mathbf{v}_e(M) + \mathbf{v}_r(M).$$

Soient P et N deux points tels que l'on ait

$$P - M = \mathbf{v}_a(M), \qquad P - N = \mathbf{v}_e(M), \qquad N - M = \mathbf{v}_r(M).$$

Le mouvement d'entraînement étant une rotation autour de F, $\mathbf{v}_e(M)$ ou P — N doit être perpendiculaire à FM. Le mouvement relatif étant une description de FM, $\mathbf{v}_r(M)$ ou N — M doit être parallèle à FM. Autrement dit, le point N est sur FM et le triangle PNM est rectangle en N. Le point P est sur la tangente en M.

On a de plus

$$MN = \operatorname{mod}(N - M) = \operatorname{mod}\mathbf{v}_r(M) = \left| \frac{d}{dt}(FM) \right|.$$

Faisons une décomposition analogue relativement au point F'. On voit que, si N' est la projection du point P sur FM', on a

$$MN' = \left| \frac{d}{dt}(F'M) \right|.$$

Mais (1) donne

$$\frac{d}{dt}(FM) + \frac{d}{dt}(F'M) = 0.$$

Donc les longueurs MN et MN' sont égales. Il est clair en outre que, l'un des rayons vecteurs augmentant quand l'autre diminue, les points N et N' sont, par rapport au point M, l'un du même côté que le foyer correspondant, l'autre du côté opposé, comme le montre la figure. Il résulte de tout cela que la tangente MP est la bissectrice extérieure de l'angle FMF', résultat classique.

157. Composition de mouvements en nombre quelconque. — Soient S_1, S_2, ..., S_n n solides non liés les uns aux autres. Désignons par le symbole

$$\left(\frac{S_i}{S_j}\right)$$

le mouvement du solide S_i par rapport au solide S_j. On peut dire que le mouvement $\left(\dfrac{S_n}{S_1}\right)$ résulte de la composition des mouvements

$$\left(\frac{S_2}{S_1}\right), \quad \left(\frac{S_3}{S_2}\right), \quad \dots, \quad \left(\frac{S_n}{S_{n-1}}\right)$$

et écrire symboliquement

$$\left(\frac{S_n}{S_1}\right) = \left(\frac{S_2}{S_1}\right)\left(\frac{S_3}{S_2}\right)\cdots\left(\frac{S_n}{S_{n-1}}\right).$$

Remarquons que, dans le second membre, rien n'empêche d'écrire les facteurs dans un ordre quelconque, ce que l'on ne pourrait pas faire s'il s'agissait d'un produit de *déplacements*.

Soit maintenant M un point quelconque. A un instant donné, il existe un point du solide S_i qui coïncide avec ce point. Je désignerai par

$$\mathbf{v}_{i/j}$$

le vecteur vitesse de ce point coïncidant, entraîné dans le mouvement $\left(\dfrac{S_i}{S_j}\right)$. S_i, S_j et S_k étant trois solides quelconques, le théorème fondamental sur la composition des vitesses donne la relation

$$(1) \qquad \mathbf{v}_{i/k} = \mathbf{v}_{i/j} + \mathbf{v}_{j/k}.$$

On peut donc écrire la suite d'égalités

$$\begin{aligned}
\mathbf{v}_{3/1} &= \mathbf{v}_{3/2} + \mathbf{v}_{2/1}, \\
\mathbf{v}_{4/1} &= \mathbf{v}_{4/3} + \mathbf{v}_{3/1}, \\
&\cdots\cdots\cdots\cdots\cdots\cdots, \\
\mathbf{v}_{n/1} &= \mathbf{v}_{n/(n-1)} + \mathbf{v}_{(n-1)/1},
\end{aligned}$$

d'où l'on tire, par addition,

$$\mathbf{v}_{n/1} = \mathbf{v}_{2/1} + \mathbf{v}_{3/2} + \dots + \mathbf{v}_{n/(n-1)}.$$

ce qui s'exprime ainsi : *Le vecteur vitesse du point M, entraîné dans le* mouvement $\left(\dfrac{S_n}{S_1}\right)$, est la somme des vecteurs vitesses du même point, supposé successivement entraîné dans les mouvements $\left(\dfrac{S_2}{S_1}\right)$, $\left(\dfrac{S_3}{S_2}\right)$, ..., $\left(\dfrac{S_n}{S_{n-1}}\right)$. C'est la généralisation du théorème fondamental.

158. Mouvements réciproques. — S_1 et S_2 étant deux solides, on dira que les deux mouvements $\left(\dfrac{S_2}{S_1}\right)$ et $\left(\dfrac{S_1}{S_2}\right)$ sont *réciproques*.

Écrivons la formule (1) du paragraphe précédent, en faisant

$$i = k = 1, \quad j = 2.$$

On a

$$0 = \mathbf{v}_{1/2} + \mathbf{v}_{2/1}$$

ou

$$\mathbf{v}_{2/1} = -\,\mathbf{v}_{1/2}.$$

Donc les vecteurs vitesses d'un même point, supposé successivement entraîné dans deux mouvements réciproques, sont opposés. Cela permet d'écrire la formule (1) du n° 157 sous la forme plus symétrique

$$\mathbf{v}_{j/k} + \mathbf{v}_{k/i} + \mathbf{v}_{i/j} = 0,$$

Il est bon de retenir le théorème fondamental sous la forme (1) ou sous la forme précédente.

159. Composition des rotations. — Reprenons les notations du n° 157, et supposons qu'à un instant donné, tous les mouvements

$$\left(\frac{S_2}{S_1}\right), \quad \left(\frac{S_3}{S_2}\right), \quad ..., \quad \left(\frac{S_n}{S_{n-1}}\right)$$

soient tangents à des rotations. Appelons (D_1, ω_1), (D_2, ω_2), ..., (D_{n-1}, ω_{n-1}) les vecteurs glissants de celles-ci. Récrivons la formule

$$\mathbf{v}_{n/1} = \mathbf{v}_{2/1} + \mathbf{v}_{3/2} + \ldots + \mathbf{v}_{n/(n-1)},$$

relative à un point M. Les vecteurs qui figurent dans le second membre sont (n° 147) les moments par rapport au point M des vecteurs glissants respectifs considérés. Par conséquent $\mathbf{v}_{n/1}$ est identique au moment, par rapport au même point, du torseur $\Sigma(D_i, \omega_i)$

Si l'on considère un autre système de rotations dont les vecteurs glissants forment un torseur égal au premier, le point M, entraîné dans le mouvement résultant de ces rotations, aura la même vitesse que précédemment. On voit ainsi que tous les théorèmes relatifs aux torseurs et à leur réduction sont susceptibles d'interprétations cinématiques.

160. Couple de rotations. — Considérons en particulier un *couple de rotations*, c'est-à-dire deux rotations dont les vecteurs glissants forment un couple. Le moment d'un couple par rapport à un point quelconque de l'espace a une valeur fixe. Donc tous les points d'un solide entraîné dans le mouvement résultant d'un couple de rotations ont le même vecteur vitesse. On en conclut immédiatement que *ce mouvement est tangent à une translation*. On sait en effet qu'il est tangent, dans le cas le plus général, à un vissage (n° 149), et il est intuitif que les points entraînés dans un vissage non réduit à une translation ont des vitesses différentes.

Plus généralement, *le mouvement résultant de rotations en nombre quelconque dont les vecteurs glissants forment un torseur de vecteur nul est tangent à une translation.*

161. Autres cas. — Ce qui précède permet d'énoncer immédiatement les résultats suivants :

1° *Le mouvement résultant de rotations dont les axes concourent est tangent à une rotation dont l'axe concourt avec les premiers et dont le vecteur est la somme des vecteurs des rotations composantes.*

2° *Le mouvement résultant de rotations dont les axes sont parallèles et dont les vecteurs n'ont pas une somme nulle est tangent à une rotation dont l'axe est parallèle aux premiers. Cet axe se construit suivant la règle qui convient aux vecteurs glissants parallèles (n° 28).*

3° *Dans le cas général, le mouvement résultant de rotations en nombre quelconque est tangent à un vissage.*

En effet, le torseur constitué par les vecteurs glissants des rotations peut être réduit à un vecteur glissant unique et à un couple dont le moment est parallèle à ce vecteur glissant. En interprétant cinématiquement ce résultat, on voit que le vecteur vitesse d'un point quelconque d'un solide entraîné dans le mouvement résultant est la somme de deux vecteurs : l'un est le vecteur vitesse provenant d'une rotation autour d'un certain axe X, l'autre est le vecteur vitesse d'une translation parallèle à X. On retrouve bien les caractéristiques d'un vissage d'axe X.

4º Plus généralement, on peut réduire le mouvement résultant de rotations et de translations en nombre quelconque à une rotation unique et à une translation, et cela d'une infinité de manières. Mais, de quelque manière qu'on s'y prenne, *le vecteur libre de la rotation est constant.*

Ces résultats avaient déjà été obtenus par la méthode analytique (nº 152).

162. Accélération dans le mouvement résultant. — Considérons encore un mouvement d'entraînement $\left(\dfrac{S}{S_0}\right)$ et un point M, animé d'un mouvement relatif $\left(\dfrac{M}{S}\right)$ et d'un mouvement absolu $\left(\dfrac{M}{S_0}\right)$. Proposons-nous de construire le vecteur accélération absolue $\mathbf{w}_a$ du point M.

A cet effet, récrivons la formule du nº 154, qui donnait la vitesse absolue du point M,

$$\mathbf{v}_a = \frac{dO}{dt} + x\frac{d\mathbf{l}}{dt} + y\frac{d\mathbf{m}}{dt} + z\frac{d\mathbf{n}}{dt} + \frac{dx}{dt}\mathbf{l} + \frac{dy}{dt}\mathbf{m} + \frac{dz}{dt}\mathbf{n}.$$

On a, par une nouvelle dérivation,

$$\mathbf{w}_a = \left(\frac{d^2O}{dt^2} + x\frac{d^2\mathbf{l}}{dt^2} + y\frac{d^2\mathbf{m}}{dt^2} + z\frac{d^2\mathbf{n}}{dt^2}\right) + \left(\frac{d^2x}{dt^2}\mathbf{l} + \frac{d^2y}{dt^2}\mathbf{m} + \frac{d^2z}{dt^2}\mathbf{n}\right)$$
$$+ 2\left(\frac{dx}{dt}\frac{d\mathbf{l}}{dt} + \frac{dy}{dt}\frac{d\mathbf{m}}{dt} + \frac{dz}{dt}\frac{d\mathbf{n}}{dt}\right).$$

Le vecteur $\mathbf{w}_a$ se présente ainsi comme somme de trois vecteurs.

Le premier,

$$\frac{d^2O}{dt^2} + x\frac{d^2\mathbf{l}}{dt^2} + y\frac{d^2\mathbf{m}}{dt^2} + z\frac{d^2\mathbf{n}}{dt^2},$$

est le vecteur accélération du point de coordonnées constantes (x, y, z). C'est donc, par définition, le vecteur accélération d'entraînement $\mathbf{w}_c$ du point M.

Le second,

$$\frac{d^2x}{dt^2}\mathbf{l} + \frac{d^2y}{dt^2}\mathbf{m} + \frac{d^2z}{dt^2}\mathbf{n},$$

est le vecteur accélération relative $\mathbf{w}_r$ du point M.

Le troisième vecteur est

$$\mathbf{w}_c = 2\left(\frac{dx}{dt}\frac{d\mathbf{l}}{dt} + \frac{dy}{dt}\frac{d\mathbf{m}}{dt} + \frac{dz}{dt}\frac{d\mathbf{n}}{dt}\right).$$

On l'appelle vecteur *accélération complémentaire*. Il est facile de lui trouver une interprétation.

Considérons en effet le vecteur vitesse relative du point M

$$\mathbf{v}_r = \frac{dx}{dt}\mathbf{l} + \frac{dy}{dt}\mathbf{m} + \frac{dz}{dt}\mathbf{n}$$

et construisons le point

$$\mu = O_0 + \mathbf{v}_r.$$

Considérons d'autre part le mouvement du trièdre $O_0\,x'\,y'\,z'$ qui aurait constamment ses axes parallèles à ceux du trièdre $O\,xyz$. Le point μ *étant supposé fixe par rapport à ce trièdre* aura pour vecteur vitesse

$$\mathbf{v}(\mu_r) = \frac{dx}{dt}\frac{d\mathbf{l}}{dt} + \frac{dy}{dt}\frac{d\mathbf{m}}{dt} + \frac{dz}{dt}\frac{d\mathbf{n}}{dt}.$$

Donc

$$\mathbf{w}_c = 2\,\mathbf{v}(\mu_r).$$

Mais le mouvement du trièdre $O_0\,x'\,y'\,z'$, qui a un point fixe O_0, est tangent à une rotation dont l'axe passe par O_0 et dont le vecteur libre est identique au vecteur instantané ω de la rotation du trièdre $O\,xyz$, puisque les deux trièdres se déduisent l'un de l'autre par une translation. On a donc

$$\mu(\mathbf{v}_r) = \omega \wedge (\mu - O_0) = \omega \wedge \mathbf{v}_r$$

et

$$\mathbf{w}_c = 2\,\omega \wedge \mathbf{v}_r.$$

Donc, finalement,

$$\mathbf{w}_a = \mathbf{w}_c + \mathbf{w}_r + 2\,\omega \wedge \mathbf{v}_r.$$

Ce théorème est connu sous le nom de *théorème de Coriolis*.

L'accélération complémentaire, $\mathbf{w}_c = 2\,\omega \wedge \mathbf{v}_r$ est nulle dans trois cas et dans trois cas seulement : 1° si ω est nul, c'est-à-dire si le mouvement tangent à celui du système S se réduit à une translation; 2° si $\mathbf{v}_r$ est nul, c'est-à-dire si le point M est en repos relatif; 3° si $\mathbf{v}_r$ est parallèle à ω.

163. **Application**. — Le théorème de Coriolis est surtout impor-

tant en dynamique, dans la théorie des mouvements relatifs. Pour
en donner ici au moins une application, montrons qu'il permet de
trouver rapidement les formules qui font connaître l'accélération
d'un point décrivant une trajectoire plane, quand on étudie cette
trajectoire en coordonnées polaires. Les coordonnées polaires d'un
point M étant (φ, ρ) (*fig.* 60), le mouvement de ce point est défini

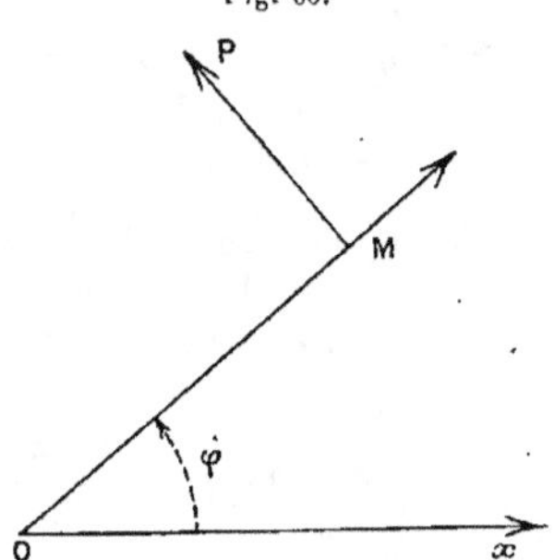

Fig. 60.

si l'on connaît φ et ρ en fonction du temps. Il est naturel de chercher
les projections de son vecteur accélération suivant OM et suivant
l'axe MP qui fait avec OM l'angle $+\dfrac{\pi}{2}$. Je les désignerai respectivement par W_φ et W_ρ.

Cherchons d'abord les projections V_ρ et V_φ du vecteur vitesse
du point M sur les mêmes axes.

On peut considérer que le mouvement du point M est un mouvement absolu résultant d'un mouvement d'entraînement, qui est
une rotation de l'axe OM autour du point O, et d'un mouvement
relatif, qui est une description de la droite OM par le point M. Ces
deux mouvements sont déterminés par les équations qui font connaître φ et ρ en fonction de t.

Le vecteur vitesse d'entraînement $\mathbf{v}_e$ est dirigé suivant MP et
a pour longueur algébrique $\rho\dfrac{d\varphi}{dt}$.

Le vecteur vitesse relative $\mathbf{v}_r$ est dirigé suivant OM et a pour
longueur algébrique $\dfrac{d\rho}{dt}$.

Ces longueurs algébriques sont précisément les projections cherchées,

$$V_\rho = \frac{d\rho}{dt}, \qquad V_\varphi = \rho\,\frac{d\varphi}{dt}.$$

Passons au vecteur accélération. Écrivons la formule

$$\mathbf{w}_a = \mathbf{w}_c + \mathbf{w}_r + 2\,\omega \wedge \mathbf{v}_r.$$

$\mathbf{w}_c$ est le vecteur accélération d'un point décrivant une trajectoire circulaire. Ses projections sur OM et MP sont, comme on le reconnaît immédiatement en appliquant le théorème du n° 141,

$$-\rho\left(\frac{d\varphi}{dt}\right)^2 \quad \text{et} \quad \rho\,\frac{d^2\varphi}{dt^2}.$$

$\mathbf{w}_r$ a pour projections

$$\frac{d^2\rho}{dt^2} \quad \text{et} \quad 0.$$

Quant à ω, c'est un vecteur perpendiculaire au plan de la figure, de module $\frac{d\varphi}{dt}$; $\mathbf{v}_r$ étant parallèle à OM, le produit $\omega \wedge \mathbf{v}_r$ sera parallèle à MP. On reconnaît que ce produit est, en grandeur et en signe, $\frac{d\rho}{dt}\,\frac{d\varphi}{dt}\,\mathbf{u}$, $\mathbf{u}$ étant un vecteur unitaire parallèle à MP et de même sens.

On obtient finalement les formules

$$W_\rho = \frac{d^2\rho}{dt^2} - \rho\left(\frac{d\varphi}{dt}\right)^2,$$

$$W_\varphi = 2\,\frac{d\rho}{dt}\,\frac{d\varphi}{dt} + \rho\,\frac{d^2\varphi}{dt^2}.$$

CHAPITRE VII.

GÉNÉRATION DES MOUVEMENTS.

A. — MOUVEMENTS DE ROULEMENT.

164. Roulement d'un courbe sur une autre. — Les *mouvements de roulement* ont une grande importance théorique et pratique.

Étudions d'abord le *roulement d'une courbe sur une autre.*

Soient C_0 et C deux courbes planes ou gauches (*fig. 61*). Ayant

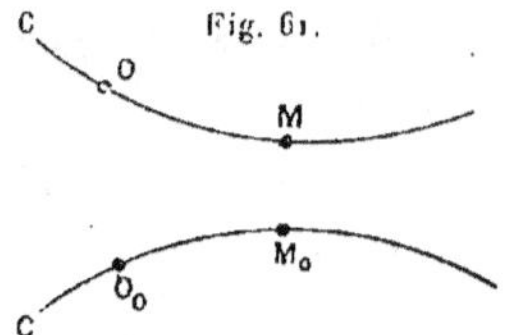

choisi arbitrairement sur ces courbes deux origines O_0 et O, à tout point M_0 de la première, on peut faire correspondre un point M de l'autre tel que l'on ait

$$\operatorname{arc} OM = \operatorname{arc} O_0 M_0 = s,$$

cette égalité étant vraie en grandeur et en signe, si l'on a choisi sur chacune des courbes un sens positif de circulation.

On dit qu'on établit ainsi entre les courbes une *correspondance par égalité d'arcs.*

Cela posé, supposons que s soit une fonction, d'ailleurs arbitraire, du temps t. On dit que C *roule sur* C_0, si C a un mouvement satisfaisant aux conditions suivantes :

1° A chaque instant t, la position de C est telle que son point M défini par la condition $s = f(t)$ coïncide avec le point correspondant M_0 de C_0; 2° les deux courbes se touchent en M_0; 3° les tangentes en M et M_0, orientées suivant le sens des arcs croissants, coïncident (*fig.* 62 *a* et non 62 *b*).

On voit que, si tout se passe dans le plan, ces conditions définissent complètement le mouvement de C; mais, dans l'espace, il existe

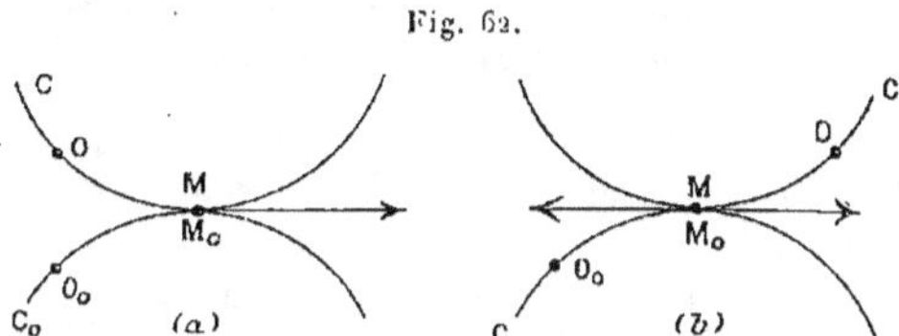

Fig. 62.

une infinité de mouvements satisfaisants, puisqu'à chaque instant on peut faire tourner C autour de la tangente en M_0 sans que le roulement cesse d'avoir lieu. Pour avoir une définition complète, il faut se donner, en fonction du temps, par exemple l'angle que font les plans osculateurs aux deux courbes en leur point de contact.

165. Théorèmes fondamentaux sur le roulement. — 1° *Si la courbe* C *roule sur la courbe* C_0, *à chaque instant le point de contact* M *des deux courbes, supposé lié à* C, *a une vitesse nulle.*

Considérons en effet le mouvement du point M sur C_0. On peut dire que c'est le mouvement absolu d'un point μ qui décrit la courbe C en même temps que celle-ci se meut, et cela de manière à coïncider constamment avec M. Le mouvement d'entraînement du point μ est donc le mouvement du point coïncidant de la courbe C; son mouvement relatif est son mouvement sur C.

Appliquons le théorème de la composition des vitesses. Avec les notations ordinaires, on a

$$\mathbf{v}_a = \mathbf{v}_e + \mathbf{v}_r.$$

Or, à tout instant, on a

$$|\mathbf{v}_a| = \left|\frac{ds}{dt}\right| = |\mathbf{v}_r|.$$

En outre les vecteurs $\mathbf{v}_a$ et $\mathbf{v}_r$ ont même direction et même sens. Donc

$$\mathbf{v}_a = \mathbf{v}_r, \qquad \mathbf{v}_e = 0.$$

Mais $\mathbf{v}_c$ est le vecteur vitesse du point coïncidant, c'est-à-dire le vecteur vitesse du point M lié à C. Le théorème est donc démontré.

2° *Réciproquement, si une courbe C de grandeur invariable se meut de telle manière qu'il existe à chaque instant un point M de C qui, entraîné avec cette courbe, ait une vitesse nulle, le mouvement de C est un roulement sur la courbe C_0, lieu du point M dans l'espace fixe, à moins que le point M ne soit absolument fixe, auquel cas il est fixe aussi par rapport à C.*

En effet, la courbe C_0 peut être considérée comme la trajectoire d'un point μ, dont le mouvement absolu résulte d'un mouvement d'entraînement, qui est le mouvement du point coïncidant de C, et d'un mouvement relatif, qui est une description de C par μ telle que ce point coïncide constamment avec le point M. On a encore

$$\mathbf{v}_a = \mathbf{v}_c + \mathbf{v}_r.$$

Mais, par hypothèse, $\mathbf{v}_c = 0$. Donc

$$\mathbf{v}_a = \mathbf{v}_r.$$

Si la valeur commune de ces deux derniers vecteurs est zéro, alors le point M est absolument fixe et il est fixe aussi par rapport à C.

Ce cas écarté, les vecteurs $\mathbf{v}_a$ et $\mathbf{v}_r$ sont respectivement parallèles aux tangentes à C_0 et à C en M. Leur égalité prouve que ces courbes sont tangentes. En second lieu, ils ont même module et même sens. Si donc on appelle s_0 et s les arcs de C_0 et de C, comptés à partir d'origines quelconques, les sens de circulation sur les deux courbes correspondant aux sens des deux vecteurs, on a

$$\frac{ds_0}{dt} = \frac{ds}{dt}, \qquad \text{d'où} \qquad s_0 = s + \text{const.}$$

Les origines peuvent être choisies de telle manière que la constante soit nulle. On voit finalement que toutes les conditions du roulement sont bien remplies.

166. Roulement d'une courbe sur une surface, d'une surface sur une courbe, d'une surface sur une surface. — Ces roulements se rattachent immédiatement au roulement d'une courbe sur une courbe.

1º On dit qu'une courbe C roule sur une surface S_0, quand C roule sur une courbe tracée sur S_0.

2º On dit qu'une surface S roule sur une courbe C_0, quand il existe une courbe tracée sur S et liée à S qui roule sur C_0.

3º On dit qu'une surface S roule sur une surface S_0, quand les deux conditions suivantes sont remplies : (*a*) les deux surfaces sont constamment tangentes; (*b*) la courbe C, lieu par rapport à S de leur point de contact, roule sur la courbe C_0, lieu par rapport à S_0 de ce même point.

Dans tous les cas, le solide entraîné avec la courbe C ou avec la surface S possède à chaque instant un point dont la vitesse est nulle. *Son mouvement est donc, à chaque instant, tangent à une rotation.*

167. Roulement pur et roulement avec pivotement. — Cette distinction s'applique à chacun des trois roulements dont il vient d'être question au nº 166. Considérons par exemple le roulement

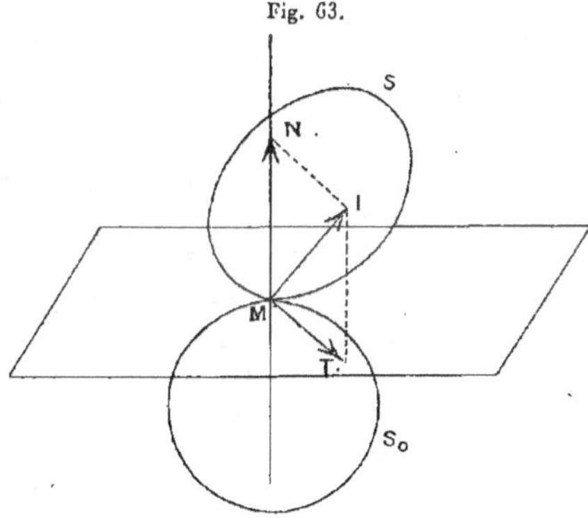

Fig. 63.

d'une surface S sur une surface S_0. Soit M leur point de contact à un instant donné (*fig.* 63).

A cet instant, le mouvement de S est tangent à une rotation dont l'axe passe par M. Soit $\overrightarrow{MI}$ le vecteur glissant de cette rotation.

Désignons respectivement par T et N les projections du point I sur le plan tangent commun aux deux surfaces en M et sur leur normale commune. Le vecteur glissant $\overrightarrow{MI}$ peut être décomposé en les deux vecteurs glissants $\overrightarrow{MT}$ et $\overrightarrow{MN}$, qui ne sont en général nuls ni l'un ni l'autre. La rotation de vecteur glissant $\overrightarrow{MI}$ résulte des deux rotations de vecteurs glissants $\overrightarrow{MT}$ et $\overrightarrow{MN}$. La première de ces rotations produit ce que nous appellerons un *roulement pur*, n'entraînant de frottement d'aucune sorte. La seconde produit ce qu'on appelle un *pivotement*. Le roulement de S sur S_0 n'est donc pur que si l'on a constamment $\overrightarrow{MN} = o$.

On verra, dans l'étude des engrenages, au Tome II, l'importance pratique de ces considérations.

168. Extension de la notion de roulement. — Jusqu'ici, nous avons considéré une courbe ou une surface roulant sur une courbe ou sur une surface *fixe*. On peut généraliser. Soient par exemple deux courbes C et C_0, mobiles toutes les deux. On dit qu'elles roulent l'une sur l'autre, si le mouvement relatif $\left(\dfrac{C}{C_0}\right)$ est un roulement. Dans ce cas, il existe à chaque instant un point lié à C dont la vitesse relativement à C_0 est nulle. D'après la théorie des mouvements relatifs, on voit que ce *point a la même vitesse, qu'on le suppose lié à C ou à C_0*.

Réciproquement, si les deux courbes C et C_0, mobiles toutes les deux, ont à chaque instant en commun un point M qui a le même vecteur vitesse, qu'on le considère comme lié à C ou à C_0, les deux courbes roulent l'une sur l'autre, à moins cependant que le point M n'ait une vitesse nulle par rapport à C et par rapport à C_0. Dans ce dernier cas, on peut seulement dire que les deux courbes se coupent (et se touchent peut-être) en un point qui est fixe par rapport à chacune d'elles.

On définira de même le roulement relatif d'une courbe et d'une surface, ou de deux surfaces, mobiles toutes les deux.

169. Roulement linéaire d'une surface sur une autre. — Soit S une surface roulant sur une surface S_0. A chaque instant, ces deux surfaces se touchent en un point généralement unique. Cherchons s'il est possible qu'elles se touchent à chaque instant suivant une ligne G, et cela de telle manière que les conditions du roulement soient remplies en tous les points de G. On dira alors que l'on a affaire à un *roulement linéaire*, et que S *roule sur* S_0 *le long de* G.

M étant un point quelconque de G, puisque les deux surfaces peuvent être considérées comme roulant l'une sur l'autre en M, le mouvement de S est tangent à une rotation dont l'axe passe par M. Puisque cela est vrai, quel que soit M sur G, et que d'autre part l'axe de la rotation est unique, c'est que G se confond avec cet axe. Ainsi G est une droite. Donc :

1° S *et* S_0 *doivent être deux surfaces réglées;* 2° S *et* S_0 *doivent se raccorder à chaque instant le long d'une génératrice* G.

Il y a plusieurs cas à examiner, suivant la nature de la surface S.

170. S est un cylindre. — Le paramètre de distribution de G sur S est infini. Il doit donc en être de même du paramètre de distribution de G sur S_0, et l'on sait que cette propriété caractérise un cylindre (n° 70). Donc S_0 est un cylindre comme S.

De même, si S_0 est un cylindre, S est une surface de même nature. Ainsi *un cylindre ne peut rouler linéairement que sur un cylindre*. L'un des cylindres peut d'ailleurs se réduire à un plan.

171. S est un cône. — Le paramètre de distribution de G étant nul sur S l'est aussi sur S_0. Donc S_0 est une développable générale ou un cône (n° 70). Reconnaissons que la première conclusion est inadmissible.

Soit en effet O le sommet du cône S. Si l'on applique au point O le raisonnement du n° 165, on a, en conservant les mêmes notations,

$$\mathbf{v}_a = \mathbf{v}_e + \mathbf{v}_r.$$

Mais, le point O étant fixe sur S, on a $\mathbf{v}_r = 0$. D'autre part, la condition de roulement donne $\mathbf{v}_e = 0$. Donc

$$\mathbf{v}_a = 0.$$

Par conséquent le point O est fixe par rapport à S_0, ce qui n'aurait pas lieu si cette surface était une développable générale, le point O décrivant alors son arête de rebroussement. Par conséquent S_0 *est un cône.*

Ainsi, *un cône ne peut rouler linéairement que sur un cône, qui peut d'ailleurs se réduire à un plan.*

On peut considérer comme intuitives les réciproques suivantes : *un cône et un cylindre peuvent rouler respectivement, le long d'une génératrice, sur un cône ou un cylindre d'ailleurs quelconques.*

172. S est une développable générale. —Alors S_0 peut être *a priori* un cône ou une développable générale. On exclut la première conclusion comme au n° 171. S_0 *est donc une développable générale.*

Soient Γ_0 et Γ les arêtes de rebroussement des deux développables (*fig.* 64). On voit d'abord que leur raccordement exige la coïnci-

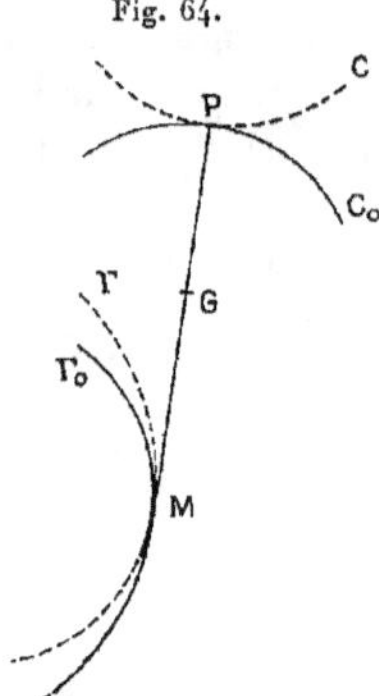

Fig. 64.

dence des points centraux de G sur S_0 et sur S. Donc Γ_0 et Γ *se touchent en un point* M. En second lieu, S_0 et S ayant même plan tangent, Γ_0 *et* Γ *ont même plan osculateur.*

Récrivons pour le point M les égalités

$$\mathbf{v}_a = \mathbf{v}_e + \mathbf{v}_r, \qquad \mathbf{v}_e = 0, \qquad \mathbf{v}_a = \mathbf{v}_r.$$

Cette dernière s'interprète ainsi : Γ *roule sur* Γ_0, car le point M décrit Γ par rapport à S et Γ_0 par rapport à S_0.

On peut enfin reconnaître que *les courbes* Γ *et* Γ_0 *sont osculatrices* (*c'est-à-dire ont même centre de courbure*) *en* M. Je remets au Chapitre XIII, n° 255, la démonstration de ce fait [1].

Il est à remarquer que l'une des surfaces S et S_0 peut encore se réduire à un plan, considéré comme développable ayant pour arête de rebroussement l'une quelconque de ses courbes.

173. S est une surface gauche. — Alors S_0 en est une aussi. Les deux surfaces se raccordant le long de G, cette génératrice a même paramètre de distribution sur S_0 et sur S. Les points centraux coïncident et de même les plans centraux.

Soit C une courbe quelconque tracée sur S. Comme, à chaque instant, le point où elle rencontre la génératrice de raccordement des deux surfaces a une vitesse nulle, C roule sur S_0 et par conséquent sur une certaine courbe C_0 de S_0. A deux points M et M' de C correspondent deux points M_0 et M_0' de C_0 tels que l'on ait

$$\operatorname{arc} MM' = \operatorname{arc} M_0 M_0'.$$

Par conséquent, entre S et S_0 on peut établir une correspondance ponctuelle telle qu'à un arc de courbe quelconque tracé sur S corresponde un arc de même longueur tracé sur S_0. En particulier, aux génératrices de l'une des surfaces correspondent les génératrices de l'autre.

On conçoit que, si l'on réalise la surface S par une membrane flexible et inextensible, on peut la déformer, en laissant rectilignes ses génératrices, de manière à amener chacun de ses points en coïncidence avec le point correspondant de S_0. On dit que S et S_0 sont *applicables* l'une sur l'autre, avec correspondance de génératrices. Il existe des déformations plus générales, dans lesquelles les génératrices ne se conservent pas.

---

[1] En écrivant que les deux surfaces S et S_0 ont même *élément linéaire*, ce qui est une conséquence immédiate du roulement, et en appliquant la formule (6) du n° 63, on reconnaît tout de suite que les courbes Γ et Γ_0 ont même rayon de courbure en M. Mais cela ne suffit pas pour établir la coïncidence des *centres de courbure*.

B. — FORME CANONIQUE D'UN MOUVEMENT.

174. Forme canonique du mouvement le plus général. — Soit S un solide mobile dans les conditions les plus générales. A chaque instant son mouvement est tangent à un vissage. Soit X l'axe de celui-ci (*fig.* 65).

Le lieu de X, dans l'espace fixe, est une certaine surface réglée Σ_0

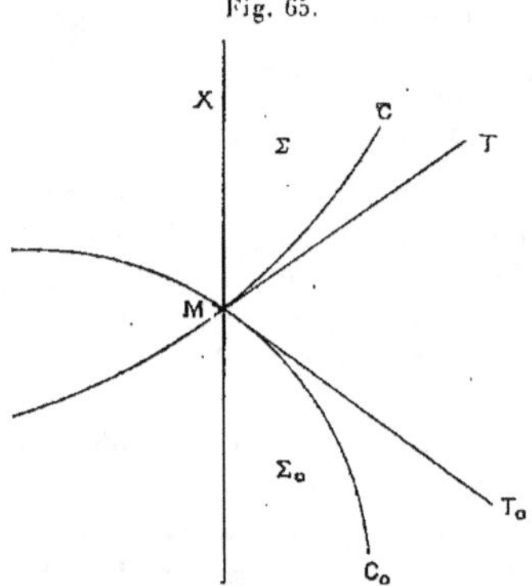

Fig. 65.

Traçons d'autre part, dans le solide S, les droites qui deviendront successivement axes du vissage tangent. Leur lieu est une certaine surface réglée Σ.

Appelons *axoïdes* les deux surfaces Σ_0 et Σ. A chaque instant, les deux axoïdes ont en commun une génératrice X. Je vais montrer qu'en outre *ils se raccordent suivant cette génératrice.*

·La figure étant supposée faite à l'instant t, traçons sur l'axoïde Σ une courbe arbitraire C. Au cours du mouvement, les points de C viendront successivement coïncider avec certains points de Σ_0, dont le lieu est une courbe C_0. C et C_0 coupent X en un même point M.

Considérons le mouvement du point, actuellement en M, qui est à chaque instant commun à C et à C_0. Nous pouvons dire que c'est le mouvement absolu d'un point μ, dont le mouvement d'entraînement est celui de S et dont la trajectoire relative est la courbe C. Sa trajectoire absolue est la courbe C_0. On a, avec les notations habituelles,

$$(1) \qquad \mathbf{v}_a = \mathbf{v}_e + \mathbf{v}_r.$$

Or $\mathbf{v}_a$ est dirigé suivant la tangente MT_0 à C_0; $\mathbf{v}_r$ est dirigé suivant la tangente MT à C. Quant à $\mathbf{v}_e$, vecteur vitesse d'entraînement du point μ, c'est le vecteur vitesse du point M considéré comme lié à S. M étant sur l'axe X du vissage tangent, ce vecteur vitesse est dirigé suivant X.

L'égalité (1) exige donc que les trois droites X, MT et MT_0 soient dans un même plan, autrement dit que les plans MTX et MT_0X coïncident. Or le premier de ces plans est le plan tangent à l'axoïde Σ en M, le second est le plan tangent à l'axoïde Σ_0 au même point. Donc les deux axoïdes se touchent en M. Le point M étant arbitraire sur X, on voit que les deux axoïdes se raccordent tout le long de X.

C. Q. F. D.

On a supposé dans cette démonstration $\mathbf{v}_e$ non nul, ce qui est vérifié si le vissage tangent ne se réduit pas à une rotation. Dans le cas où il se réduit à une rotation, on a $\mathbf{v}_a = \mathbf{v}_r$; par conséquent MT est confondu avec MT_0, et il est encore vrai que le plan MTX est confondu avec le plan MT_0X, quel que soit X. Donc la conclusion subsiste.

On parvient donc au mode suivant de générations d'un mouvement quelconque : ayant construit les axoïdes Σ_0 et Σ, on fixe le premier et l'on donne au second un mouvement tel que ses génératrices viennent successivement coïncider avec celle de Σ_0, et cela de sorte que les deux axoïdes se raccordent à chaque instant. On donne à ce mouvement le nom de *viration*. La viration se distingue du roulement en ce qu'elle comporte un glissement le long de la génératrice commune aux deux axoïdes.

Pour étudier de plus près les relations entre les deux axoïdes, il faut distinguer plusieurs cas, suivant leur nature.

175. L'un des axoïdes est un cylindre. — Supposons par exemple que Σ soit un cylindre. Σ_0 devant constamment se raccorder avec Σ est un cylindre aussi. Ainsi, *le fait que l'un des axoïdes est un cylindre entraîne pour l'autre la même propriété.*

De là résulte immédiatement le théorème suivant : *Si l'axe du vissage tangent conserve, par rapport à l'un des solides S et S_0 une direction fixe, il conserve aussi une direction fixe par rapport à l'autre solide* .

Plus particulièrement, *si l'axe du vissage tangent est fixe par rapport à l'un des solides S et S_0, il l'est aussi par rapport à l'autre.*

En effet, reprenons l'égalité (1) du n° 174, et supposons X fixe par exemple, par rapport à S. Quel que soit le point M, la courbe C se confond avec X, et les deux vecteurs $\mathbf{v}_c$ et $\mathbf{v}_r$ sont parallèles à X. Il en est donc de même du vecteur $\mathbf{v}_a$. Donc la courbe C_0 est tangente à X. Mais, comme on vient de le voir, cette droite ayant une direction fixe par rapport à S a aussi une direction fixe par rapport à S_0. Donc la courbe C_0 a une tangente de direction fixe. Donc, etc.

176. L'un des axoïdes est une développable générale ou un cône. — On reconnaît qu'il doit en être de même de l'autre axoïde.

On remarquera que, à la différence de ce qui se passe pour le roulement linéaire (n° 171), *un cône peut fort bien ici être associé à une développable générale.*

177. L'un des axoïdes est une surface gauche. — Il doit alors en être de même de l'autre. Si X et X_0 sont deux génératrices correspondantes des deux axoïdes, ces deux surfaces doivent se raccorder quand, au cours du mouvement, X vient coïncider avec X_0. Donc X et X_0 *ont même paramètre de distribution, signe compris, sur les deux axoïdes.* On verra plus loin que ces deux surfaces doivent satisfaire encore à une autre condition.

178. Mouvements tels qu'il existe à chaque instant une rotation tangente. — Reprenons la formule (1) du n° 174. Si le vissage se réduit à une rotation, on a $\mathbf{v}_c = 0$, et cette circonstance a lieu en tous les points de X. Par conséquent, dans ce cas, *la viration se réduit à un roulement des axoïdes l'un sur l'autre, le long de leur génératrice commune.* On a étudié aux n°ˢ 169 et suivants les circonstances de ce roulement.

179. Mouvement d'un solide dont un point O est fixe. — Le mouvement est à chaque instant tangent à une rotation dont l'axe passe par O. *Donc les axoïdes sont deux cônes de sommet O qui roulent l'un sur l'autre.*

180. Mouvement d'un solide dont une droite a une direction fixe. — Faisons d'abord la remarque suivante : *Dans un mouvement qui ne se réduit pas à une translation, le lieu des points qui, à un instant donné, ont même vecteur vitesse, est une parallèle à l'axe du vissage.*

La démonstration est si simple que je l'omets.

Cela posé, considérons le mouvement du solide S dont la droite D conserve une direction fixe. Il peut d'abord arriver que le mouvement se réduise à une translation, d'ailleurs quelconque. Ce cas banal écarté, le mouvement est à chaque instant tangent à un vissage (qui peut se réduire à une rotation). Comme tous les points de D ont évidemment même vecteur vitesse, l'axe du vissage est parallèle à D, en vertu de la remarque faite ci-dessus. Donc cet axe a une direction fixe dans l'espace. Par conséquent l'axoïde Σ_0 se réduit à un cylindre, et l'axoïde Σ aussi (n° 175). Ces deux cylindres ont leurs génératrices parallèles à D.

Ainsi *le mouvement considéré est engendré par la viration d'un cylindre sur un autre.*

181. Mouvement d'un solide dont un plan Π glisse sur un plan fixe Π_0 — Ce cas rentre dans le précédent, puisque toute droite perpendiculaire à Π conserve une direction fixe. Donc Σ et Σ_0 sont des cylindres, à moins que le mouvement ne se réduise à une translation.

Il est clair en outre que, si le vissage tangent ne se réduisait pas constamment à une rotation, Π ne pourrait rester en coïncidence avec Π_0. Donc *le mouvement considéré est engendré par le roulement d'un cylindre sur un cylindre fixe.*

182. Image sphérique d'un mouvement. — Soit S un solide animé d'un mouvement quelconque. A chaque instant, donnons au solide, à partir de la position qu'il occupe, un déplacement de translation qui amène un point O, fixe dans ce solide, en un point O′, fixe dans l'espace. On obtient ainsi un solide S′ dont un point O′ est fixe.

Je dirai que le mouvement $\left(\dfrac{S'}{S_0}\right)$ de ce solide est *l'image sphérique,* du mouvement donné $\left(\dfrac{S}{S_0}\right)$.

Soit à un instant donné X l'axe du vissage tangent à $\left(\dfrac{S}{S_0}\right)$. Au même instant $\left(\dfrac{S'}{S_0}\right)$ est tangent à une rotation dont l'axe X' passe par O'. Je dis *que X' est parallèle à X*.

Considérons en effet un point M quelconque de S, et soit M' le point correspondant de S'. On a par définition l'égalité vectorielle

$$M' = M + u,$$

en appelant u le vecteur $O' - O$. En dérivant par rapport au temps, il vient

$$v(M') = v(M) + \frac{du}{dt}.$$

Si l'on considère les divers points M d'une droite D parallèle à X, ils ont même vecteur vitesse v (M). Donc les points M', dont le lieu est une droite D' parallèle à D et à X, ont aussi même vecteur vitesse. La droite D' doit donc être parallèle à X'. On voit donc bien, finalement, que X' est parallèle à X.

Les axoïdes Σ' et Σ_0 dont le roulement relatif engendre $\left(\dfrac{S'}{S_0}\right)$ sont deux cônes de sommet O'. Ces cônes, d'après ce qui vient d'être démontré, *sont les cônes directeurs respectifs des axoïdes Σ et Σ_0, dont la viration relative engendre le mouvement* $\left(\dfrac{S}{S_0}\right)$, *et ces cônes roulent l'un sur l'autre.*

183. **Propriété complémentaire des axoïdes d'un mouvement général.** — De la considération de l'image sphérique d'un mouvement résulte une propriété complémentaire importante des axoïdes dont la viration l'un sur l'autre engendre un mouvement quelconque.

Soient Σ et Σ_0 deux surfaces réglées gauches. On peut évidemment établir entre leurs génératrices, sauf dans des circonstances exceptionnelles, une correspondance telle que deux génératrices associées X et X_0 aient même paramètre de distribution, chacune sur la surface qui la porte. Cela fait, Σ_0 étant supposée fixe, on peut donner à Σ un mouvement tel qu'à chaque instant une génératrice de cette surface vienne coïncider avec la génératrice correspondante de Σ_0, et qu'en outre les deux surfaces se raccordent (il suffit de faire coïncider les points centraux et les plans centraux).

Mais, *si les surfaces Σ et Σ_0 sont quelconques, le mouvement ainsi défini ne sera pas la viration définie au n° 174.* Il résulte en effet de ce que l'on vient de voir au n° 182 que les cônes directeurs de Σ et de Σ_0 roulent l'un sur l'autre. Cela revient à dire que, si X' et X_0' sont, respectivement sur Σ et Σ_0 deux génératrices correspondantes, infiniment voisines de X et de X_0, *l'angle $\widehat{X, X'}$ doit être égal à l'angle $\widehat{X_0, X_0'}$.* Or cette relation n'est nullement une conséquence du fait que X et X_0 se correspondent par égalité des paramètres de distribution.

Ainsi, *l'un des axoïdes étant donné, l'autre ne peut être absolument quelconque.* La relation entre ces deux surfaces s'exprime plus commodément en faisant intervenir les traces de leurs cônes directeurs sur une sphère ayant pour centre le sommet, supposé commun, de ces deux cônes, et l'on parvient au résultat suivant :

Soient Σ et Σ_0 deux surfaces réglées, Γ et Γ_0 leurs cônes directeurs

Fig. 66.

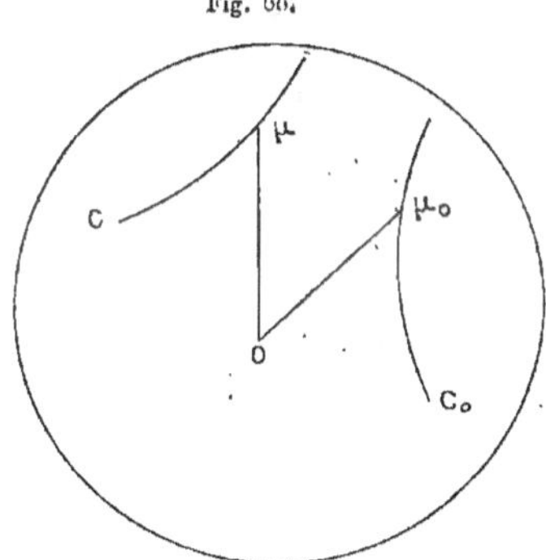

auxquels on donne un même sommet O, C et C_0 les traces de ces deux cônes sur une sphère de centre O (*fig.* 66). A toute génératrice X de Σ faisons correspondre la génératrice X_0 de Σ_0, telle que les paramètres de distribution des deux génératrices soient égaux. Soient Oμ.

et $O\mu_0$ les génératrices correspondantes des deux cônes directeurs, μ et μ_0 appartenant aux courbes C et C_0. On définit ainsi une correspondance ponctuelle entre ces deux courbes. *Pour que Σ et Σ_0 puissent être considérées comme les deux axoïdes dont la viration relative engendre un certain mouvement, il faut que la correspondance dont il s'agit soit une correspondance par égalité d'arcs.*

CHAPITRE VIII.

PROPRIÉTÉS GÉOMÉTRIQUES DU MOUVEMENT PLAN.

184. Définition du mouvement plan. — Nous étudierons dans ce Chapitre les propriétés géométriques du mouvement d'une figure réduite à un plan Π qui glisse sur un plan fixe Π_0. Un tel mouvement sera dit *mouvement plan*.

185. Propriétés fondamentales. — Ces propriétés se déduisent immédiatement du résultat obtenu au n° 181, relatif au mouvement d'un solide S dont un plan Π glisse sur un plan fixe Π_0. Deux cas sont à distinguer :

1° *Ou bien le mouvement se réduit à une translation.* Ce cas ne présente aucun intérêt et nous l'écartons ;

2° *Ou bien le mouvement est (sauf peut-être à certains instants) tangent à une rotation.* C'est le cas général.

Le centre de la rotation tangente au mouvement à chaque instant est dit *centre instantané de rotation.* Cette expression devant souvent revenir, j'écrirai en abrégé le *c. i. r.*

Le lieu du *c. i. r.* dans le plan fixe est une courbe C_0. Le lieu du *c. i. r.* dans le plan mobile est une courbe C. Ces deux courbes sont les sections droites des deux cylindres qui, en roulant l'un sur l'autre, engendrent le mouvement du solide S. *Par conséquent les courbes C et C_0 roulent l'une sur l'autre.* Le mouvement du plan P est défini *géométriquement* si l'on se donne ces deux courbes, et il l'est *cinématiquement*, si l'on se donne en outre la loi de temps du roulement.

On exprime quelquefois ce résultat en disant que tout mouvement plan autre qu'une translation est un *mouvement épicycloïdal.* Mais j'estime qu'il vaut mieux réserver cette expression au cas (étudié dans les applications) où les courbes C_0 et C sont des cercles.

La courbe C_0 est dite *base* et la courbe C *roulante* du mouvement. Quand un mouvement est défini par sa base et sa roulante, on appelle parfois *roulette* la trajectoire d'un point quelconque du plan mobile.

Il peut arriver que C_0 et C aient des branches infinies, et qu'au cours du roulement leur point de contact s'éloigne à l'infini sur chacune des courbes. A l'instant où il en est ainsi, le c. i. r. est rejeté à l'infini et la rotation tangente se réduit à une translation.

186. Vecteurs vitesses des points. Normales aux trajectoires. — Soient, à un instant donné t, I le c. i. r., ω la vitesse de la rotation tangente (comme on étudie un mouvement plan, ω est un nombre relatif), M un point quelconque entraîné dans le mouvement (*fig.* 67).

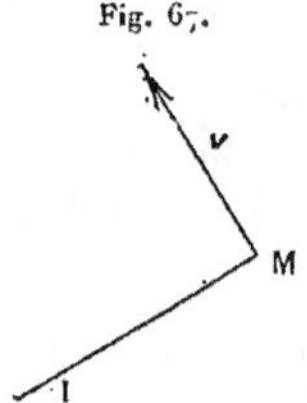

Fig. 67.

Le vecteur vitesse **v** du point M est perpendiculaire à IM et son module est ω IM. Son sens est déterminé par le signe de ω.

Comme cette vitesse est tangente à la trajectoire (M) du point M, IM est normale à cette trajectoire. Donc :

A un instant donné, les normales aux trajectoires de tous les points du plan mobile passent par le c. i. r.

Si à l'instant considéré la rotation tangente se réduit à une translation, il est clair que tous les vecteurs v sont égaux et perpendiculaires à la direction dans laquelle le point I est rejeté à l'infini.

187. Trajectoire du point I. — Le théorème précédent ne fait pas connaître la tangente à la trajectoire du point I, *considéré comme entraîné avec le plan* II. Tout ce que l'on sait, c'est que la vitesse de ce point est nulle. Donc, à l'instant considéré, *il passe en général par un point de rebroussement de sa trajectoire* (n° 144).

Si l'on figure la base C_0 et la roulante C du mouvement (*fig.* 68), l'existence de ce rebroussement est intuitive. Il est assez intuitif aussi que la tangente en 1 à la trajectoire (1) est la normale commune

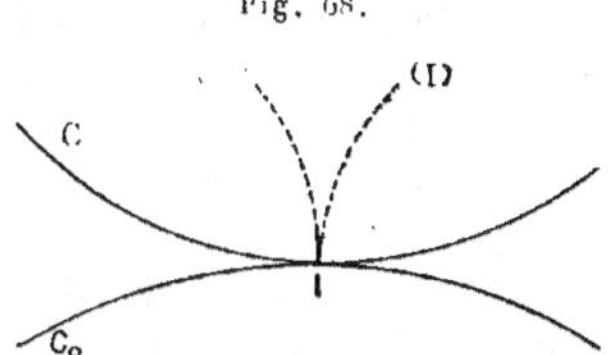

Fig. 68.

aux courbes C et C_0, sauf peut-être dans des cas singuliers. L'étude rigoureuse de la question exige un raisonnement analytique que je laisserai de côté, le fait étant d'importance secondaire.

188. Enveloppes des courbes entraînées dans le mouvement. — Soit Γ une courbe entraînée dans le mouvement du plan II (*fig.* 69).

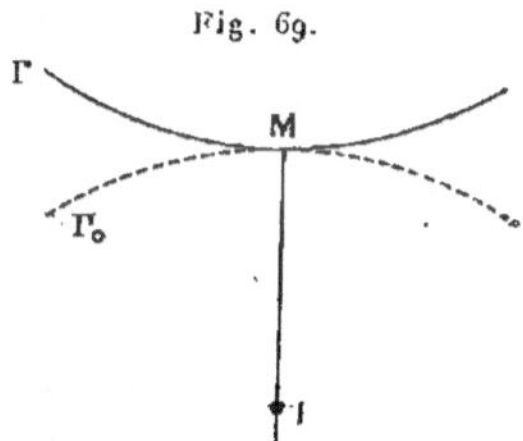

Fig. 69.

Elle enveloppe une courbe Γ_0 qu'elle touche à l'instant t en des points caractéristiques. Proposons-nous de les déterminer.

Soit M un tel point. Son lieu est la courbe Γ_0. Appliquons la composition des vitesses.

On peut dire que le mouvement de M sur Γ_0 est le mouvement absolu d'un point μ, résultant des deux mouvements suivants : 1° un mouvement d'entraînement qui est celui du plan II; 2° un mouvement relatif, dans lequel le point μ décrit par rapport à II la courbe Γ, et cela de manière à coïncider constamment avec le point de contact M. Avec la notation ordinaire, on a

$$\mathbf{v}_a = \mathbf{v}_e + \mathbf{v}_r.$$

Or $\mathbf{v}_a$ et $\mathbf{v}_r$ sont tous les deux parallèles à la tangente commune à Γ et à Γ_0 en M. Donc $\mathbf{v}_e$ est ou bien nul ou bien dirigé suivant cette tangente.

Si $\mathbf{v}_e = 0$, c'est que le point M se confond avec le c. i. r. I. Cela ne peut arriver que si la courbe Γ. à l'instant considéré, passe par le point I.

Si $\mathbf{v}_e \neq 0$, on sait que ce vecteur est perpendiculaire à IM. Donc la droite IM est normale à Γ.

Par conséquent, *les points caractéristiques de Γ ne peuvent être que les pieds des normales abaissées du point I sur cette courbe, et le point I lui-même, dans le cas exceptionnel où Γ y passe.*

Réciproquement, soit M le pied d'une normale abaissée du point I sur Γ (M pouvant être confondu avec I, si Γ passe en ce point). Le mouvement du point M résulte : 1° d'un mouvement d'entraînement, qui est celui du plan II; 2° d'un mouvement relatif, dans lequel le point M décrit par rapport au plan II la courbe Γ, de manière à être à chaque instant le pied d'une normale abaissée de I sur Γ. Écrivons encore

$$\mathbf{v}_a = \mathbf{v}_e + \mathbf{v}_r.$$

Le vecteur $\mathbf{v}_r$ est ou bien nul ou bien tangent à Γ. Le vecteur $\mathbf{v}_e$ est ou bien nul ou bien tangent à Γ, puisqu'il est perpendiculaire à IM. Donc $\mathbf{v}_a$ est lui-même ou bien nul ou bien tangent à Γ. Donc :

Les pieds des normales abaissées du point I sur Γ sont ou bien des points caractéristiques de cette courbe ou bien des points de rebrousse-ment de la courbe qui constitue leur lieu.

Il est clair que le second fait est exceptionnel. On peut donc dire qu'en général *la courbe Γ_0, enveloppe de Γ, est le lieu des pieds des normales abaissées du point I sur cette dernière courbe.*

189. Principe de l'étude d'un mouvement défini géométriquement.
— Si un plan II glissant sur un plan fixe II_0 est assujetti à deux

conditions de nature géométrique, le plan Π peut occuper ∞^4 positions et chacun de ses points a une trajectoire déterminée. Le mouvement du plan est donc défini *géométriquement*. Mais, bien entendu, il ne saurait l'être *cinématiquement* : aucune loi de temps n'étant donnée, aucune loi de temps ne peut être trouvée.

Dans beaucoup de cas, les conditions imposées au mouvement de Π sont les suivantes : 1° ou bien les trajectoires de deux de ses points sont données; 2° ou bien les enveloppes de deux de ses courbes sont données; 3° ou bien la trajectoire d'un point et l'enveloppe d'une courbe du plan sont données. On peut d'ailleurs faire rentrer tous ces cas dans un seul, car la trajectoire d'un point peut être considérée comme l'enveloppe d'un cercle de rayon nul réduit à ce point.

Pour une position quelconque du plan Π, on peut construire le c. i. r. correspondant, par l'application du théorème du n° 188 : ce c. i. r. est en effet le point de rencontre des normales aux deux courbes données en leurs points caractéristiques. On peut ensuite chercher les lieux du c. i. r. dans le plan Π_0 et dans le plan Π. On obtient ainsi la base C_0 et la roulante C du mouvement.

190. Exemple : mouvement de l'équerre. — *On donne une*

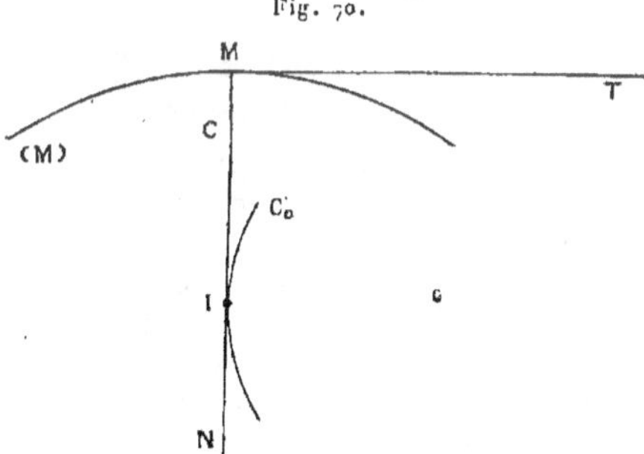

courbe (M). *Étudier le mouvement d'un plan* Π, *entraîné par l'angle droit formé par la tangente* MT *et la normale* MN *en un point* M *qui se meut sur* (M) (*fig. 70*).

Pour une position donnée du plan Π, on connaît la normale MN à la trajectoire du point M. Donc le c. i. r. est sur MN.

D'autre part, la droite MN, liée au plan Π, enveloppe la développée C_0 de la courbe (M), et son point caractéristique est le centre de courbure I en M. Le c. i. r. se trouve donc sur la perpendiculaire élevée en I à IM. En rapprochant les deux résultats obtenus, on voit *que le point I est le c. i. r. cherché.*

J'appellerai ce théorème : *théorème de l'équerre.*

La base est le lieu du point I dans Π_0 : c'est la développée C_0. La roulante C est le lieu du point I dans Π : c'est la droite MN. Ainsi le mouvement étudié (*mouvement de l'équerre*) est engendré par le roulement de la normale MN à C sur la développée C_0 de cette courbe.

Dans ce roulement, le point M décrit la courbe (M). On retrouve ainsi une propriété classique de la développée d'une courbe.

191. Mouvements relatifs de trois plans glissant sur un même plan fixe. — Soient Π_1, Π_2, Π_3 trois plans glissant sur un même plan fixe Π_0. En les prenant deux à deux, on est amené à considérer les six mouvements relatifs suivants :

$$\left(\frac{\Pi_2}{\Pi_1}\right),\quad \left(\frac{\Pi_1}{\Pi_2}\right),\quad \left(\frac{\Pi_3}{\Pi_1}\right),\quad \left(\frac{\Pi_1}{\Pi_3}\right),\quad \left(\frac{\Pi_2}{\Pi_3}\right),\quad \left(\frac{\Pi_3}{\Pi_2}\right).$$

Chacun d'eux, à un instant donné, est tangent à une certaine rotation. Soient, pour le mouvement $\dfrac{\Pi_i}{\Pi_j}$, I_{ij} le centre de cette rotation, c. i. r. du mouvement relatif considéré, $\omega_{i/j}$ sa vitesse angulaire, $(D_{ij},\ \omega_{i/j})$ son vecteur glissant. Le support de celui-ci est la perpendiculaire D_{ij} élevée du point I_{ij} au plan Π_0.

Il est clair que les points I_{ij} et I_{ji} sont confondus, et que l'on a

$$\omega_{i/j} = -\,\omega_{j/i}.$$

Pour simplifier la notation, j'écrirai 1_k au lieu de I_{ij}, k étant celui des indices 1, 2, 3 qui n'est ni i ni j.

Il existe entre les trois points I_1, I_2, I_3 et les vitesses angulaires correspondantes, des relations qu'il importe d'établir.

Le mouvement $\left(\dfrac{\Pi_3}{\Pi_1}\right)$ résulte des mouvements $\left(\dfrac{\Pi_2}{\Pi_1}\right)$ et $\left(\dfrac{\Pi_3}{\Pi_2}\right)$. On a donc symboliquement

$$(1) \qquad (D_{31},\ \omega_{3/1}) = (D_{21},\ \omega_{2/1}) + (D_{32},\ \omega_{3/2}).$$

Par conséquent, en vertu des théorèmes relatifs aux torseurs constitués par des vecteurs glissants parallèles :

1° Les droites D_{32}, D_{31}, D_{21} sont dans un même plan, c'est-à-dire que les points I_1, I_2, I_3 sont en ligne droite (*fig. 71*) :

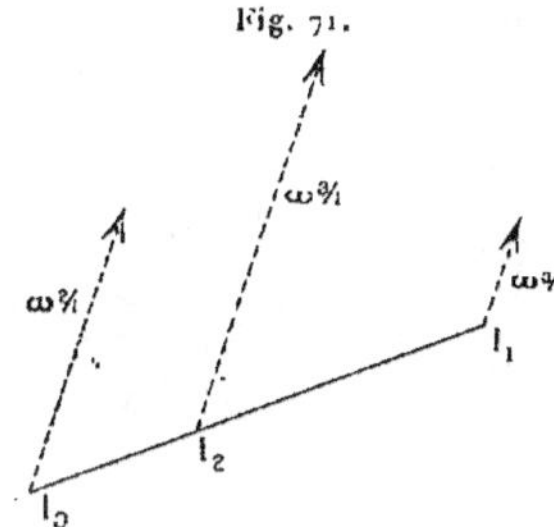

2° On a

$$(2) \qquad \omega_{3/1} = \omega_{2/1} + \omega_{3/2};$$

3° En écrivant que le moment du torseur désigné dans le second membre de (1), par rapport au point I_3 ou I_2 est nul, on a

$$I_2 I_3\, \omega_{2/1} + I_2 I_1\, \omega_{3/2} = 0$$

ou

$$(3) \qquad \frac{\omega_{3/2}}{I_2 I_3} = \frac{\omega_{2/1}}{I_1 I_2} = \frac{\omega_{3/2} + \omega_{2/1}}{I_2 I_3 + I_1 I_2} = \frac{\omega_{3/1}}{I_1 I_3},$$

en tenant compte de (2).

Les relations (2) et (3) s'écrivent plus symétriquement

$$(4) \qquad \omega_{3/2} + \omega_{1/3} + \omega_{2/1} = 0,$$

$$(5) \qquad \frac{\omega_{3/2}}{I_2 I_3} = \frac{\omega_{1/3}}{I_3 I_1} = \frac{\omega_{2/1}}{I_1 I_2}.$$

Elles sont d'un emploi fréquent. On remarquera qu'elles sont valables si l'un des plans Π_1, Π_2, Π_3 est fixe et se confond par conséquent avec Π_0.

192. Vitesse angulaire de la rotation tangente au mouvement d'un plan qui glisse sur un autre plan. — Soit un mouvement $\left(\dfrac{\Pi_2}{\Pi_1}\right)$ défini géométriquement par sa base C_1, et sa roulante C_2 (*fig.* 72). Pour le

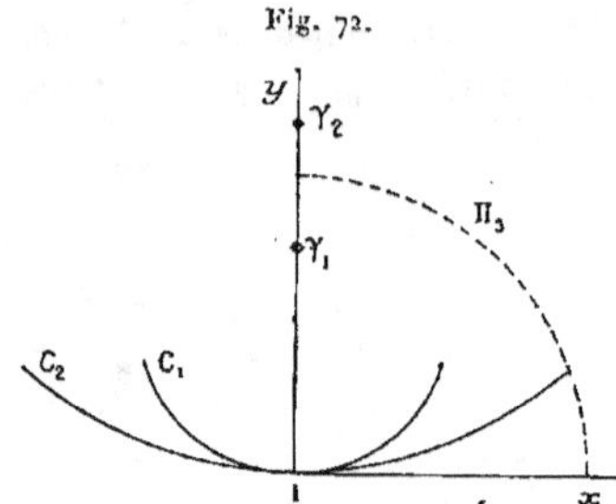

Fig. 72.

définir cinématiquement, donnons-nous en fonction du temps t l'arc $O_1 I = s$, compté sur la base à partir d'une origine fixe, I étant le c. i. r., point de contact à l'instant t des courbes C_1 et C_2.

Rien n'oblige à supposer fixe le plan Π_1.

Posons

$$\frac{ds}{dt} = V.$$

On suppose $V \neq 0$, pour éviter toute singularité.

Traçons l'axe Ix, suivant la tangente commune à C_1 et à C_2, dirigé dans le sens des arcs croissants, et l'axe Iy faisant avec Ix l'angle $+\dfrac{\pi}{2}$. On supposera qu'au point I les courbes C_1 et C_2 ont des rayons de courbure R_1 et R_2 qui ne sont ni nuls ni infinis. Si le centre de courbure γ_1 de C_1 est sur la partie positive de l'axe Iy (c'est-à-dire si la concavité de C_1 est tournée vers les y positifs), nous considérerons R_1 comme positif. Ce rayon sera considéré comme négatif dans le cas contraire. Même convention relative à $R_2 = I\gamma_2$, γ_2 étant le centre de courbure de C_2.

Le mouvement $\left(\dfrac{\Pi_2}{\Pi_1}\right)$ est tangent à une rotation de centre I. Cherchons la vitesse angulaire $\omega_{2/1}$ de cette rotation.

Pour cela, considérons en même temps que les plans Π_2 et Π_1 le plan Π_3 lié à l'angle droit x l y, et appliquons aux mouvements relatifs des trois plans pris deux à deux la formule (4) du n° 191. On a

$$(1) \qquad \omega_{2/1} = \omega_{2/3} + \omega_{3/1}.$$

D'autre part, d'après le théorème de l'équerre, le point $I_{31} = I_2$ est confondu avec le point γ_1. Dans le mouvement $\left(\dfrac{\Pi_3}{\Pi_1}\right)$, le point I décrit C_1 avec la vitesse $\dfrac{ds}{dt} = V$. On a, en grandeur et en signe,

$$\omega_{3/1}\, \mathrm{I}\,\gamma_1 = V, \qquad \text{d'où} \qquad \omega_{3/1} = \frac{V}{\mathrm{I}\gamma_1} = \frac{V}{R_1}.$$

De même

$$\omega_{3/2} = \frac{V}{R_2}, \qquad \text{d'où} \qquad \omega_{2/3} = -\frac{V}{R_2}.$$

La formule (1) peut donc s'écrire

$$(2) \qquad \omega_{2/1} = V\left(\frac{1}{R_1} - \frac{1}{R_2}\right),$$

ce qui fait connaître la valeur cherchée. On peut poser

$$(3) \qquad \frac{1}{h} = \frac{1}{R_1} - \frac{1}{R_2}, \qquad \text{d'où} \qquad h = \frac{R_1 R_2}{R_2 - R_1},$$

et l'on a

$$(4) \qquad \omega_{2/1} = \frac{V}{h}.$$

Nous supposerons $R_1 \neq R_2$, c'est-à-dire les courbes C_1 et C_2 non osculatrices. Si elles l'étaient, on trouverait $\omega_{2/1} = 0$. Par conséquent la vitesse de tous les points entraînés dans le mouvement $\left(\dfrac{\Pi_2}{\Pi_1}\right)$ serait nulle, et *tous ces points passeraient à l'instant t par des points de rebroussement de leurs trajectoires* (ici encore, une étude analytique devient indispensable).

193. Centres de courbure des trajectoires des points et des enveloppes des courbes entraînés dans le mouvement. — Faisons d'abord la remarque suivante : Soient Π_1, Π_2, Π_3, Π_4 quatre plans glissant sur un même plan fixe. Il existe six c. i. r. $I_{ij} = I_{ji}$. D'après le théorème du n° 191, 1°, ils sont trois à trois en ligne droite, et sont par conséquent disposés aux sommets d'un quadrilatère complet, comme l'indique la figure 73.

Cela posé, considérons un mouvement $\left(\dfrac{\Pi_2}{\Pi_1}\right)$. Soit Γ_2 une courbe

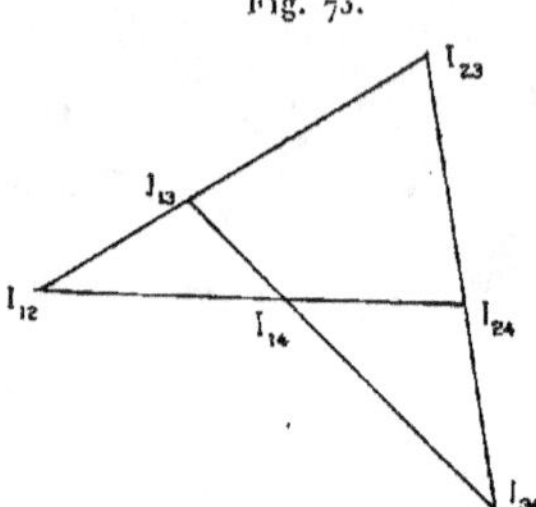

Fig. 73.

liée au plan Π_2. Dans le mouvement dont il s'agit, elle enveloppe une courbe Γ_1 liée au plan Π_1 (*fig. 74*).

Si C_1 et C_2 sont encore la base et la roulante du mouvement, se

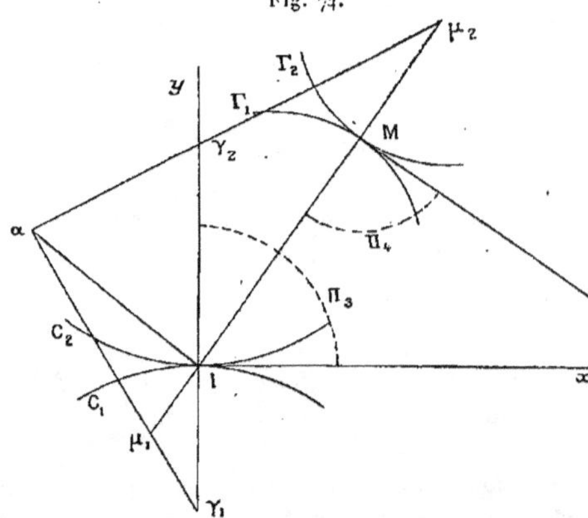

Fig. 74.

touchant en I, les points caractéristiques de Γ_2, c'est-à-dire ses points de contact avec Γ_1, sont, comme on sait, les pieds des normales abaissées du point I sur Γ_2. Soit M l'un d'eux.

Proposons-nous de construire le centre de courbure μ_1 de Γ_1 en M, *connaissant le centre de courbure μ_2 de Γ_2 au même point.*

Pour cela, introduisons, comme au paragraphe précédent, le plan Π_3 lié à l'équerre $x\,\mathrm{I}\,y$. Introduisons aussi le plan Π_4 lié à l'équerre formée par la tangente et la normale communes à Γ_1 et à Γ_2 en M.

Cherchons les centres I_{ij}. D'après le théorème de l'équerre,

I_{13} est le point γ_1 ;
I_{23} est le point γ_2 ;
I_{14} est le point cherché μ_1 ;
I_{24} est le point μ_2.
Enfin I_{12} est le point I.

Il reste à parler du point I_{34}. D'après la remarque faite plus haut, ce point doit se trouver sur la droite $\mathrm{I}_{13}\,\mathrm{I}_{14}$ ou $\gamma_1\,\mu_1$ et sur la droite $\mathrm{I}_{23}\,\mathrm{I}_{24}$ ou $\gamma_2\,\mu_2$. D'autre part, dans le mouvement $\left(\dfrac{\Pi_3}{\Pi_4}\right)$, le point I, lié à Π_3, décrit la droite IM liée à Π_4. Le point I_{34} se trouve donc sur la normale à cette trajectoire au point I. Autrement dit, le point I_{34}, que l'on appellera plus simplement α, se trouve sur la perpendiculaire élevée en I à IM. Le point α est donc à l'intersection de cette droite résultant des données et de la droite $\gamma_2\,\mu_2$ également connue. Il est donc connu, et l'on aboutit à la construction suivante, dite d'*Euler-Savary.*

Mener la droite $\mu_2\,\gamma_2$ qui rencontre en α la perpendiculaire élevée à IM en I. La droite $\alpha\gamma_1$ rencontre la droite IM au centre de courbure cherché μ_1.

La recherche du centre de courbure de la trajectoire d'un point est un cas particulier du problème précédent : il suffit en effet de supposer que Γ_2 se réduit à son centre de courbure μ_2. Alors Γ_1 devient la trajectoire de μ_2, et μ_1 devient le centre de courbure de cette trajectoire.

Il est a remarquer que la construction d'Euler-Savary tombe en défaut si le point μ_2 est sur Oy (*voir* à la fin du n° 198).

194. Formule d'Euler. — Il existe entre $\mathrm{I}\,\mu_1$ et $\mathrm{I}\,\mu_2$ une relation que l'on peut facilement former, en partant de la construction d'Euler-Savary. Mais il est plus élégant de l'obtenir directement comme il suit.

Appelons Π_3 un plan lié à la droite $I\,\mu_1\,\mu_2$, dont le point 1 est assujetti à coïncider avec le point de contact de C_1 et de C_2. Considérons les mouvements relatifs des plans Π_1, Π_2, Π_3 (*fig.* 75) [1].

Fig. 75.

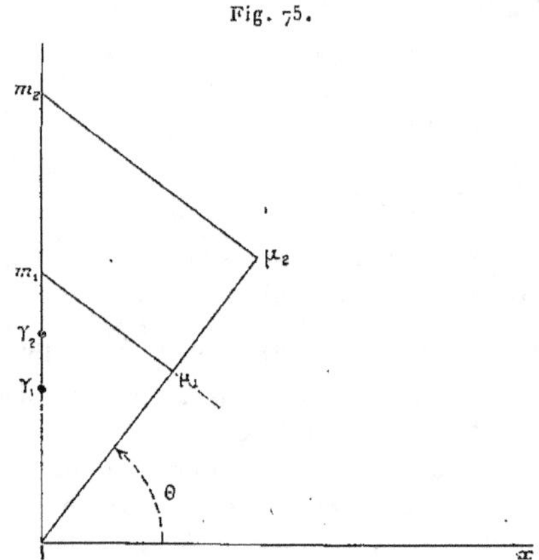

On sait déjà que le c. i. r. I_{12} est le point I. Le c. i. r. I_{13} doit d'une part se trouver sur la normale en I à la trajectoire de ce point entraîné dans le mouvement $\left(\dfrac{\Pi_3}{\Pi_1}\right)$, c'est-à-dire sur I y, et d'autre part se trouver sur la normale au point caractéristique de la droite I $\mu_1\,\mu_2$ entraînée dans le même mouvement, c'est-à-dire sur la perpendiculaire élevée en μ_1 à cette droite. Le c.i.r. I_{13} est donc le point m_1 de la figure. De même I_{23} est le point m_2.

C_1 et C_2 roulant l'une sur l'autre, leur point de contact I a la même vitesse, qu'on le suppose entraîné dans le mouvement $\left(\dfrac{\Pi_1}{\Pi_3}\right)$ ou dans le mouvement $\left(\dfrac{\Pi_2}{\Pi_3}\right)$. Cette vitesse est d'ailleurs opposée à la vitesse V

---

[1] On a pris un cas de figure différent de celui de la figure 74, pour faire ressortir la généralité des résultats obtenus.

du point I entraîné dans le mouvement $\left(\dfrac{\Pi_2}{\Pi_1}\right)$. Donc

$$\omega_{1/3}\, \mathrm{I}\, m_1 = \omega_{2/3}\, \mathrm{I}\, m_2 = -\, \mathrm{V},$$

d'où

$$\frac{\mathrm{I}}{\mathrm{I}\, m_1} - \frac{\mathrm{I}}{\mathrm{I}\, m_2} = \frac{\omega_{2/3} - \omega_{1/3}}{\mathrm{V}}.$$

Mais

$$\omega_{2/3} - \omega_{1/3} = \omega_{2/1} = \mathrm{V}\left(\frac{\mathrm{I}}{\mathrm{R}_1} - \frac{\mathrm{I}}{\mathrm{R}_2}\right),$$

d'après la formule (2) du n° 192. Donc

$$\frac{\mathrm{I}}{\mathrm{I}\, m_1} - \frac{\mathrm{I}}{\mathrm{I}\, m_2} = \frac{\mathrm{I}}{\mathrm{R}_1} - \frac{\mathrm{I}}{\mathrm{R}_2}.$$

Désignons par θ l'angle $\widehat{x\, \mathrm{I}\, \mu_2}$, et posons $\mathrm{I}\, \mu_1 = \rho_1$, $\mathrm{I}\, \mu_2 = \rho_2$. Il vient

$$(1) \qquad \frac{\mathrm{I}}{\rho_1} - \frac{\mathrm{I}}{\rho_2} = \frac{\mathrm{I}}{\sin\theta}\left(\frac{\mathrm{I}}{\mathrm{R}_1} - \frac{\mathrm{I}}{\mathrm{R}_2}\right),$$

formule connue sous le nom de *formule d'Euler*.

195. Cercle des inflexions. — Posons, comme au n° 192,

$$\frac{\mathrm{I}}{h} = \frac{\mathrm{I}}{\mathrm{R}_1} - \frac{\mathrm{I}}{\mathrm{R}_2}.$$

La relation d'Euler prend la forme

$$(1) \qquad \frac{\mathrm{I}}{\rho_1} - \frac{\mathrm{I}}{\rho_2} = \frac{\mathrm{I}}{h\,\sin\theta}.$$

Cherchons *quel est, à un instant donné, le lieu des points du plan mobile qui passent par un point d'inflexion de leur trajectoire.*

Un point d'inflexion est caractérisé, en général, par le fait que le rayon de courbure en ce point est infini. Si donc μ_2 est un point satisfaisant, on a

$$\frac{\mathrm{I}}{\rho_1} = 0,$$

et la relation (1) se réduit à

$$\rho_2 = -\, h\,\sin\theta.$$

Par conséquent, *le lieu des points cherchés est le cercle* G_2 *ayant pour diamètre le segment* IH *de* I*y* (*fig.* 76), tel que

$$\frac{1}{IH} = -\frac{1}{h} = \frac{1}{R_2} - \frac{1}{R_1}, \qquad IH = -h = \frac{R_2 R_1}{R_1 - R_2}.$$

On donne à ce cercle le nom de *cercle des inflexions.*

Une étude analytique plus approfondie montre que les points I et H jouent sur ce cercle des rôles exceptionnels : 1° le point I passe

Fig. 76.

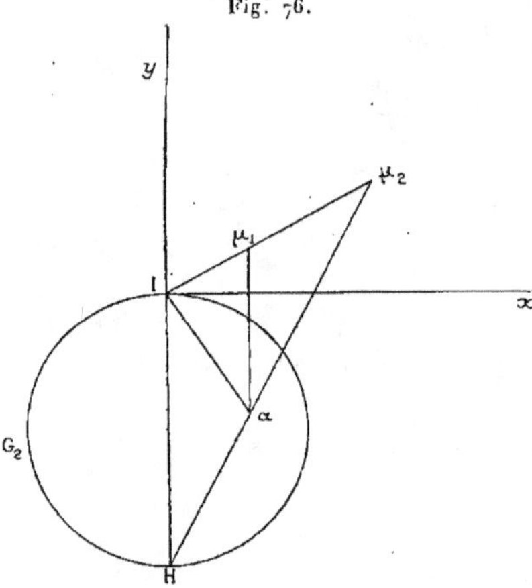

(comme je l'ai déjà dit), non par un point d'inflexion, mais par un point de rebroussement de sa trajectoire; 2° le point H passe par un point *méplat* (ou *point d'ondulation*) de sa trajectoire, c'est-à-dire qu'en ce point la trajectoire a un contact du *troisième* ordre avec sa tangente.

196. Seconde construction du centre de courbure d'une trajectoire. — La formule d'Euler (n° 194) montre que si ρ_2 et θ sont donnés, ρ_1 ne dépend que de l'expression $\dfrac{1}{R_1} - \dfrac{1}{R_2}$. Si donc on remplace, sur la figure 75, les points γ_1 et γ_2 par des points γ_1' et γ_2' de I*y* tels que l'on ait

$$\frac{1}{I\gamma_1'} - \frac{1}{I\gamma_2'} = \frac{1}{I\gamma_1} - \frac{1}{I\gamma_2},$$

la construction d'Euler-Savary conduit au même point μ_1. Faisons en particulier I $\gamma_1 = \infty$, on aura

$$-\frac{1}{\mathrm{I}\gamma_2'} = \frac{1}{\mathrm{R}_1} - \frac{1}{\mathrm{R}_2} = \frac{1}{h},$$

d'où

$$\mathrm{I}\gamma_2' = -h,$$

et le point γ_2' sera confondu avec le point H de la figure 76. On aboutit donc à la construction suivante : *mener μ_2 H, I α perpendiculaire à μ_2 I, et par le point de rencontre α des deux droites tracées, mener une parallèle à I y. Elle rencontre μ_2 I au centre de courbure cherché μ_1.*

197. Nature de la correspondance entre les points μ_2 et μ_1. —Pour toute position donnée du plan II_2, la construction d'Euler-Savary fait correspondre à tout point μ_2 du plan un point μ_1 du même plan. Étudions de plus près la nature de cette correspondance, et établissons les formules de géométrie analytique qui la définissent.

A cet effet, rapportons le plan aux axes I x, I y. Soient (x_1, y_1) les coordonnées du point μ_1, (x_2, y_2). celles du point μ_2. Introduisons aussi pour un moment les coordonnées polaires de ces deux points, I étant pris pour pôle et I x pour axe polaire. Avec les notations du n.º 194, μ_1 a pour coordonnées polaires (ρ_1, θ) et μ_2 (ρ_2, θ).

On a d'abord

$$(1) \qquad \tan g\, \theta = \frac{y_1}{x_1} = \frac{y_2}{x_2}.$$

Ensuite, la formule d'Euler peut s'écrire

$$\frac{1}{\rho_1 \sin \theta} - \frac{1}{\rho_2 \sin \theta} = \frac{1}{h \sin^2 \theta} = \frac{1}{h}\frac{1 + \tan g^2 \theta}{\tan g^2 \theta},$$

ou

$$\frac{1}{y_1} - \frac{1}{y_2} = \frac{x_2^2 + y_2^2}{h y_2^2},$$

d'où

$$\frac{1}{y_1} = \frac{x_2^2 + y_2^2 + h y_2}{h y_2^2},$$

ou

$$(2) \qquad y_1 = \frac{h y_2^2}{x_2^2 + y_2^2 + h y_2},$$

et, en vertu de (1),

$$(3) \qquad x_1 = \frac{x_2 y_1}{y_2} = \frac{h x_2 y_2}{x_2^2 + y_2^2 + h y_2}.$$

Les formules (2) et (3) définissent la correspondance étudiée. On obtient des formules analogues, donnant (x_2, y_2) en fonction de (x_1, y_1), en changeant h en $-h$:

$$(4) \qquad x_2 = \frac{-\,h x_1 y_1}{x_1^2 + y_1^2 - h x_1}, \qquad y_2 = \frac{-\,h y_1^2}{x_1^2 + y_1^2 - h y_1}.$$

Cherchons le lieu du point μ_1 quand le point μ_2 décrit une droite donnée

$$l x_2 + m y_2 + n = 0.$$

Il suffit pour cela de substituer, dans l'équation précédente, à x_2 et à y_2 leurs expressions (4). On obtient ainsi

$$(5) \qquad -\,l h x_1 y_1 - m h y_1^2 + n(x_1^2 + y_1^2 - h y_1) = 0.$$

Le lieu cherché est une conique.

Cherchons les points communs à cette conique et au cercle G_1, d'équation

$$x_1^2 + y_1^2 - h y_1 = 0.$$

Les coordonnées de ces points doivent satisfaire à l'équation précédente et à l'équation

$$l h x_1 y_1 + m h y_1^2 = 0 \qquad \text{ou} \qquad y_1(l x_1 + m y_1) = 0.$$

Ces points sont donc les points du cercle qui appartiennent à l'une ou l'autre des droites

$$y_1 = 0, \qquad l x_1 + m y_1 = 0.$$

Trois de ces points sont confondus en I. Donc la conique considérée est osculatrice au cercle G_1 en I.

On retrouvera tout à l'heure le cercle G_1 sous le nom de *cercle des rebroussements*. En adoptant dès maintenant cette dénomination, on peut énoncer le résultat suivant :

Pour une position donnée du plan Π_1, *les centres de courbure des trajectoires des points d'une droite de ce plan sont répartis sur une conique, osculatrice au cercle des rebroussements au centre instantané de rotation.*

Ce théorème est connu sous le nom de *théorème de Rivals.*

La correspondance qui fait correspondre le point μ_1 au point μ_2,

transformant une droite en conique, est une *correspondance quadratique particulière* ([1]).

198. Théorème de Bobillier. — Remarquons tout d'abord que si
le point μ_2 décrit une droite donnée $\mathrm{I}z$ passant par le point I, le
point μ_1 décrit la même droite. En outre, les deux points se correspondent homographiquement, puisque l'on a la relation

$$\frac{1}{\rho_1} - \frac{1}{\rho_2} = \frac{1}{h \sin \theta}$$

ou

$$\rho_1 \rho_2 + h \sin \theta (\rho_1 - \rho_2) = 0.$$

L'équation aux valeurs doubles de cette homographie se réduit à

$$\rho^2 = 0.$$

Par conséquent, les points doubles de l'homographie existant entre μ_1
et μ_2 sont confondus au point I.

Cela posé, soient $\mathrm{I}z$ et $\mathrm{I}z'$ deux droites quelconques issues du
point I, μ_2 et μ_2' deux points, supposés liés à II_2, situés respectivement sur ces droites, μ_1 et μ_1' les centres de courbure de leurs trajectoires (*fig. 77*).

Si, laissant fixes μ_2 et μ_1, on fait varier sur $\mathrm{I}z'$ μ_2' et μ_1', ces points
décrivent, comme on vient de le voir, des ponctuelles homogra-
phiques, dont les points doubles sont confondus en I. Par conséquent les droites $\mu_2 \mu_2'$ et $\mu_1 \mu_1'$ engendrent des faisceaux homographiques dans lesquels $\mu_2 \mathrm{I}$ et $\mu_1 \mathrm{I}$ sont des rayons correspondants.
Donc le point d'intersection P de ces rayons décrit une droite,
passant par le point I (car, si elle ne passait pas par ce point, elle
rencontrerait $\mathrm{I}z'$ en un point, autre que I qui serait un point double
de l'homographie existant entre μ_2' et μ_1'). Soit $\mathrm{I}u$ cette droite. Si
de même on laisse fixes μ_2' et μ_1', et si l'on fait varier sur $\mathrm{I}z$ les points
μ_2 et μ_1, les droites $\mu_2' \mu_2$ et $\mu_1' \mu_1$ se couperont sur une droite fixe

---

([1]) On démontre, dans l'étude des correspondances quadratiques, qu'une telle
correspondance étant donnée, il existe en général trois points dont les homologues
sont indéterminés : ce sont les points *fondamentaux* de la transformation.

Pour la correspondance étudiée dans le texte entre les points μ_1 et μ_2, on
reconnaît que *les trois points fondamentaux sont confondus avec le point* I.

qui coïncide nécessairement avec $I\,u$. Cette dernière droite ne dépend donc que de Iz et de Iz'.

Pour la déterminer, il suffit de donner à μ_2 et à μ_2' des positions particulières sur Iz et sur Iz' : prenons-les sur le cercle des inflexions G_2.

Fig. 77.

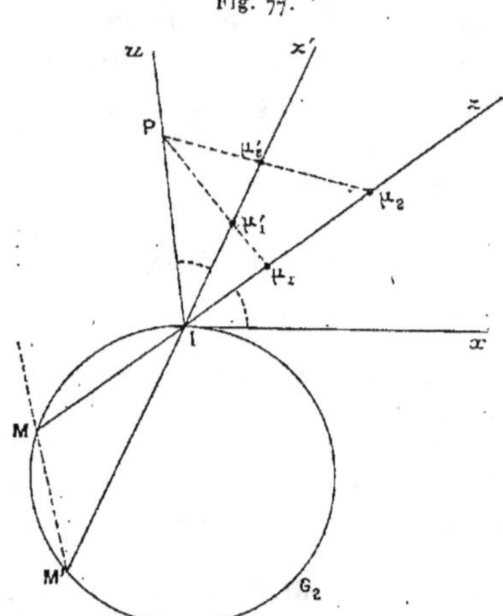

en M et M'. Alors les points μ_1 et μ_1' sont tous les deux rejetés à l'infini, en sorte que le point P est aussi à l'infini, et Iu est par conséquent parallèle à MM'. On voit sur la figure que l'on a

$$\widehat{x\,I\,z} = \widehat{IM'M} = \widehat{z'\,I\,u}.$$

Ainsi la droite Iu fait avec Iz' un angle égal à l'angle des droites Iz, Ix $\left(\text{il est plus précis de dire que les angles } \widehat{x\,I\,u} \text{ et } \widehat{z\,I\,z'} \text{ ont les mêmes bissectrices, ou encore que } Ix,\ Iu \text{ sont deux rayons conjugués dans}\right.$

l'*involution isogonale* définie par l'angle $\left.\widehat{z\,I\,z'}\right)$.

En résumé :

Soient μ_2 et μ_2' deux points quelconques du plan Π_2, μ_1 et μ_1' les centres de courbure de leurs trajectoires. Les droites $\mu_2\,\mu_2'$ et $\mu_1\,\mu_1'$ se coupent *sur la droite* I*u* *conjuguée, dans l'involution isogonale définie par l'angle* $\widehat{\mu_1 \, \mathrm{I} \, \mu'_1}$, *de la droite* I*x, tangente commune à la base et à la roulante du mouvement.*

Ce théorème est connu sous le nom de *théorème de Bobillier.*

On voit aisément qu'il permet, connaissant les centres de courbures des trajectoires de deux points μ_2 et μ'_2, de trouver : 1° la droite I*x*; 2° le centre de courbure de la trajectoire d'un point quelconque.

Il permet aussi de construire le centre de courbure de la trajectoire d'un point de la droite I*y*, alors que, dans ce cas, les deux constructions indiquées précédemment conduisent à une indétermination.

199. Étude d'un cas singulier. — Ce cas est celui où, à un certain instant, la rotation tangente au mouvement se réduit à une transla-

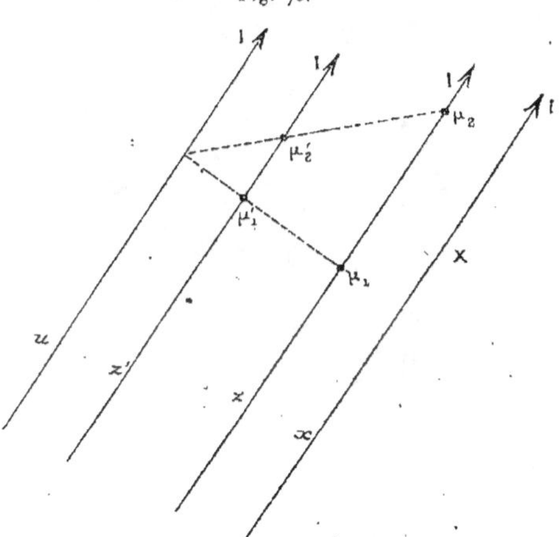

Fig. 78.

tion, en sorte que le c. i. r. est rejeté à l'infini. La construction d'Euler-Savary tombe alors en défaut. Mais le théorème de Bobillier conserve sa validité, si l'on considère le cas singulier dont il s'agit comme un cas limite.

Nous supposerons que la base et la roulante sont tangentes à l'infini, autrement dit qu'elles ont une asymptote commune X (*fig.* 78) I est le point à l'infini de cette asymptote.

Les droites Ix, Iz, Iz', Iu de la figure 77 sont maintenant parallèles. La relation qui existait entre ces droites pouvait s'énoncer ainsi : *Tout point équidistant de Iz et de Iz' est équidistant de Ix et de Iu.* Elle subsiste, et l'on voit que, dans la nouvelle figure *le couple* (Iz, Iz') *et le couple* (Ix, Iu) *ont même médiatrice.*

La figure 78 montre alors clairement comment, étant donnés un point μ_2 et le centre de courbure μ_1 de sa trajectoire, on obtiendra le centre de courbure μ_1' de la trajectoire d'un autre point quelconque μ_2'.

200. Cercle des rebroussements. — Soit D_2 une droite entraînée dans le mouvement du plan Π_2 (*fig.* 79). Elle enveloppe une courbe Γ_1

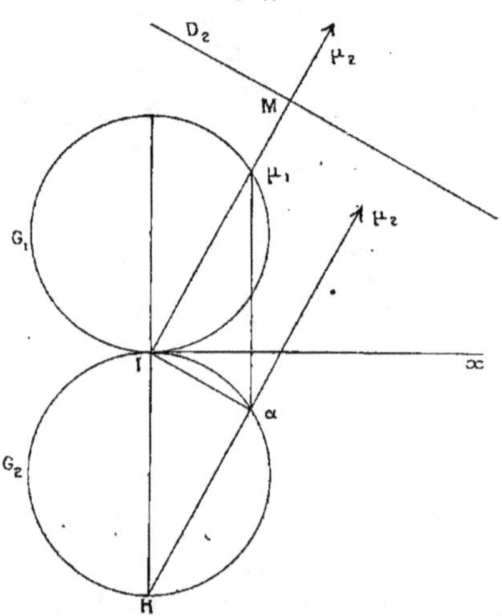

Fig. 79.

qu'elle touche au point M, projection du point I. Cherchons le centre de courbure de Γ_1 en M. D'après le théorème du n° 193, on aura ce centre de courbure en appliquant la construction ordinaire au point μ_2, centre de courbure de D_2 en M, c'est-à-dire au point à l'infini de IM. Appliquons la construction du n° 196. Il faut joindre μ_2 au point H, diamétralement opposé au point I sur le cercle des inflexions G_2, mener $I\alpha$ perpendiculaire à $I\mu_2$, et par le point α où $I\alpha$ rencontre $H\mu_2$, mener $\alpha\mu_1$ parallèle à HI. La droite $\alpha\mu_1$ rencontre $I\mu_2$ au centre de courbure cherché μ_1. On voit que le point α est sur G_2, et que μ_1 décrit le cercle G_1, dérivé du cercle G_2 par la translation $T(I{-}H)$. Autrement dit, G_1 est symétrique de G_2 par rapport à $I\alpha$. Ainsi :

Les centres de courbure des enveloppes des diverses droites entraînées dans le mouvement du plan Π_2 *ont, à un instant donné, pour lieu le cercle* G_1, *symétrique du cercle des inflexions* G_2 *par rapport à la tangente commune à la base et à la roulante.*

Toutes les courbes enveloppes des diverses droites parallèles à D_2 ont, à un instant donné, le même centre de courbure. Considérons en particulier celle de ces droites qui passe au point μ_1. Son enveloppe a, au point μ_1, un rayon de courbure nul. Elle a donc, en général, un rebroussement en ce point. Ainsi :

A un instant donné, il existe dans le plan Π_2 *une infinité de droites qui touchent leur enveloppe en un point de rebroussement de celle-ci. Le lieu de ces points de rebroussement est le cercle* G_1.

Pour cette raison, le cercle G_1 a reçu le nom de *cercle des rebroussements.*

On a vu au n° 197 son rôle dans la correspondance qui existe entre les points du plan Π_2 et les centres de courbure de leurs trajectoires.

201. **Mouvements réciproques.** — Il existe entre les mouvements réciproques $\left(\dfrac{\Pi_2}{\Pi_1}\right)$ et $\left(\dfrac{\Pi_1}{\Pi_2}\right)$ des relations simples, qui résultent immédiatement de ce qui précède.

1° A un instant donné, les c. i. r. des deux mouvements sont confondus;

2° Quand on passe de l'un des mouvements à l'autre, la base et la roulante échangent leurs significations;

3° Soient μ_1 et μ_2 deux points liés respectivement aux plans Π_1 et Π_2. Si, à un instant donné, la normale à la trajectoire de μ_2 dans le mouvement $\left(\dfrac{\Pi_2}{\Pi_1}\right)$ passe par le point μ_1, la normale à la trajectoire de μ_1, dans le mouvement $\left(\dfrac{\Pi_1}{\Pi_2}\right)$ passe par le point μ_2;

4° Si μ_1 est le centre de courbure de la trajectoire de μ_2 dans le mouvement $\left(\dfrac{\Pi_2}{\Pi_1}\right)$, μ_2 est le centre de courbure de la trajectoire de μ_1 dans le mouvement $\left(\dfrac{\Pi_1}{\Pi_2}\right)$. C'est une conséquence de la construction de Savary;

5° Quand on passe de l'un des mouvements à l'autre, le cercle des inflexions et le cercle des rebroussements échangent leurs significations.

CHAPITRE IX.

A. — MOUVEMENT AUTOUR D'UN POINT FIXE.

202. Mouvement à la surface d'une sphère. — Soit S un solide tournant autour d'un point fixe O. La gerbe obtenue en joignant au point O les divers points de S est de grandeur invariable. Si l'on construit les traces de rayons en nombre quelconque de cette gerbe sur une sphère fixe Σ_0, de centre O, on aura une figure de grandeur invariable qui glissera sur Σ_0. En prenant tous les rayons de la gerbe, on arrive à la conception *d'une sphère Σ qui se meut en glissant sur une sphère fixe Σ_0.*

On peut ainsi ramener l'étude du mouvement autour d'un point fixe à celle du *mouvement à la surface d'une sphère.*

203. Propriétés du mouvement à la surface d'une sphère. — Le mouvement à la surface d'une sphère étant l'extension immédiate du mouvement plan possède beaucoup de propriétés identiques à celles de ce dernier. Il y a cependant des différences qu'il convient de noter.

On sait que, lorsqu'un solide S se meut autour d'un point fixe, son mouvement est à chaque instant tangent à une rotation. L'axe X de cette rotation a pour traces sur la sphère Σ_0 deux points diamétralement opposés. Si l'axe est orienté d'après la convention ordinaire, il n'y a qu'un de ces points à prendre en considération. On l'appelle le *centre instantané de rotation* (c. i. r.) de Σ.

L'axe X a pour lieu, dans l'espace fixe, un cône Γ_0, et par rapport au solide S, un cône Γ, et l'on a vu au n° 179 que le mouvement de S peut être obtenu par le roulement de Γ sur Γ_0. Cela conduit au résultat suivant :

Le mouvement de la sphère Σ, glissant sur Σ_0, peut être obtenu en liant Σ à une courbe C qui roule sur une courbe C_0. C_0 est le lieu du point I par rapport à Σ_0, et C est le lieu du point I par rapport à Σ.

Comme dans le plan, on dira que C_0 est la *base* et C la *roulante* du mouvement.

Les théorèmes établis, dans l'étude du mouvement plan, relativement aux normales aux trajectoires, aux points caractéristiques des courbes entraînées dans le mouvement (n°s 186 et 188), s'étendent au mouvement à la surface d'une sphère : les grands cercles normaux aux trajectoires des points de Σ passent, à un instant donné, par le c. i. r. I correspondant; les points caractéristiques des courbes de Σ sont les pieds des grands cercles normaux à ces courbes issues du point I.

On voit encore qu'à un instant donné le point I, supposé lié à Σ, passe par un point de rebroussement de sa trajectoire.

204. Mouvements relatifs de trois sphères glissant sur une même sphère fixe. — Soient Σ_1, Σ_2, Σ_3 les trois sphères. Adoptons des notations semblables à celles du n° 191 et raisonnons de la même manière. Soient X_{23} ou X_1, etc., les axes des rotations tangentes aux mouvements relatifs des solides entraînés avec les trois sphères; $(X_1, \omega_{3/2})$, etc. les vecteurs glissants de ces rotations; $\omega_{3/2}$, etc. leurs modules. Les trois vecteurs glissants $(X_1, \omega_{1/2})$, $(X_2, \omega_{1/3})$, $(X_3, \omega_{2/1})$ forment un torseur nul. Ils sont donc dans un même plan, et le module de chacun d'eux est proportionnel au sinus de l'angle des deux autres. Si donc I_1, I_2, I_3 sont les c. i. r. des mouvements considérés, à la surface de la sphère, on peut énoncer les résultats suivants :

1° *Les trois points I_1, I_2, I_3 sont sur un grand cercle;*

2° *On a la relation*

$$(1) \qquad \frac{\omega_{3/2}}{\sin I_2 I_3} = \frac{\omega_{1/3}}{\sin I_3 I_1} = \frac{\omega_{2/1}}{\sin I_1 I_2}.$$

205. Centres de courbure sphériques des enveloppes et des trajectoires. — Appelons *centres de courbure sphériques* d'une courbe sphérique les points caractéristiques du grand cercle normal à une courbe sphérique (il y en a deux, diamétralement opposés).

On reconnaît immédiatement que le *théorème de l'équerre* (n° 190) s'étend à la sphère : *Étant donnée une courbe sphérique* (M), *le c. i. r. de la sphère entraînée par l'angle que forment le grand cercle tangent et le grand cercle normal à* (M) *en un point* M *de cette courbe est l'un des centres de courbure sphériques en* M.

Dès lors, en appliquant les résultats du n° 204, *on peut étendre au mouvement à la surface de la sphère la construction d'Euler-Savary* (n° 193). Le raisonnement est le même que dans le plan. On peut aussi établir une formule analogue à celle d'Euler (n° 194).

Enfin on peut reconnaître que *le théorème de Bobillier* (n° 198) *est vrai sur la sphère.* Je n'insiste pas sur tous ces résultats, qui ont peu d'applications.

206. Courbes des inflexions et des rebroussements. — Ici comme partout, il faut se méfier de l'analogie. Si l'on appelle *point d'inflexion* d'une courbe sphérique un point de cette courbe où le cercle osculateur est un grand cercle de la sphère, on peut rechercher quel est, à un instant donné, *le lieu des points de* Σ *qui passent par des points d'inflexion de leurs trajectoires.*

La question n'est pas difficile à traiter par la géométrie analytique, en s'appuyant sur la construction d'Euler-Savary. On trouve que la courbe cherchée n'est pas un cercle, mais bien *l'intersection de la sphère et d'un cône du troisième ordre,* de sommet O. On donne à cette courbe le nom de *courbe des inflexions.* Elle est tangente au point I à la base et à la roulante.

Sa symétrique, par rapport au plan du grand cercle tangent en I, est le lieu des points qui sont, à l'instant considéré, *points de rebroussement des enveloppes des grands cercles de* Σ. C'est la *courbe des rebroussements.*

B. — MOUVEMENT DANS LE CAS GÉNÉRAL.

207. Lemme. — *Si un segment de grandeur constante* MN *se meut de manière à être normal à la trajectoire du point* M, *il est aussi normal à la trajectoire du point* N, *à moins que ce dernier point ne soit fixe.*

Ce lemme est une conséquence directe de celui qui a été démontré au début du n° 155, et qui s'exprime par la formule

$$(1) \qquad \frac{dl}{dt} = \mathbf{u} \times [\mathbf{v}(M) - \mathbf{v}(N)] = \mathbf{u} \times \mathbf{v}(M) - \mathbf{u} \times \mathbf{v}(N).$$

Dans le cas actuel, on suppose que $l = NM$ est constant. Donc $\frac{dl}{dt} = 0$. En outre, MN étant normal à la trajectoire du point M, le premier terme du second membre de (1) est nul. Il en est donc de même du second terme. Donc ou bien $\mathbf{v}(N) = 0$, et le point N est fixe, ou bien MN est normal à la trajectoire de ce point, ce qui démontre la proposition.

208. Théorème fondamental; complexe des normales. — *S étant un solide animé d'un mouvement quelconque, les normales aux trajectoires de ses points, à un instant donné, forment un complexe linéaire.*

Le premier fait remarquable, dans ce théorème, est que les normales dont il s'agit forment un complexe. Il existe en effet dans le corps ∞^3 points, et, étant donné l'un de ses points, il existe ∞^1 droites normales à sa trajectoire. Il semblerait donc *a priori* qu'il dût exister ∞^4 normales, ce qui donnerait *toutes* les droites de l'espace.

Mais, en vertu du lemme du n° 207, si M et N sont deux points de S tels que MN soit normale à la trajectoire du point M, MN est aussi normale à la trajectoire du point N (dans le cas général, on ne peut avoir $\mathbf{v}(N) = 0$, car aucun point du solide S n'a une vitesse nulle). Plus généralement, MN est normale à la trajectoire de tous les points du solide qui appartiennent à MN. On voit donc qu'en raisonnant comme à l'alinéa précédent, on retrouve chaque normale une infinité de fois. Il n'y a donc que ∞^3 normales, c'est-à-dire l'ensemble des droites d'un complexe.

Toutes celles de ces normales qui passent par un point M du solide doivent être normales en particulier à la trajectoire de ce point. Elles appartiennent donc au plan normal à cette trajectoire. Par conséquent, le cône du complexe considéré est un plan, et ce complexe est bien linéaire. C. Q. F. D.

Le théorème fondamental qui vient d'être démontré établit, entre les normales aux trajectoires des points d'un solide, une relation géométrique analogue à celle qu'on a trouvée dans le mouvement plan, mais bien plus cachée, puisqu'au lieu d'un simple faisceau de droites, on trouve un complexe linéaire.

209. Cas particuliers. — 1° Si, à un instant donné, le mouvement est tangent à une *rotation*, il est clair que toutes les normales aux trajectoires des divers points du solide rencontrent l'axe X de cette rotation. Le complexe des normales est alors le complexe spécial ayant pour axe X.

2° Si le mouvement est tangent à une *translation*, toutes les normales sont parallèles à un même plan perpendiculaire à la direction de cette translation, et le complexe des normales est le complexe spécial ayant pour directrice la droite à l'infini de ce plan.

210. Conséquences. — Une fois établi le théorème fondamental, il suffit d'interpréter dans le langage de la Cinématique les propriétés connues du complexe linéaire pour obtenir des propriétés du mouvement. Je me place dans le cas général, où le complexe n'est pas spécial.

1° Le plan polaire d'un point ϖ, par rapport au complexe des normales C_n, est le lieu des normales en ϖ à la trajectoire de ce point. *C'est donc le plan normal* P *à cette trajectoire.*

2° On sait que les plans polaires de tous les points d'un plan P passent par son pôle ϖ. Par conséquent :

A un instant donné, les plans normaux aux trajectoires des différents points d'un plan P *passent par un même point* ϖ *de ce plan, et la trajectoire du point* ϖ *est normale au plan* P [1].

3° On voit de même, en interprétant les propriétés des droites conjuguées, que :

Les plans normaux aux trajectoires des différents points d'une droite D *passent par une certaine droite* Δ, *et les plans normaux aux trajectoires des différents points de* Δ *passent par* D.

4° Dans le vissage tangent au mouvement, les points décrivent des hélices tangentes aux trajectoires véritables, qui ont donc mêmes normales, aux points considérés, que les hélices. En particulier, les *binormales* à celles-ci sont *normales* aux trajectoires. Or les hélices

---

[1] Dans les applications de la théorie du complexe linéaire à la Cinématique, on dit souvent que le point ϖ est le *foyer* du plan P.

sont tracées sur des cylindres de révolution de même axe et ont toutes même pas. Donc leurs binormales forment un complexe linéaire qui, ayant une infinité de droites communes avec le complexe C_n, se confond avec lui. Ainsi :

Le complexe C_n a pour axe celui du vissage tangent au mouvement, et son pas est égal à celui de ce vissage.

On voit en outre que, non seulement les binormales des hélices, mais encore toutes leurs normales appartiennent à C_n. Par conséquent, dans la génération d'un complexe linéaire indiquée au n° 89, on peut remplacer le mot de *binormales* par celui de *normales*. Mais, quand on prend toutes les normales, chaque droite du complexe est obtenue une infinité de fois.

5° On sait (n° 94, 5°) qu'un torseur peut être considéré comme étant la somme de deux vecteurs glissants de modules convenables, ayant pour supports deux droites conjuguées par rapport au complexe linéaire attaché au torseur, et d'ailleurs quelconques. L'interprétation cinématique des propriétés du torseur conduit donc au résultat suivant :

Le vissage tangent au mouvement d'un solide résulte de deux rotations de vitesses angulaires convenables, ayant pour axes deux droites conjuguées par rapport au complexe C_n et d'ailleurs quelconques.

211. **Surfaces réglées engendrées dans le mouvement.** — Soit D une droite du solide S. Elle engendre une surface réglée (D). Cherchons la normale à cette surface en un point M de D (*fig.* 80). Elle doit être d'une part perpendiculaire à D et d'autre part normale à la trajectoire du point M, considéré comme lié à S, car cette trajectoire appartient à (D). Elle est donc dans le plan normal à la trajectoire du point M. Mais ce plan normal contient la droite Δ, conjuguée de D par rapport à C_n (n° 210, 3°). Par conséquent *la normale est la droite commune au plan* (MΔ) *et au plan mené par M perpendiculairement à* D.

Toutes les normales à (D) le long de D rencontrant Δ, on voit que cette *dernière droite appartient au paraboloïde des normales relatif à cette génératrice.*

Cherchons encore le point central O de D. On sait que c'est le

sommet du paraboloïde des normales II (n° 72). Les deux génératrices principales de II sont donc D et la normale en O à (D). Par
conséquent cette normale rencontre Δ à angle droit : c'est la perpen-

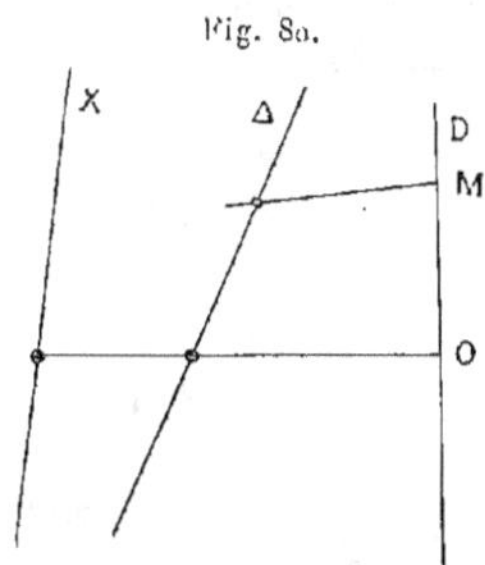

Fig. 80.

diculaire commune à D et à Δ. Il en résulte (n° 91) qu'elle rencontre
à angle droit l'axe X du complexe, et l'on voit que :

*Le point central O est le pied sur D de la perpendiculaire commune
à cette droite et à l'axe du complexe* C_n.

Quant au plan asymptote de D, c'est le plan tangent en O au
paraboloïde des normales. C'est donc *le plan qui contient D et
la perpendiculaire commune à D et à X*. Le plan central de D est
perpendiculaire au plan asymptote. *Ce dernier est donc le plan mené
par D parallèlement à X.*

212. Caractéristique d'une surface entraînée dans le mouvement.
— Soit Σ une telle surface. Elle possède une enveloppe qu'elle touche,
à un instant donné, suivant une courbe caractéristique C. Soit M
un point de cette courbe. En répétant le raisonnement du n° 188,
on reconnaît que la trajectoire du point M, supposé entraîné avec
le solide mobile, est tangente à Σ. Par conséquent la normale à cette
surface, au point M, appartient au complexe C_n. On peut donc
énoncer ce résultat :

La caractéristique C de Σ, *à un instant donné, est le lieu des points* M
de cette surface, tels que les normales en ces points à Σ *appartiennent
au complexe des normales* C_n.

213. Cas particulier : caractéristique d'un plan. — Si Σ est un plan, sa caractéristique est le lieu des points M tels que les perpendiculaires élevées en ces points à Σ appartiennent à $C_{,,}$. Or une perpendiculaire à Σ passe par le point rejeté à l'infini dans la direction perpendiculaire à Σ. Si elle appartient à $C_{,,}$, elle est dans le plan polaire du point en question. Donc :

La caractéristique du plan Σ est la trace sur ce plan du plan polaire, par rapport à $C_{,,}$ du point rejeté à l'infini dans la direction perpendiculaire à Σ.

214. Constructions. — Soit donné un mouvement. Supposons que nous connaissions, à un instant donné, l'axe X et le pas H du vissage tangent. Proposons-nous de déterminer, par des constructions de géométrie descriptive :

1º La tangente à la trajectoire d'un point;
2º Le pôle d'un plan;
3º La caractéristique d'un plan;
4º La droite conjuguée d'une droite donnée.

Toutes ces constructions font intervenir le pas réduit $h = \dfrac{H}{2\pi}$ du vissage tangent. On peut l'obtenir par un calcul numérique, ou bien appliquer la construction approximative que voici :

Soit AB un segment de longueur égale à H (*fig.* 81). Marquons sur AB le point I tel que l'on ait $AI = \dfrac{H}{4}$. Décrivons le cercle de centre I et de rayon IA, et soit CD le diamètre perpendiculaire à AB. Marquons sur le cercle les points F et F′ tels que $DF = DF' = DI$. FF′ rencontre ID en son milieu E. Faisons enfin $EG = EF$. On a :

$$CG = CE - GE = CE - EF = \frac{H}{4}\left(\frac{3}{2} - \frac{\sqrt{3}}{2}\right) = H\,\frac{3 - \sqrt{3}}{8} = 0,1585\,H.$$

Or $\dfrac{1}{2\pi} = 0,1592$.

On a donc très sensiblement $CG = \dfrac{H}{2\pi}$. L'erreur relative n'atteint pas $\dfrac{1}{1000}$ et est inférieure à l'erreur graphique.

Cela posé, prenons des plans de projection tel que l'axe donné soit vertical. Soient o sa projection horizontale, X' sa projection verticale.

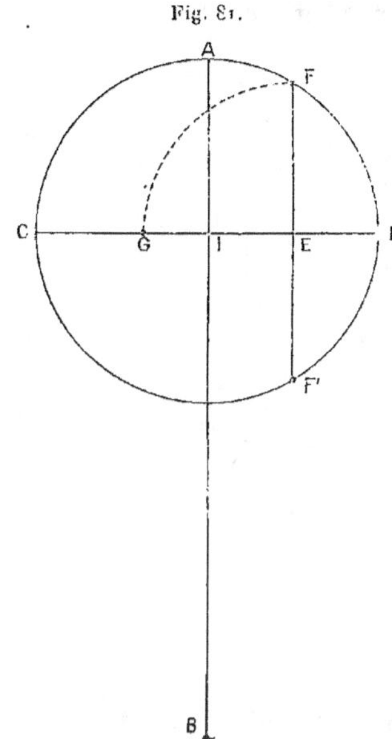

Fig. 81.

1° Soit donné un point (m, m') (*fig.* 82); la tangente à sa trajectoire fait avec le plan horizontal un angle γ tel que l'on ait

$$\tan g\varphi = \frac{h}{om},$$

puisque c'est la tangente à une hélice de pas réduit h tracée sur un cylindre de révolution vertical de rayon om. D'où la construction suivante : faire $\mu.m' = h$, mener mt égal et perpendiculaire à om; la tangente cherchée est $(mt, m't')$.

Le segment mt doit être tracé dans un sens ou dans l'autre, suivant que le pas du vissage tangent est positif ou négatif. La figure a été faite en supposant ce pas positif.

2º Soit donné un plan P par une horizontale (A, A') et par le point (a, a') où il rencontre l'axe (*fig.* 83). Le pôle de ce plan appartient au plan polaire du point (a, a'), plan qui est horizontal. Donc le pôle cherché est sur l'horizontale (B, B'), passant par (a, a'), du

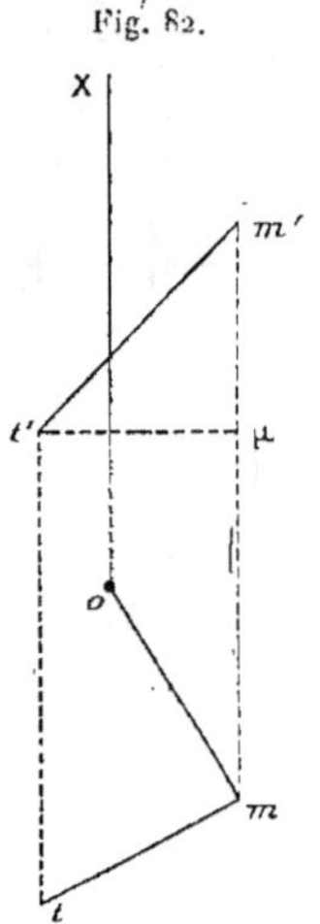

Fig. 82.

plan P. Ce pôle (ϖ, ϖ') doit être tel que sa trajectoire soit normale au plan P. Or cette trajectoire est une hélice qui a pour pente $\dfrac{h}{a\varpi}$. Si donc on désigne par θ l'angle que fait le plan P avec le plan horizontal, on doit avoir en valeur absolue

$$\frac{h}{a\varpi}\,\tang\theta = 1, \qquad \text{d'où} \qquad a\varpi = h\,\tang\theta,$$

ce qui donne une construction simple du point (ϖ, ϖ'). Il faut naturellement placer ce point d'un côté ou de l'autre du point a, suivant le signe de h.

La figure a été faite dans l'hypothèse où h est positif.

3º Soit donné le même plan P (*fig.* 83). Comme on l'a vu au nº 213, sa caractéristique est la trace sur P du plan polaire du point rejeté

à l'infini dans la direction perpendiculaire à P. Ce point étant dans
le plan de l'infini, son plan polaire contient le pôle de ce dernier plan,
c'est-à-dire le point à l'infini commun à tous les diamètres du complexe C_u, et en particulier le point à l'infini de l'axe. Donc le plan
polaire considéré est vertical, et sa trace sur P est une ligne de plus

Fig. 83.

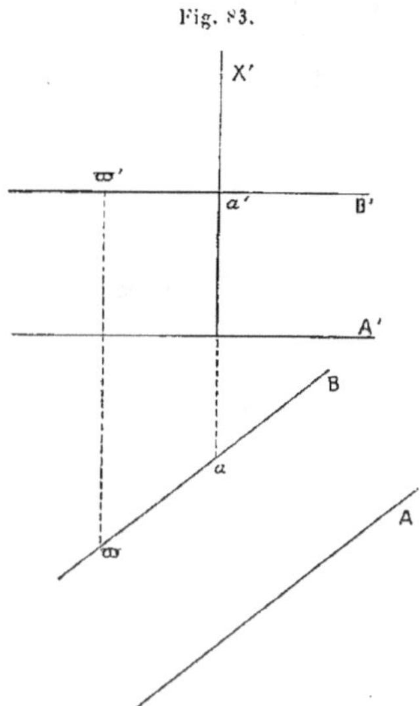

grande pente de ce plan. *Ainsi la caractéristique du plan P est une de
ses lignes de plus grande pente.*

Ce résultat était évident *a priori*, le plan P faisant un angle
constant avec le plan horizontal, quand il est entraîné dans le
vissage.

Il suffit donc d'avoir un point de la caractéristique. Cherchons
par exemple celui qui est sur (B, B'). L'hélice décrite par ce point
doit être tangente au plan P, elle a donc même pente que celui-ci.
On en conclut que le point cherché n'est autre que le point (n, n'),
tel que l'on ait

$$|an| = h \cot 0.$$

Ce point (non marqué sur la figure) doit être tel que les segments $a\varpi$ et an soient de signes contraires. Ainsi :

La caractéristique C du plan P est la ligne de plus grande pente de ce plan, passant par le point (n, n'), construit comme on vient de le dire.

4° Soit donnée la droite (D, D') (*fig.* 84). On sait (n° 91) que cette droite, sa conjuguée et l'axe X' sont trois génératrices de même

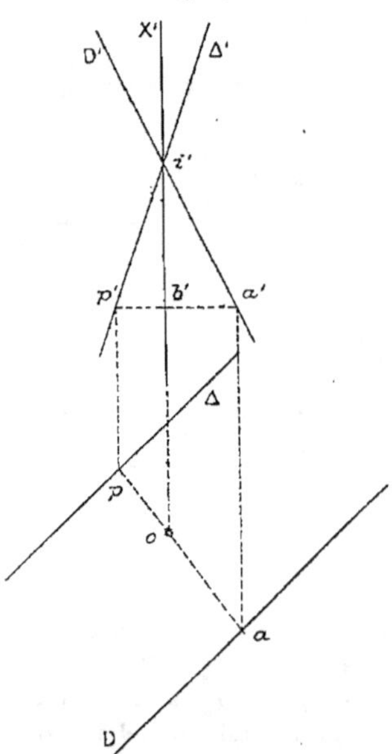

Fig. 84.

système d'un paraboloïde hyperbolique qui a un plan directeur perpendiculaire à l'axe. Autrement dit, la conjuguée cherchée est une génératrice non horizontale du paraboloïde hyperbolique à plan directeur horizontal, défini par les deux directrices (D, D') et X'. Par conséquent la projection horizontale Δ de cette conjuguée doit être parallèle à D. D'après une remarque bien connue, le paraboloïde a une génératrice de bout, qui se projette verticalement au point de rencontre i' de X' et de D'. Donc la projection verticale Δ' de la droite conjuguée cherchée doit passer par le point i'.

Il suffira donc, pour achever la construction, de connaître un point de (Δ, Δ'). Un tel point est le pôle d'un plan quelconque passant par (D, D'). Nous choisirons le plan qui contient la perpendiculaire commune $(oa, b'a')$, à (D, D') et à X'. Par la construction indiquée au 2°, on obtient en (p, p') le foyer de ce plan, et le problème est résolu.

On remarquera que, si θ est l'angle que fait la droite (D, D') avec le plan horizontal, la pente du plan auxiliaire choisi est $\tang \theta$. On doit donc avoir

$$\frac{h}{op}\,\tang\theta = 1 \qquad \text{ou} \qquad op = h\,\tang\theta.$$

Rappelons qu'il faut avoir soin de porter la longueur op dans le sens convenable.

215. Complexe des tangentes aux trajectoires des points et des caractéristiques des plans. — On a vu dans ce qui précède le rôle fondamental du complexe linéaire C_n. On peut considérer d'autres complexes attachés au mouvement. Celui dont l'étude se présente immédiatement est *celui des tangentes aux trajectoires des points :* en effet, à chaque point de l'espace, on peut attacher la tangente à la trajectoire qu'il décrit. On obtient ainsi ∞^3 droites dont l'ensemble forme bien un complexe. Il ne peut y avoir de réduction, ici, une droite ne pouvant varier en restant tangente à deux courbes.

On peut de même, à chaque plan de l'espace, attacher sa caractéristique, et l'on est amené encore à considérer *le complexe formé par l'ensemble de ces caractéristiques. Je vais établir que ce complexe est identique au premier.* A cet effet, montrons que :

1° *Toute tangente à la trajectoire d'un point est perpendiculaire à sa conjuguée par rapport au complexe* C_n; 2° *de même toute caractéristique d'un plan. Réciproquement, toute droite perpendiculaire à sa conjuguée par rapport à* C_n *est* 3° *tangente à la trajectoire d'un certain point;* 4° *caractéristique d'un certain plan entraîné dans le mouvement.*

1° Soit MT ou D la tangente à la trajectoire (M) d'un certain point M (*fig.* 85). On sait que la conjuguée Δ de D appartient aux plans normaux aux trajectoires de tous les points de D, en parti-

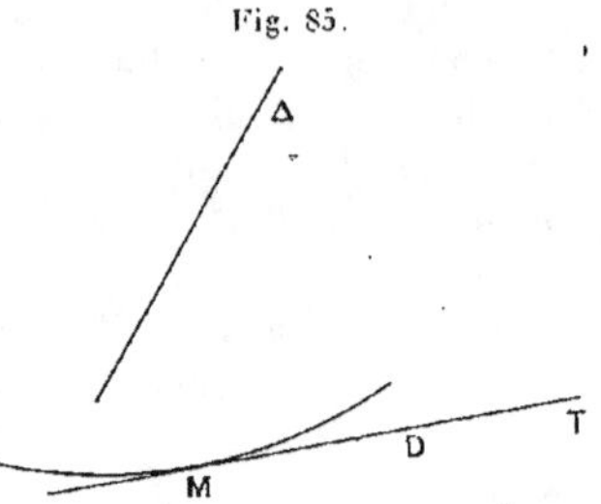

Fig. 85.

culier à celle du point M. Elle est donc dans le plan mené par M perpendiculairement à D, et par conséquent elle est perpendiculaire à D .

2° Soient P un plan, C sa caractéristique (*fig.* 86). La conjuguée Γ de C appartient aux plans normaux aux trajectoires de tous les

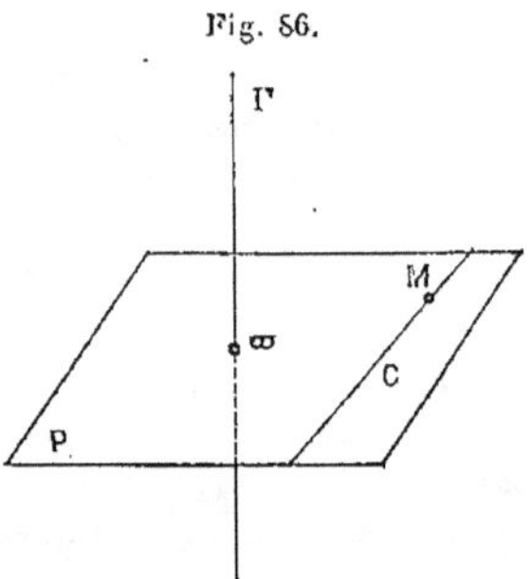

Fig. 86.

points de C. Mais toutes ces trajectoires sont tangentes au plan P. Les plans normaux dont il s'agit sont perpendiculaires à P; leur droite commune Γ est donc perpendiculaire à P, donc à C (Γ passe par le pôle ϖ du plan P).

3° Soit D une droite perpendiculaire à sa conjuguée Δ (*fig.* 85·)

Il existe sur D un point M tel que le plan (M Δ) soit perpendiculaire à D. La trajectoire du point M, supposé entraîné dans le mouvement, est normale au plan (MΔ). Sa tangente est donc la droite D ou MT.

4° Soit C une droite perpendiculaire à sa conjuguée Γ (*fig. 86*). Il existe un plan P, passant par C et perpendiculaire à Γ. La trajectoire d'un point quelconque M de C est normale au plan (MΓ), donc tangente au plan P. Par conséquent la caractéristique de ce plan est la droite C.

Nous appellerons *complexe des tangentes* le complexe dont nous venons de reconnaître la double signification. Il résulte des démonstrations précédentes que *ce complexe est identique à celui des droites qui sont perpendiculaires à leurs conjuguées par rapport au complexe linéaire* C_n.

216. Propriétés du complexe des tangentes. — 1° *Cône du complexe.* — Soit ϖ un point donné (*fig. 87*). Cherchons le cône du com-

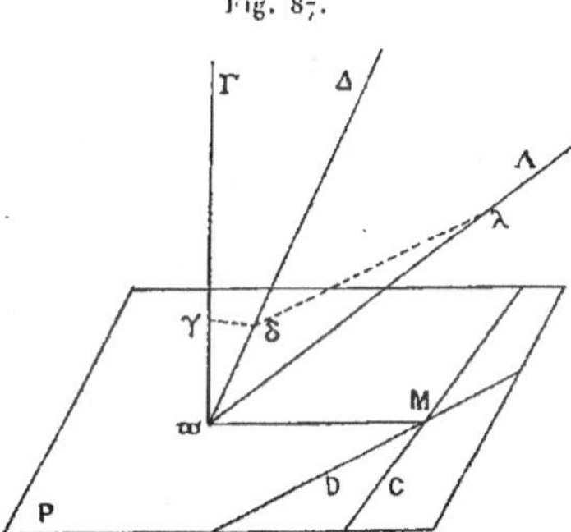

plexe des tangentes de sommet ϖ. Il faut trouver le lieu des droites passant par ϖ qui sont perpendiculaires à leurs conjuguées par rapport à C_n.

Soient Δ une telle droite, D sa conjuguée. Appelons P le plan polaire de ϖ, C sa caractéristique. Soient enfin Γ la perpendiculaire élevée en ϖ à P, Λ le diamètre du complexe C_n passant par ϖ, c'est-à-dire la conjuguée de la droite à l'infini L de P.

D, conjuguée de Δ, appartient au plan P. Cette droite, étant perpendiculaire à la fois à Γ et à Δ, est perpendiculaire au plan (Δ, Γ).

Le pôle du plan (Δ, Λ) doit se trouver à la fois sur D et sur L. C'est donc le point à l'infini de D. Ainsi le plan (Δ, Λ) est parallèle à D. Il est donc perpendiculaire au plan (Δ, Γ).

Les droites Γ et Λ étant fixes, on voit que le lieu des droites Δ n'est autre que *le lieu des arêtes des dièdres droits dont les faces passent respectivement par Γ et par Λ.* Ce lieu est un cône du second ordre, dont les plans cycliques sont perpendiculaires respectivement à Γ et à Λ. Soient en effet γ, δ, λ les traces respectives des droites Γ, Δ, Λ sur un plan fixe P' parallèle à P; $\gamma\delta$ est parallèle à ϖ M, $\delta\lambda$ est parallèle à D. Mais D est perpendiculaire à ϖ M, qui est une droite de plan (Δ, Γ). Donc l'angle $\widehat{\gamma\delta\lambda}$ est droit. Le lieu du point δ dans le plan P' est donc un cercle de diamètre $\gamma\lambda$, et le lieu de Δ est un cône ayant pour directrice ce cercle et pour sommet le point ϖ. On reconnaît de même qu'un plan quelconque perpendiculaire à Λ coupe le cône suivant un cercle. Λ est parallèle à l'axe de $C_{\prime\prime}$. Donc, en résumé :

Le complexe des tangentes est du second degré. Un cône de ce complexe, de sommet ϖ, a des plans cycliques parallèles respectivement au plan polaire de ϖ par rapport à $C_{\prime\prime}$ et aux plans orthographiques de ce complexe.

2° *Courbe du complexe.* — Nous pouvons nous donner *a priori* le plan P de la figure 87 et chercher l'enveloppe des droites D qui sont dans ce plan. Or on a remarqué plus haut que D est perpendiculaire à ϖ M. Comme le point M a pour lieu la droite C, on voit, en vertu d'un théorème connu, que :

La courbe du complexe des tangentes, enveloppe de celles de ces droites qui sont dans un plan P, est une parabole ayant pour foyer et pour tangente au sommet respectivement le pôle et la caractéristique de ce plan.

217. Remarque. — Soit ABCD un tétraèdre donné. On appelle *complexe tétraédral* le complexe lieu des droites X telles que le faisceau des quatre plans X (ABCD) ait un rapport anharmonique donné. On reconnaît que ce rapport anharmonique est aussi celui des quatre points en lesquels la droite X rencontre les faces du tétraèdre. Le complexe tétraédral est du second degré; tous ses cônes passent par les sommets du tétraèdre, toutes ses courbes sont tangentes aux faces de celui-ci.

On peut démontrer que *le complexe des tangentes, étudié aux paragraphes précédents, est un complexe tétraédral particulier.*

218. Complexe des axes de courbure des trajectoires. — Toutes les propriétés établies dans la précédente section sont relatives aux *éléments du premier ordre :* normales aux trajectoires, tangentes aux trajectoires des points, caractéristiques des surfaces entraînées dans le mouvement.

On peut poursuivre l'étude et chercher des propriétés relatives aux *éléments du second ordre,* c'est-à-dire notamment aux plans osculateurs, aux centres de courbure, aux axes de courbure des trajectoires. La question est naturellement beaucoup plus compliquée que dans le plan, et l'on ne peut guère espérer de résultat aussi frappant que la construction d'Euler et les théorèmes qui s'y rattachent.

Je me contenterai de citer les théorèmes suivants :

Le complexe formé par les axes de courbure des trajectoires des divers points d'un solide, à un instant donné, est un complexe tétraédral.

Le lieu des axes de courbure des trajectoires des points d'une droite est un hyperboloïde.

219. Mouvement d'une ponctuelle. — Nous ne nous sommes occupés jusqu'ici que du mouvement d'un solide, c'est-à-dire, au sens qu'a ce mot en Cinématique, d'un système de points remplissant tout l'espace et liés les uns aux autres. Quelques applications intéressantes se rapportent au mouvement d'une *ponctuelle,* c'est-à-dire d'un système de points répartis sur une droite support et liés les uns aux autres. Le mouvement d'un solide détermine celui d'une ponctuelle qui en fait partie, mais la réciproque n'est pas vraie, parce que la position d'un solide ne peut être déterminée par la seule connaissance des positions de points de ce solide qui sont en ligne droite. Il existe une infinité de mouvements d'un solide, entraînant un même mouvement pour l'une de ses ponctuelles.

La position d'une ponctuelle dans l'espace dépend seulement de cinq paramètres. Pour ces paramètres, on peut prendre les trois coordonnées d'un point donné de la ponctuelle, et deux des cosinus directeurs de sa droite support.

Pour définir géométriquement le mouvement d'une ponctuelle, il faut se donner quatre relations entre ces cinq paramètres. Par exemple, on peut se donner les trajectoires de deux points, car l'obligation pour un point de rester sur une courbe se traduit par deux conditions. On peut aussi assujettir quatre points de la ponctuelle à rester chacun sur une surface donnée. Alors tous les points de la ponctuelle, et en particulier les quatre points donnés, décrivent des trajectoires déterminées.

220. Propriétés du mouvement d'une ponctuelle. — Ces propriétés se déduisent immédiatement de celles du mouvement d'un solide.

Soient en effet A et B deux points d'une ponctuelle ayant un mouvement donné. Introduisons un point C, en dehors du support de celle-ci, tel que le triangle ABC soit de grandeur invariable, et donnons-nous en outre une surface fixe quelconque Σ_0. Pour chaque position de la ponctuelle, on peut faire tourner le triangle ABC autour de AB de manière à amener le point C sur Σ_0. On se trouve avoir ainsi défini le mouvement d'un solide S, lié au triangle ABC, et le mouvement de la ponctuelle AB, entraînée dans ce mouvement, est celui qu'on s'était donné *a priori*.

On peut donc énoncer, pour le mouvement de la ponctuelle AB, les propositions obtenues au n° 210, 3°, et au n° 211, et l'on voit que :

1° *Les plans normaux aux trajectoires des différents points de la ponctuelle AB, de support D, se coupent suivant une droite Δ.*

2° *La droite D engendre une surface réglée, et le paraboloïde des normales à cette surface, le long de D, contient Δ. Le point central de D est le pied de la perpendiculaire commune à cette droite et à Δ.*

Le plan central de D est le plan mené par D parallèlement à Δ.

La droite Δ est connue, si l'on connaît les plans normaux aux trajectoires de deux points de D. Elle est naturellement indépendante du point C et de la surface Σ_0 qui sont intervenus dans la démonstration.

CHAPITRE X.

MOUVEMÉNTS A PLUSIEURS PARAMÈTRES.

221. Mouvement $\mathfrak{M}_2$. —Dans le mouvement physique d'un solide, la position de celui-ci dépend d'un paramètre, le temps. Tous les points du solide décrivent des courbes, toutes les surfaces liées au solide ont des enveloppes à contact linéaire.

On peut regarder ce fait général d'un autre point de vue, purement géométrique. On sait que la position d'un solide qui n'est astreint à aucune condition dépend de six paramètres. Si l'on assujettit ces six paramètres à satisfaire à cinq relations distinctes, traduisant des conditions de nature géométrique imposées au solide, la position de celui-ci ne dépend plus que d'un paramètre. Le solide a un mouvement bien défini géométriquement, en ce sens que tous ses points ont des trajectoires déterminées. Le mouvement ne serait défini cinématiquement que si l'on donnait en outre la loi suivant laquelle le paramètre, dont dépend la position du solide, varie en fonction du temps.

Supposons maintenant que les six paramètres soient assujettis à satisfaire seulement à quatre relations distinctes. La position du solide dépend alors de deux paramètres indépendants, et il en est de même, en général, de la position d'un point quelconque de ce solide. Un tel point est donc astreint à rester sur une surface, que l'on appellera *sa surface trajectoire*. Une surface liée au solide, dépendant aussi de deux paramètres, a une enveloppe à contact ponctuel.

Il serait physiquement impossible de faire occuper au solide, en un temps fini, toutes les positions compatibles avec les conditions imposées, parce que, dans un mouvement réel, tous les points ne peuvent décrire que des lignes. Mais, par une extension naturelle du langage, on dit qu'un solide assujetti à quatre conditions est amené d'un *mouvement à deux paramètres*, ou *mouvement* $\mathfrak{M}_2$. Le mouvement ordinaire est alors dit mouvement *à un paramètre* ou *mouvement* $\mathfrak{M}_1$.

Pour définir le mouvement $\mathfrak{M}_2$ d'un solide, il faut, répétons-le, assujettir celui-ci à quatre conditions géométriques dont chacune se traduit analytiquement par une équation entre les six paramètres dont dépend la position du solide. Aussi l'on définira des mouvements $\mathfrak{M}_2$: 1° en se donnant les surfaces trajectoires de quatre points du solide; 2° en se donnant quatre surfaces auxquelles doivent respectivement rester tangentes quatre surfaces liées au solide; 3° en assujettissant quatre courbes liées au solide à couper chacune une courbe donnée, etc.

Un point d'un solide animé d'un mouvement $\mathfrak{M}_2$ a en général, ai-je dit, une surface trajectoire sur laquelle il peut occuper une position quelconque. Exceptionnellement, il se peut qu'un point particulier ait une *ligne* trajectoire. On définit en effet un mouvement $\mathfrak{M}_2$ en astreignant un point A du solide à décrire une courbe donnée, et deux autres points B et C à rester chacun sur une surface donnée, car le nombre des conditions imposées au solide est égal à $2 + 1 + 1 = 4$. On a encore un mouvement $\mathfrak{M}_2$ en astreignant deux points A_1 et A_2 du solide à décrire des courbes C_1 et C_2, et cet exemple montre que deux points distincts peuvent avoir des lignes trajectoires. Si C_1 et C_2 étaient confondues en une même droite D, tous les points de la ponctuelle $A_1 A_2$ décriraient aussi D (le mouvement $\mathfrak{M}_2$ considéré serait celui d'un solide dont une droite coïncide avec une droite fixe).

222. Mouvements $\mathfrak{M}_3$, $\mathfrak{M}_4$, $\mathfrak{M}_5$. — Par extension de ce qui précède, on peut considérer un solide assujetti à 3, 2 ou 1 conditions, en sorte que sa position dépend de 3, 4 ou 5 paramètres. On dira d'une manière générale qu'un solide dont la position dépend de k paramètres ($k = 1, 2, 3, 4, 5$) est amené d'un *mouvement à k paramètres*, ou plus brièvement d'un *mouvement* $\mathfrak{M}_k$ ou même d'un $\mathfrak{M}_k$.

On appelle aussi un mouvement $\mathfrak{M}_k$ *mouvement au $k^{ième}$ degré de liberté.*

Dans un mouvement $\mathfrak{M}_3$, la position de chacun des points du solide dépend en général de trois paramètres. Ce point peut donc en général occuper une position quelconque dans l'espace, tout au moins dans une certaine région (l'obligation de ne considérer que des positions réelles satisfaisant aux conditions données imposant en général cette restriction).

Exceptionnellement, un point du solide peut décrire une surface trajectoire, une ligne trajectoire, ou même rester absolument fixe. En effet, un solide astreint à cette seule condition d'avoir un point fixe est bien animé d'un $\mathfrak{M}_3$. Tous les autres points du solide ont alors des surfaces trajectoires, qui sont des sphères ayant pour centre le point fixe.

Les surfaces liées au solide ne peuvent de même, dans le cas général, avoir d'enveloppe.

Dans un mouvement $\mathfrak{M}_1$ général, un point du solide peut être amené en une position quelconque, et cette position étant donnée, le solide peut encore recevoir un mouvement $\mathfrak{M}_1$.

Dans un mouvement $\mathfrak{M}_2$ général, un point du solide peut en général être amené dans une position quelconque, et cette position étant donnée, le solide peut encore recevoir un mouvement $\mathfrak{M}_2$.

Enfin on peut appeler mouvement $\mathfrak{M}_6$ le mouvement d'un solide absolument libre.

223. Propriétés du mouvement $\mathfrak{M}_2$. Théorème de Schönemann-Mannheim. — Considérons un solide S animé d'un mouvement $\mathfrak{M}_2$. Soient u et v les paramètres dont dépend la position de S. Le mouvement $\mathfrak{M}_2$ *contient* une infinité de mouvements $\mathfrak{M}_1$, c'est-à-dire tels que toutes les positions occupées par S au cours de l'un de ces mouvements soient au nombre de celles que S occupe dans le mouvement $\mathfrak{M}_2$. On définira l'un de ces mouvements $\mathfrak{M}_1$ en astreignant u et v à être deux fonctions données du temps t, et en faisant varier ces fonctions on aura tous les $\mathfrak{M}_1$ dont il s'agit.

La position d'un point M lié à S est fonction de u et de v, et l'on peut écrire, en notation vectorielle,

$$M = O + \mathbf{f}(u, v),$$

O étant une origine fixe.

A partir d'une position II (u, v), correspondant à un système donné de valeurs de u et de v, donnons à S un mouvement $\mathfrak{M}_1$ contenu dans $\mathfrak{M}_2$, ce $\mathfrak{M}_1$ étant défini, comme je l'ai dit, en astreignant u et v à être certaines fonctions de t. Le vecteur vitesse du point M est donné par

$$(1) \qquad \mathbf{v} = \frac{d\mathrm{M}}{dt} = \frac{\partial \mathrm{M}}{\partial u}\frac{du}{dt} + \frac{\partial \mathrm{M}}{\partial v}\frac{dv}{dt}.$$

Cette égalité vectorielle s'interprète ainsi : le vecteur vitesse $\mathbf{v}$ du point M est la somme de deux vecteurs, $\frac{\partial \mathrm{M}}{\partial u}$ et $\frac{\partial \mathrm{M}}{\partial v}$, multipliés respectivement par les nombres $\frac{du}{dt}$ et $\frac{dv}{dt}$; il est donc complanaire à ces deux vecteurs. Or, le vecteur $\frac{\partial \mathrm{M}}{\partial u}$ n'est autre que le vecteur vitesse du point M dans le $\mathfrak{M}_1$ particulier défini par les relations

$$(2) \qquad u = t, \qquad v = \text{const.}$$

Dans ce $\mathfrak{M}_1$, le point M décrit une certaine trajectoire C (*fig. 88*),

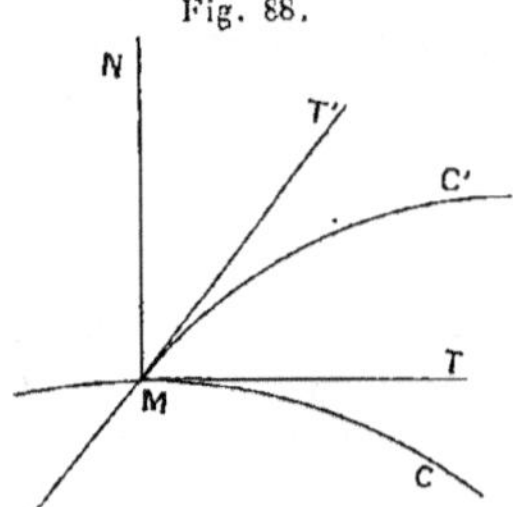

ayant MT pour tangente en M, et $\frac{\partial \mathrm{M}}{\partial u}$ est parallèle à MT. De même le vecteur $\frac{\partial \mathrm{M}}{\partial v}$ est parallèle à la tangente MT' à la courbe C', trajectoire du point M dans le mouvement défini par

$$(3) \qquad u = \text{const.}, \qquad v = t.$$

Le vecteur vitesse $\mathbf{v}$ est donc parallèle au plan MTT'. Autrement dit, quel que soit le mouvement $\mathfrak{M}_1$ donné au solide S à partir de la position II (u, v), la trajectoire du point M est tangente au plan MTT'. Ce plan est donc le plan tangent à la surface trajectoire du point M.

Considérons maintenant la normale MN à cette surface trajectoire. Elle est en particulier normale à MT. Elle appartient donc au complexe des normales C_n attaché au mouvement $\mathfrak{M}_1$ défini par les égalités (2). Elle appartient de même au complexe des normales C_n' attaché au mouvement $\mathfrak{M}_1$ défini par les égalités (3). Par conséquent, MN appartient à la congruence linéaire, intersection de C_n et de C_n (n° 96). On aboutit ainsi au théorème de Schönemann-Mannheim :

Les normales aux surfaces trajectoires des divers points d'un solide animé d'un mouvement $\mathfrak{M}_2$ appartiennent, pour une position donnée de ce solide, à une congruence linéaire.

Le cas général est celui où cette congruence linéaire a ses deux directrices distinctes. On peut dire alors que *les normales aux surfaces trajectoires s'appuient toutes sur deux mêmes droites D et Δ.* Mais la congruence peut être spéciale (n° 98) ou singulière (n° 99). Nous reviendrons plus loin sur le cas de la congruence spéciale.

Le théorème de Schönemann-Mannheim permet de construire la normale à la surface trajectoire d'un point quelconque d'un solide, animé d'un mouvement $\mathfrak{M}_2$ défini par la connaissance des surfaces trajectoires de quatre points. On mène les normales à ces quatre surfaces. Elles rencontrent deux droites que l'on sait construire : il suffit pour cela de construire la semi-quadrique définie par trois des normales, et de mener par les deux points où la quatrième normale rencontre la quadrique support de la semi-quadrique les deux génératrices D et Δ de la semi-quadrique complémentaire. la normale cherchée est alors la droite, menée par le point donné. qui s'appuie sur D et Δ.

Considérons encore une surface Σ entraînée avec S et cherchons les points caractéristiques de cette surface. En refaisant un raisonnement déjà employé plusieurs fois, on voit que, dans l'un quelconque des $\mathfrak{M}_1$ contenus dans le $\mathfrak{M}_2$ de S, la trajectoire de l'un de ces points caractéristiques est tangente à Σ. Donc la surface trajectoire de ce point, dans le $\mathfrak{M}_2$, est tangente à Σ. On obtiendra donc les points caractéristiques cherchés en construisant les points de Σ_2 tels que les normales à Σ en ces points rencontrent D et Δ.

Si Σ est un plan, la construction se réduit à ceci : *le point caractéristique de Σ est l'intersection des projections sur ce plan de D et de Δ.*

224. Cylindroïde attaché au $\mathfrak{M}_2$. — Reprenons l'égalité vectorielle (1) du n° 223. Étant donné un mouvement particulier $\mathfrak{M}_1$ contenu dans le $\mathfrak{M}_2$, les nombres $\dfrac{du}{dt}$ et $\dfrac{dv}{dt}$ ont la même valeur, quel que soit le point M de S. On peut donc énoncer le résultat suivant, en tenant compte du théorème sur la composition des vitesses :

Le mouvement $\mathfrak{M}_1$ dont il s'agit peut être considéré comme résultant de la composition des deux mouvements définis respectivement par les relations

$$u = t, \qquad v = \text{const.} \qquad (\text{mouvement } \mathfrak{M}),$$

et

$$u = \text{const.}, \qquad v = t \qquad (\text{mouvement } \mathfrak{M}'),$$

les vecteurs vitesses des points entraînés dans ce mouvement étant multipliés respectivement par les nombres $\dfrac{du}{dt}$ *et* $\dfrac{dv}{dt}$.

À partir de la position H (u, v), tous les mouvements $\mathfrak{M}_1$ de S sont, du point de vue cinématique, tangents à ∞^2 mouvements, chacun d'eux étant caractérisé par un système de valeurs de du et de dv. Mais, *du point de vue géométrique*, le nombre de ces mouvements se réduit à ∞^1, parce que l'on peut toujours identifier avec le temps l'une des variables u et v, la première par exemple, et le mouvement à considérer ne dépend plus que de dv.

En désignant comme plus haut par C_n et par C'_n les complexes de normales attachés aux mouvements $\mathfrak{M}$ et $\mathfrak{M}'$, il résulte de ce qui a été dit que le complexe de normales attaché à l'un quelconque des $\mathfrak{M}_1$ considérés fait partie du faisceau défini par C_n et C'_n. Ce faisceau a pour base la congruence linéaire G de directrices D et Δ.

Parmi tous les $\mathfrak{M}_1$, quels sont ceux qui sont tangents à des rotations ? Pour que cela se produise, il faut que le complexe de normales attaché au $\mathfrak{M}_1$ soit spécial. Or le faisceau de complexes (C_n, C'_n) ne contient, dans le cas général où la congruence G n'est pas spéciale, que deux complexes spéciaux, de directrices D et Δ. Par conséquent :

Parmi tous les mouvements $\mathfrak{M}_1$ contenus dans un $\mathfrak{M}_2$ donné, à partir d'une position donnée, il en existe deux qui sont tangents à des rotations. Les axes de celles-ci sont les droites D et Δ.

On peut, dans la définition du faisceau (C_n, C'_n), remplacer les complexes C_n et C'_n par les deux complexes spéciaux de directrices D et Δ. Donc :

Tous les $\mathfrak{M}_1$ considérés sont tangents aux divers mouvements résultant de la composition de deux rotations d'axes D *et* Δ, *les vitesses angulaires de ces rotations prenant toutes les valeurs possibles.*

Géométriquement, ce ne sont pas ces vitesses angulaires mêmes qui interviennent, mais leur rapport.

Chaque mouvement $\mathfrak{M}_1$ est tangent à un vissage. L'axe de ce vissage est celui du complexe de normales attaché à $\mathfrak{M}_1$. Donc (n° 101) :

Le lieu des axes des vissages tangents aux divers $\mathfrak{M}_1$ considérés est le cylindroïde défini par les droites D *et* Δ.

225. Cas particulier du $\mathfrak{M}_2$. Théorème de Ribaucour. — Comme on l'a vu au n° 223, il se peut que la congruence linéaire attachée à un $\mathfrak{M}_2$ soit spéciale, pour une position donnée. Un cas particulier intéressant est celui où cette circonstance se produit, quelle que soit la position du solide S.

Proposons-nous de définir le mouvement $\mathfrak{M}_2$ le plus général satisfaisant à cette condition.

Pour un tel mouvement $\mathfrak{M}_2$, les droites D et Δ correspondant à une position quelconque II du solide S sont dans un même plan. Les vissages auxquels sont tangents les divers mouvements $\mathfrak{M}_1$ considérés au paragraphe précédent se réduisent donc à des rotations, dont les axes constituent le faisceau défini par D et Δ. Soit M le sommet de ce faisceau. A chaque position II correspond un point M. Le lieu des points M dans l'espace fixe est une surface Σ_0. Le lieu de ces points par rapport au solide S est une surface Σ.

Il existe une relation remarquable entre les surfaces Σ_0 et Σ. Pour la reconnaître, considérons un mouvement continu $\mathfrak{M}_1$ contenu dans $\mathfrak{M}_2$ et d'ailleurs quelconque. Le solide S prend alors ∞^1 positions. Le point M décrit, dans l'espace fixe, une courbe C_0 tracée sur Σ_0, et, par rapport au solide S, une courbe C_0 tracée sur Σ_0. On peut choisir $\mathfrak{M}_1$ de telle sorte que l'une ou l'autre des courbes C_0 et C soit une courbe arbitraire tracée sur la surface correspondante.

A un instant quelconque, le mouvement $\mathfrak{M}_1$ est tangent à une rotation dont l'axe passe par M. Donc la vitesse du point coïncidant avec M et entraîné avec S est nulle. Il résulte de là que la courbe C roule sur la courbe C_0.

Cela posé, marquons sur Σ_0 et sur Σ les points M_0 (u, v) et M (u, v) correspondant aux diverses positions II (u, v). On établit ainsi une correspondance ponctuelle entre les deux surfaces. Soient M_0 (u, v) et M_0 (u', v') deux points quelconques de Σ_0. Joignons-les par un arc de courbe quelconque C_0 tracé sur cette même surface. A cet arc correspond sur Σ un arc C, joignant les deux points M (u, v) et M (u', v'). On peut passer de la position II (u, v) à la position II (u', v') par un mouvement tel que le point M décrive l'arc C_0 sur Σ_0 et l'arc C sur Σ. Comme on l'a reconnu ci-dessus, ces deux arcs roulent l'un sur l'autre. Ils ont donc même longueur.

Ainsi *la correspondance entre les points M_0 et M des surfaces Σ_0 et Σ est une correspondance par égalité de longueurs d'arcs*. On démontre, dans la théorie des surfaces, qu'une telle correspondance est impossible à établir entre deux surfaces quelconques. Quand elle peut être établie, on dit que les deux surfaces sont *applicables* ([1]). Si l'une des surfaces est constitué par un tissu flexible et inextensible, on peut, par une déformation continue, la transformer en l'autre surface.

Les surfaces applicables Σ_0 et Σ étant supposées réalisées, on obtient une image simple du mouvement $\mathfrak{M}_2$ considéré : Σ_0 étant fixe, on donne à Σ les ∞^2 positions telles qu'un point M de cette dernière surface vienne coïncider avec le point correspondant M_0 de Σ_0, les deux surfaces étant tangentes, et les diverses courbes tracées sur Σ, à partir de M touchant les courbes correspondantes de Σ_0. Le solide S, entraîné avec Σ, est animé du mouvement $\mathfrak{M}_2$ dont il s'agit.

Cette génération remarquable d'un mouvement $\mathfrak{M}_2$ tel que toutes les congruences linéaires qui lui sont attachés soient spéciales a été découverte par Ribaucour. Elle donne une extension à l'espace du théorème relatif à la génération d'un mouvement plan quelconque par un roulement (n° 181).

Il serait intéressant de déterminer tous les $\mathfrak{M}_2$ tels que les

---

([1]) On a déjà parlé au n° 173 des surfaces *réglées* applicables, avec correspondance des génératrices.

congruences linéaires qui leurs sont attachées soient toujours *singulières*. Cette étude n'a pas été faite, à ma connaissance [1].

226. Mouvement $\mathfrak{M}_3$. — L'extension de la méthode du n° 223 au mouvement $\mathfrak{M}_3$ se fait immédiatement. Il suffit d'indiquer les résultats.

Soient u, v, w les paramètres indépendants dont dépend la position II du solide S. A partir de la position II (u, v, w), S peut recevoir ∞^3 déplacements infiniment petits, dépendant du système de différentielles du, dv, dw. On peut dire aussi que tous les mouvements $\mathfrak{M}_1$ que S peut prendre à partir de II, s'obtiennent en composant les trois mouvements définis par les relations

$$u = t, \qquad v = \text{const.}, \qquad w = \text{const.} \qquad (\text{mouvement } \mathfrak{M});$$
$$u = \text{const.}, \qquad v = t, \qquad w = \text{const.} \qquad (\text{mouvement } \mathfrak{M}');$$
$$u = \text{const.}, \qquad v = \text{const.}, \qquad w = t \qquad (\text{mouvement } \mathfrak{M}''),$$

les vitesses prises par les points entraînés dans ces trois mouvements étant tout d'abord multipliées par les nombres respectifs $\dfrac{du}{dt}$, $\dfrac{dv}{dt}$, $\dfrac{dw}{dt}$, qui peuvent être choisis arbitrairement.

Géométriquement, il n'y a à considérer que ∞^2 mouvements, dépendant des rapports respectifs de ces trois nombres.

A l'un quelconque des mouvements $\mathfrak{M}_1$ ainsi obtenus est attaché un complexe de normales C_n, et l'on voit, comme dans le cas du mouvement $\mathfrak{M}_2$, que C_n appartient au réseau déterminé par les complexes attachés respectivement à $\mathfrak{M}$, $\mathfrak{M}'$ et $\mathfrak{M}''$.

Tous ces C_n forment donc un réseau qui a pour base une semi-quadrique Σ (n° 103). Soient L_1, L_2, L_3 trois génératrices de la semi-quadrique complémentaire Σ'. Le réseau peut être défini, comme on l'a vu (*loc. cit.*), au moyen de trois complexes spéciaux de directrices L_1, L_2, L_3. Comme ces droites sont des génératrices arbitraires de Σ', on a les résultats suivants :

Parmi les ∞^2 mouvements $\mathfrak{M}_1$, il en existe ∞^1 qui sont tangents

─────────────────────────

[1] Je puis donner un exemple d'un tel $\mathfrak{M}_2$. C'est celui d'un solide qui reste symétrique d'un solide fixe par rapport aux diverses tangentes osculatrices (ou tangentes asymptotiques) d'une surface donnée quelconque.

à des rotations. Les axes de ces rotations ont pour lieu une semi-quadrique Σ'.

Les divers $\mathfrak{M}_1$ s'obtiennent en composant trois quelconques de ces rotations, de vitesses angulaires arbitraires (bien entendu, chaque $\mathfrak{M}_1$ est ainsi obtenu une infinité de fois).

Il résulte aussi des propriétés des complexes linéaires que *les axes des vissages tangents aux ∞_2 mouvements $\mathfrak{M}_1$ engendrent la congruence formée par les perpendiculaires communes aux génératrices de Σ, prises deux à deux, Σ étant la semi-quadrique complémentaire de Σ'.*

Considérons enfin un point M quelconque de la quadrique support de Σ et de Σ'. La génératrice de Σ qui passe par M appartient à tous les complexes C_u attachés aux divers $\mathfrak{M}_1$. Donc quel que soit le $\mathfrak{M}_1$ donné au solide S à partir de la position II (u, v, w), le point M a une vitesse normale à la génératrice considérée, c'est-à-dire que ce point engendre un élément de surface normal à cette génératrice. Ainsi :

Alors que pour tous les déplacements infiniment petits que peut recevoir le solide S à partir d'une position donnée II (u, v, w), un point de ce solide se déplace en général dans toutes les directions possibles, il existe des points privilégiés qui décrivent des éléments de surfaces. Ce sont les points d'une certaine quadrique, et les éléments de surfaces dont il s'agit sont normaux aux génératrices de l'une des semi-quadriques que porte cette quadrique.

227. Mouvement $\mathfrak{M}_2$ d'une ponctuelle. — On peut étendre les considérations du n° 220 au mouvement à plusieurs paramètres d'une ponctuelle. La position de cette ponctuelle dépendant de cinq paramètres seulement, $5 - m$ relations imposées à ces paramètres définiront un mouvement $\mathfrak{M}_m$ de la ponctuelle.

Les propriétés de ce mouvement $\mathfrak{M}_m$ se déduisent immédiatement de celles du mouvement $\mathfrak{M}_m$ d'un solide, par le même raisonnement qu'au n° 220 : on adjoint à la ponctuelle dont deux points sont A et B un point C formant avec ces derniers un triangle ABC de grandeur invariable. Si le point C est assujetti à rester sur une surface donnée Σ_0, le solide lié au triangle ABC a un mouvement $\mathfrak{M}_m$ bien défini. Il n'y a plus qu'à examiner les propriétés de ce dernier mouvement qui sont indépendantes du point C et de la surface Σ_0.

Bornons-nous à l'étude du mouvement $\mathcal{M}_2$. Un tel mouvement sera défini si l'on donne par exemple les surfaces trajectoires de trois points de la ponctuelle; ou bien les surfaces trajectoires de deux points et une surface à laquelle doit rester tangent le support de la ponctuelle; ou bien la surface trajectoire d'un point et deux surfaces auxquelles le support doit rester tangent; etc. Tous les points de la ponctuelle ont en général des surfaces trajectoires.

Pour une position donnée de la ponctuelle, les normales à ces surfaces ont pour lieu une semi-quadrique. En effet, considérons, en employant l'artifice indiqué ci-dessus, la ponctuelle comme liée à un solide S animé d'un mouvement $\mathcal{M}_2$. Les normales aux surfaces trajectoires de tous les points de S rencontrent deux droites D et Δ. Elles s'appuient d'autre part sur le support de la ponctuelle. Elles ont donc bien pour lieu une semi-quadrique Q, évidemment indépendante de S. En faisant varier le point C et la surface Σ_0 introduits plus haut, D et Δ varieront sur la semi-quadrique complémentaire de Q.

Le support X de la ponctuelle est une droite dépendant de deux paramètres, qui engendre par conséquent une congruence. D'après la théorie générale des enveloppes (n° 57), X doit toucher une ou plusieurs *surfaces focales* en des points dits *points focaux*. Il est aisé de construire ces derniers.

En effet, soit M un point focal; c'est le point de contact de X avec une certaine surface Σ. Ce point M, considéré comme lié à la ponctuelle, aurait une certaine surface trajectoire Σ_0. Par le raisonnement fondé sur la composition des vitesses et si souvent employé dans les pages précédentes, on reconnaît que Σ est tangente à Σ_0. Le point M doit donc être tel que sa surface trajectoire soit tangente à X, ou encore tel que la normale MN à cette surface trajectoire soit perpendiculaire à X. Mais on sait que cette normale appartient à Q. Le point M jouit donc de cette propriété : la génératrice MN de Q qui passe par M est perpendiculaire à X.

Cette génératrice est parallèle à une génératrice du cône asymptote de Q, et elle est d'autre part parallèle à un plan perpendiculaire à X. Elle est donc déterminée, en direction, par l'intersection d'un cône du second ordre et d'un plan passant par le sommet de ce cône. Une fois la direction de MN connue, cette génératrice est déterminée d'une façon unique, car il n'existe pas sur une semi-quadrique deux génératrices parallèles. On voit que le problème a deux solutions.

Remarquons que si l'on se donne une congruence de droites quelconque, on peut toujours considérer cette congruence comme engendrée par le support d'une ponctuelle animée d'un mouvement $\mathfrak{M}_2$: il suffit, pour définir ce mouvement, de se donner la surface trajectoire d'un point de la ponctuelle. On voit donc que, dans le cas le plus général, *les droites d'une congruence ont deux points focaux, et que, par conséquent, la congruence même a deux surfaces focales*. Autrement dit, *la congruence de droites la plus générale est constituée par l'ensemble des tangentes communes à deux surfaces* (¹).

(¹) Chacune de ces surfaces peut se réduire à une courbe. Alors la droite de la congruence est assujettie simplement à *rencontrer* cette courbe (*voir* la note du n° 57).

Ce cas singulier se présente pour la congruence linéaire, dont les surfaces focales se réduisent à deux droites.

LIVRE III.

DÉVELOPPEMENTS ET APPLICATIONS DIVERSES.

CHAPITRE XI.

ADDITIONS A LA THÉORIE DU DÉPLACEMENT.

A. — DÉPLACEMENT PLAN.

228. Système de trois positions. — Au Chapitre IV, nous n'avons considéré que deux positions d'un plan mobile Π glissant sur un plan fixe Π_0. Considérons maintenant *trois* positions distinctes Π_1, Π_2, Π_3 du plan Π.

Les déplacements qui font passer de l'une à l'autre de ces positions sont des rotations (je laisse de côté le cas singulier où un ou plusieurs de ces déplacements seraient des translations), inverses l'une de l'autre deux à deux. Par exemple la rotation qui amène Π de Π_1 à Π_2 est inverse de celle qui amène Π de Π_2 à Π_1. Il n'y a donc à considérer que trois centres de rotation, points du plan Π_0 qui seront désignés par

$$O_{12} \text{ ou } O_{21}, \qquad O_{23} \text{ ou } O_{32}, \qquad O_{31} \text{ ou } O_{13}.$$

Aux yeux d'un observateur lié au plan Π, chacun des déplacements considérés se traduit par un déplacement du plan Π_0 par rapport au plan Π. Ces déplacements, réciproques des premiers sont trois rotations dont les centres, marqués dans le plan Π, seront désignés par

$$O'_{12} \text{ ou } O'_{21}, \qquad O'_{23} \text{ ou } O'_{32}, \qquad O'_{31} \text{ ou } O'_{13}.$$

Représentons (*fig.* 89) le plan Π_0 et le plan Π, ce dernier étant pris dans la position Π_1. Il est clair qu'alors O'_{12} est confondu avec O_{12} et O'_{31} avec O_{31}.

Si Π passe de Π_1 à Π_2, il tourne autour du point O_{12}, et quand il occupe sa position finale, O'_{23} vient se confondre avec O_{23}. On a donc

$$O_{12} O_{23} = O'_{12} O'_{23}$$

et l'angle de la rotation est l'angle $\widehat{O'_{23} O_{12} O_{23}}$.

La position Π_2 étant supposée distincte de Π_1, cet angle n'est pas nul, et le point O'_{23} est par conséquent distinct du point O_{23}.

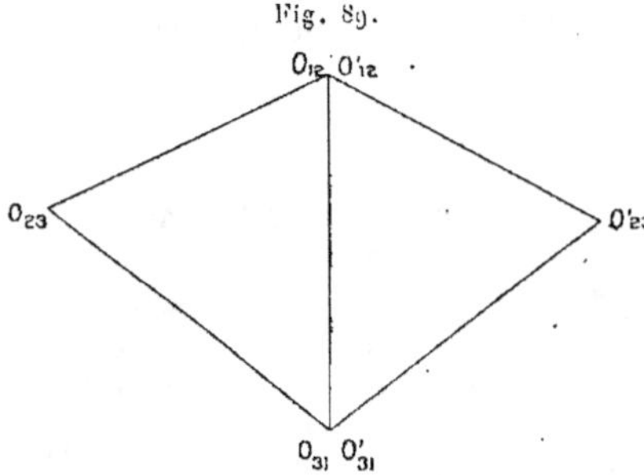

On reconnaît de même que l'on a $O_{31} O_{23} = O'_{31} O'_{23}$. Par conséquent les deux triangles $O_{12} O_{23} O_{31}$, et $O'_{12} O'_{23} O'_{31}$ ayant leurs côtés égaux deux à deux sont directement ou inversement égaux. La première conclusion doit être rejetée, parce qu'elle entraînerait la coïncidence de O_{23} et de O'_{23}. Ainsi *les centres des rotations qui amènent le plan* Π *de l'une à l'autre de trois positions de ce plan, marqués respectivement dans le plan fixe* Π_0 *et dans le plan* Π, *forment deux triangles inversement égaux.*

On voit aussi que l'angle de la rotation qui fait passer Π de la position Π_1 à la position Π_2 a pour valeur $2 \widehat{O_{31} O_{21} O_{23}}$. Les autres angles de rotation ont des valeurs analogues.

Le lecteur qui éprouverait quelque difficulté à se rendre compte de ces faits peut les étudier expérimentalement en dessinant sur deux cartes de visite Π_0 et Π deux triangles inversement égaux $O_{12} O_{23} O_{31}$ et $O'_{12} O'_{23} O'_{31}$ (*fig.* 90). Faire des trous d'épingle aux sommets de ces triangles. Donner à Π la position Π_1 en assurant, au moyen de deux épingles, la coïncidence de O'_{12} avec O_{12}

Fig. 90.

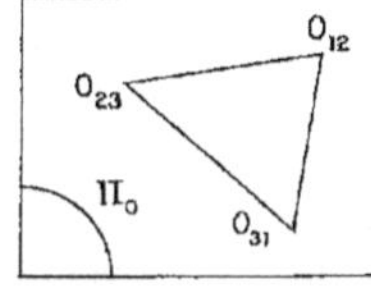

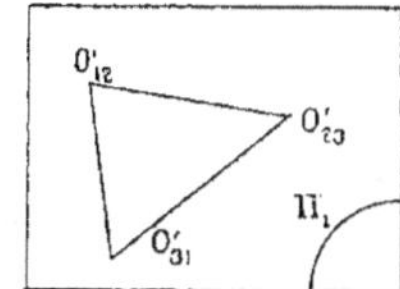

et celle de O'_{31} avec O_{31}. Supprimer la seconde épingle et faire tourner Π autour de la première de manière à amener O'_{23} sur O_{23}. Π sera alors dans la position Π_2, etc.

229. Théorème de Stephanos. — *Trois positions quelconques* Π_1, Π_2, Π_3 *du plan* Π *sont symétriques, par rapport à trois certaines droites, d'une même position* Π'.

Conservons les notations du n° 228. On a vu que Π passe de Π_1 à Π_2 par la rotation

$$R\left(O_{12},\ 2\,\widehat{O_{31}\,O_{12}\,O_{23}}\right).$$

Mais cette rotation est le produit des symétries $S\,(O_{12}\,O_{31})$ et $S\,(O_{12}\,O_{23})$. Cela revient à dire que la position, symétrique de Π_2 par rapport à $O_{12}\,O_{23}$, se confond avec la position Π', symétrique de Π_1 par rapport à $O_{12}\,O_{31}$. On reconnaît de même que la position symétrique de Π_3 par rapport à $O_{31}\,O_{23}$ se confond avec Π', et le théorème de Stephanos est démontré.

230. Autres propriétés du système de trois positions. — $1°$ *Le lieu dans le plan* Π *des points* M, *dont les trois positions* M_1, M_2, M_3 *correspondant aux positions* Π_1, Π_2, Π_3 *sont en ligne droite, est le cercle circonscrit au triangle* $O'_{12}\,O'_{23}\,O'_{31}$.

Figurons (*fig.* 91) le triangle $O_{12}\,O_{23}\,O_{31}$, dans le plan Π_0. Le triangle $O'_{12}\,O'_{23}\,O'_{31}$ du plan Π est, comme on vient de le voir (n° 228), inversement égal au précédent. Soit M un point du plan Π, dont les trois positions M_1, M_2, M_3 sont alignées.

D'après le théorème de Stephanos (n° 229), Π_1, Π_2, Π_3 sont symétriques d'une même position Π' par rapport aux droites $O_{12} O_{31}$, $O_{21} O_{23}$, $O_{31} O_{23}$, respectivement, et M_1, M_2, M_3 sont les symétriques

Fig. 91.

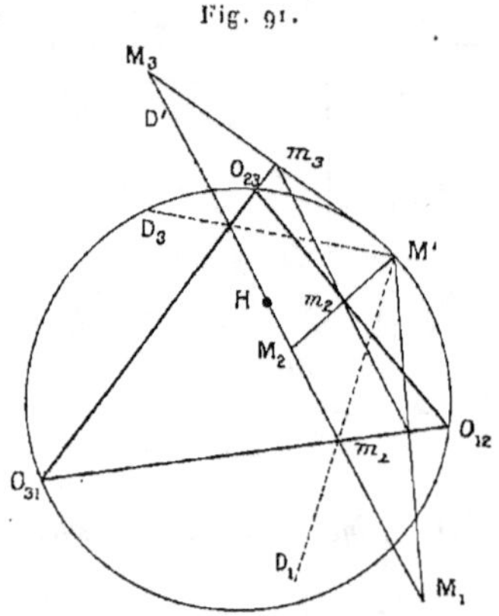

d'un même point M' par rapport à ces mêmes droites. Ce point M' doit donc être tel que ses symétriques par rapport aux côtés du triangle $O_{12} O_{23} O_{13}$ soient alignés. Par conséquent, les projections du point M' sur ces mêmes côtés sont alignées aussi, et l'on en conclut, en vertu d'un théorème de géométrie fort connu (*théorème de Simson ou de Wallace*), *que le point M' appartient au cercle $O_{12} O_{23} O_{31}$.* Quand le plan Π vient prendre la position Π_1, les deux triangles $O'_{12} O'_{23} O'_{31}$ et $O_{12} O_{23} O_{31}$ occupent la position relative représentée figure 89, et le cercle $O'_{12} O'_{23} O'_{31}$ est symétrique du cercle $O_{12} O_{23} O_{31}$ par rapport à la droite $O_{12} O_{31}$. Comme le point M_1 est symétrique du point M' par rapport à la même droite, il se trouve sur le cercle $O'_{12} O'_{23} O'_{31}$. Par conséquent, on voit que, dans le plan Π, le point M, qui vient en M_1, quand Π vient en Π_1, est sur le cercle circonscrit au triangle $O'_{12} O'_{23} O'_{31}$.

C. Q. F. D.

On voit de même que, dans le plan Π_0, le lieu des points M_0 dont les trois positions, pour un observateur lié au plan Π, sont alignées, est le cercle circonscrit au triangle $O_{12} O_{23} O_{31}$.

2° *Les droites* D *du plan* II, *dont les trois positions* D_1, D_2, D_3 *correspondant aux positions* II_1, II_2, II_3 *sont concourantes, passent par un point fixe dans le plan* II.

Soit M′ le point de concours de D_1, D_2, D_3. Si l'on considère le point M′ comme marqué dans le plan II_0, ses trois positions par rapport au plan II appartiennent à la droite D. Donc, d'après ce qu'on vient de voir au 1°, M′ appartient au cercle $O_{12}\,O_{23}\,O_{31}$.

D'autre part, D_1, D_2 et D_3 sont les symétriques, par rapport aux côtés du triangle $O_{12}\,O_{23}\,O_{31}$, d'une même droite D′ appartenant à la position II′. Par conséquent D′ passe par les points M_1, M_2 et M_3, symétriques du point M′ par rapport aux mêmes côtés. Il résulte de là, si l'on invoque une propriété connue de la droite de Simson, que D′ passe par l'orthocentre H du triangle $O_{12}\,O_{23}\,O_{13}$. On voit donc, en se reportant encore à la figure 89, que *la droite* D *passe par l'orthocentre du triangle* $O'_{12}\,O'_{23}\,O'_{31}$, ce qui établit la proposition.

231. Système de quatre positions. — Considérons maintenant un système de quatre positions II_1, II_2, II_3, II_4 du plan mobile II. En les prenant deux à deux, on définit douze rotations, deux à deux inverses l'une de l'autre. Dans le plan fixe II_0 marquons les six centres

$$O_{ij}\quad (i, j = 1,\ 2,\ 3,\ 4)$$

de ces rotations. Dans le plan II marquons les six centres O'_{ij} des rotations réciproques (*fig.* 92).

Les deux figures tracées (F) et (F′) ont des propriétés intéressantes.

1° Comme on l'a vu au n° 228, le triangle $O_{ij}\,O_{jk}\,O_{ik}$ est inversement égal au triangle $O'_{ij}\,O'_{jk}\,O'_{ik}$. *La figure présente donc quatre couples de triangles inversement égaux*, savoir

$$(1)\qquad \begin{cases} O_{12}\,O_{23}\,O_{13} & \text{et} & O'_{12}\,O'_{23}\,O'_{13}, \\ O_{12}\,O_{24}\,O_{14} & \text{et} & O'_{12}\,O'_{24}\,O'_{14}, \\ O_{13}\,O_{14}\,O_{34} & \text{et} & O'_{13}\,O'_{14}\,O'_{34}, \\ O_{23}\,O_{24}\,O_{34} & \text{et} & O'_{23}\,O'_{24}\,O'_{34}. \end{cases}$$

On remarquera que chacune des figures (F) et (F′) se compose de *huit* triangles, qui peuvent être répartis en deux groupes de quatre, deux triangles quelconques d'un même groupe ayant en commun un sommet et un seul. Les quatre triangles qui figurent dans chacune des colonnes du tableau ci-dessus sont ceux d'un même groupe ([1]).

2º Considérons les deux triangles $O_{12} O_{13} O_{14}$ et $O'_{12} O'_{13} O'_{14}$, dont les sommets ont en commun l'indice 1. Quand le plan Π occupe la position Π_1, les sommets du second triangle viennent coïncider avec les sommets correspondants du premier. Ces deux triangles sont

Fig. 92.

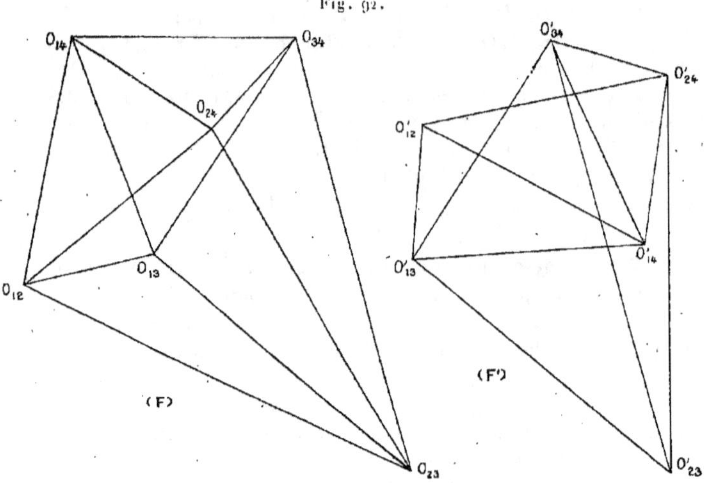

donc directement égaux. En étendant cette remarque à toutes les permutations des indices, on reconnaît que *les quatre couples suivants de triangles sont directement égaux* :

$$
\text{(II)}
\begin{cases}
O_{12} O_{13} O_{14} & \text{et} & O'_{12} O'_{13} O'_{14}; \\
O_{12} O_{23} O_{24} & \text{et} & O'_{12} O'_{23} O'_{24}; \\
O_{13} O_{23} O_{34} & \text{et} & O'_{13} O'_{23} O'_{34}; \\
O_{14} O_{24} O_{34} & \text{et} & O'_{14} O'_{24} O'_{34}.
\end{cases}
$$

([1]) Il n'est pas difficile d'interpréter la figure (F) comme représentant un octaèdre à faces triangulaires. Alors les huit triangles et leur répartition en deux groupes sont faciles à voir.

On trouve dans chaque colonne le second des groupes de quatre triangles définis plus haut.

3° Comme on l'a vu au n° 228, l'angle de la rotation qui fait passer de la position II_1, à la position II_2 a pour valeur

$$\theta_{12} = 2\widehat{O_{13}O_{12}O_{23}}.$$

Pour éviter toute difficulté de signe dans ce qui suit, désignons par (D) *l'inclinaison* d'une droite D quelconque, c'est-à-dire l'angle qu'elle fait avec un axe Ox supposé tracé dans le plan de la figure. (D) est défini à π près, si la droite D n'est pas orientée.

D et D' étant deux droites non orientées quelconques, l'angle $\widehat{D, D'}$, défini à π près, dont il faut faire tourner D pour l'amener sur D' est donné par la formule

$$\widehat{D, D'} = (D') - (D).$$

Avec cette notation, on a

$$\theta_{12} = 2(O_{12}O_{23}) - 2(O_{12}O_{13}).$$

Mais cette égalité reste vraie si l'on remplace l'indice 3 par l'indice 4. On a donc

$$2(O_{12}O_{23}) - 2(O_{12}O_{13}) = 2(O_{12}O_{24}) - 2(O_{12}O_{14})$$

ou

$$2[(O_{12}O_{23}) + (O_{12}O_{14})] = 2[(O_{12}O_{13}) + (O_{12}O_{24})].$$

Le premier membre est, comme on le voit tout de suite, le double de l'inclinaison de l'une quelconque des deux bissectrices de l'angle $\widehat{O_{14}O_{12}O_{23}}$, et le second membre est le double de l'inclinaison de l'une quelconque des bissectrices de l'angle $\widehat{O_{13}O_{12}O_{24}}$. Donc *ces deux angles ont les mêmes bissectrices* et forment ce que l'on appelle souvent un *faisceau isogonal*.

Cela posé, considérons la conique G bien déterminée qui a pour foyers O_{13} et O_{24} et qui est tangente à $O_{12}O_{14}$. Le résultat que nous venons d'obtenir apprend, en vertu du théorème classique de Poncelet, que cette conique est aussi tangente à la droite $O_{12}O_{23}$. Des remarques analogues montrent ensuite que G est encore tangente à $O_{23}O_{34}$ et à $O_{34}O_{14}$.

En permutant les indices, on aboutit au résultat suivant :

On peut de trois manières différentes trouver sur la figure (F) un couple de centres O_{ij} qui ne sont pas joints l'un à l'autre : ce sont (O_{12}, O_{34}), (O_{13}, O_{24}), (O_{14}, O_{23}). Ces points sont les foyers d'une conique inscrite au quadrilatère, tracé sur la figure, qui a pour sommets les quatre autres centres.

Réciproquement, on reconnaît sans peine que *les deux foyers d'une conique et les quatre sommets d'un quadrilatère quelconque circonscrit à cette conique peuvent être considérés comme les six centres des rotations qui font passer de l'une à l'autre de quatre positions d'un plan mobile, glissant sur un plan fixe.*

4° Considérons les deux cercles $O'_{12}\, O'_{13}\, O'_{23}$ et $O'_{12}\, O'_{14}\, O'_{24}$. Ils ont en commun le point O'_{12}. Donc ils se coupent en un autre point O'. D'après le n° 230, 1°, les trois positions O'_1, O'_2, O'_3 du point O' lié au plan Π, correspondant aux positions Π_1, Π_2, Π_3 de ce plan, sont alignées, et de même les points O'_1, O'_2, O'_4, ce dernier correspondant à Π_4. Donc O'_1, O'_3 et O'_4 sont alignés; de même O'_2, O'_3, O'_4. On en conclut que le point O' appartient aux cercles $O'_{13}\, O'_{14}\, O'_{34}$ et $O'_{23}\, O'_{24}\, O'_{34}$. Ainsi :

Les quatre cercles circonscrits aux triangles de la seconde colonne du tableau (I) ont un point commun O'.

En considérant les déplacements réciproques, on voit que *les cercles circonscrits aux triangles de la première colonne du même tableau ont un point commun O.*

5° Soit D' la droite joignant l'orthocentre du triangle $O'_{12}\, O'_{13}\, O'_{23}$ à celui du triangle $O'_{12}\, O'_{14}\, O'_{24}$. Ses positions D'_1, D'_2, D'_3 sont concourantes (n° 230, 2°) et de même ses positions D'_1, D'_2, D'_4. En résumé les droites D'_1, D'_2, D'_3 D'_4 ont un point commun et l'on en conclut que la droite D' contient encore les orthocentres des deux triangles $O'_{13}\, O'_{14}\, O'_{34}$ et $O'_{23}\, O'_{24}\, O'_{34}$. Ainsi :

Les orthocentres des quatre triangles de la seconde colonne du tableau (I) appartiennent à une même droite D'; de même les orthocentres des quatre triangles de la première colonne appartiennent à une même droite D.

Les quatre positions O'_1, O'_2, O'_3, O'_4 du point O' sont sur la droite D. En effet, ces quatre positions doivent appartenir à une droite qui, considérée par un observateur appartenant au plan II, doit avoir ses quatre positions concourantes. Ce ne peut donc être que D.

Mais O'_1 et O'_2 sont équidistants des points O_{12}, puisque ces deux points se déduisent l'un de l'autre par une rotation de centre O_{12}. De même O'_3 et O'_4 sont équidistants du point O_{34} (*fig.* 93). On en

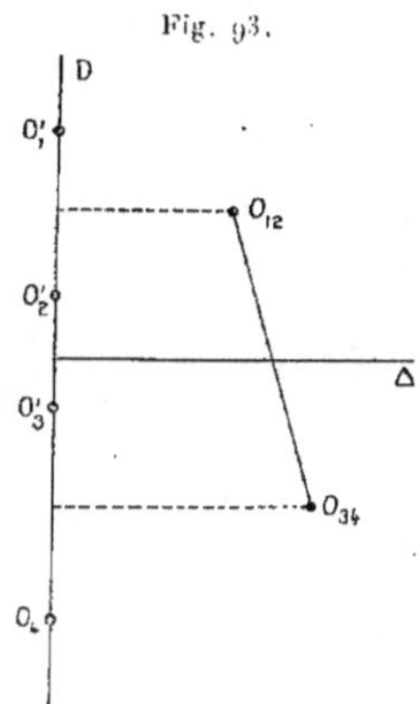

conclut que le milieu de $O_{12} O_{34}$ est sur la perpendiculaire Δ élevée à D par le barycentre des points O'_1, O'_2, O'_3, O'_4. En permutant les indices :

La droite D *est perpendiculaire à une droite* Δ *qui contient les milieux des segments* $O_{12} O_{34}$, $O_{13} O_{24}$, $O_{14} O_{23}$.

Remarquons que l'existence de la droite Δ était connue, en vertu du théorème de Newton; *le centre d'une conique inscrite à un quadrilatère est sur la droite qui joint les milieux des diagonales de celui-ci.* On a vu en effet que O_{13} et O_{24} sont les foyers d'une conique G inscrite au quadrilatère $O_{12} O_{23} O_{34} O_{14}$. Donc le milieu de $O_{13} O_{24}$ appartient bien à la droite qui joint les milieux de $O_{12} O_{34}$ et de $O_{14} O_{23}$.

6° On sait, par le théorème de Stephanos (n° 229), que les trois positions II_i, II_j, II_k sont les symétriques d'une même position, que je désignerai par Π_{ijk}, respectivement par rapport aux droites $O_{ij}\,O_{ik}$, $O_{ij}\,O_{jk}$, $O_{ik}\,O_{jk}$. On définit ainsi quatre positions nouvelles :

$$\Pi_{123}, \quad \Pi_{124}, \quad \Pi_{134}, \quad \Pi_{234}.$$

Le déplacement qui fait passer de Π_{123} *à* Π_{124} *est une rotation de centre* O_{12}. En effet, on passe de Π_{123} à Π_1 par la symétrie

$$S(O_{12}O_{13}),$$

et de Π_1 à Π_{124} par la symétrie

$$S(O_{12}O_{14}),$$

et ces deux symétries ont bien pour produit une rotation de centre O_{12}.

Si l'on considère les trois positions Π_{123}, Π_{124}, Π_{134}, les centres des rotations qui font passer de l'une à l'autre sont O_{12}, O_{13}, O_{14}. On reconnaît là un des triangles du tableau (II). D'une manière générale, en remplaçant le système des quatre positions Π_i par celui des quatre positions Π_{ijk}, on passe du tableau (I) au tableau (II).

Il existe donc entre les triangles (II) les relations précédemment établies entre les triangles (I). En particulier, les orthocentres des triangles $O_{12}\,O_{13}$, O_{14}, etc. sont une droite D, qui est encore perpendiculaire à Δ [car cette droite conserve sa définition quand on passe de (I) à (II)], et qui est par conséquent parallèle à Δ.

232. **Résumé.** — Comme on l'a dit, la figure F peut être considérée comme étant celle d'un quadrilatère circonscrit à une conique dont les foyers sont mis en évidence. On peut dès lors énoncer ses propriétés, en laissant de côté l'interprétation cinématique. Je vais le faire, en remplaçant dans la notation

$$O_{12}, \quad O_{13}, \quad O_{14}, \quad O_{23}, \quad O_{24}, \quad O_{34}$$

respectivement par

$$A, \quad B, \quad C, \quad C', \quad B', \quad A'.$$

Soient dans le plan trois couples de points (A, A'), (B, B'), (C, C'), *tels que A et A' soient les foyers d'une conique inscrite au quadrilatère* BCB'C'. *Alors B et B' sont les foyers d'une conique inscrits au quadrilatère* CAC'A' *et C et C' les foyers d'une conique inscrite au quadrilatère* ABA'B'.

En joignant ces points deux à deux, sauf ceux d'un même couple,
on forme huit triangles, qu'on peut répartir en deux groupes de quatre :

$$\text{ABC, AB'C', A'BC'. A'B'C}$$

et

$$\text{A'B'C', A'BC, AB'C, ABC'.}$$

Les cercles circonscrits aux triangles d'un même groupe ont un point
commun.

Les orthocentres des triangles d'un même groupe sont sur une droite,
qui est perpendiculaire à la droite qui contient les milieux des seg-
ments AA', BB', CC'.

Cette dernière propriété, qui résulte naturellement des propriétés
du déplacement, n'est pas très facile à établir directement.

B. — DÉPLACEMENT DANS L'ESPACE.

233. Théorème de Stephanos dans l'espace. — Le théorème
du n° 229 s'étend à l'espace sous la forme suivante :

Trois positions quelconques Σ_1, Σ_2, Σ_3 *d'un solide* Σ *proviennent*
par des renversements convenables d'une même position Σ'.

Reprenons en effet la figure 53, où X_3 est l'axe du vissage V_3

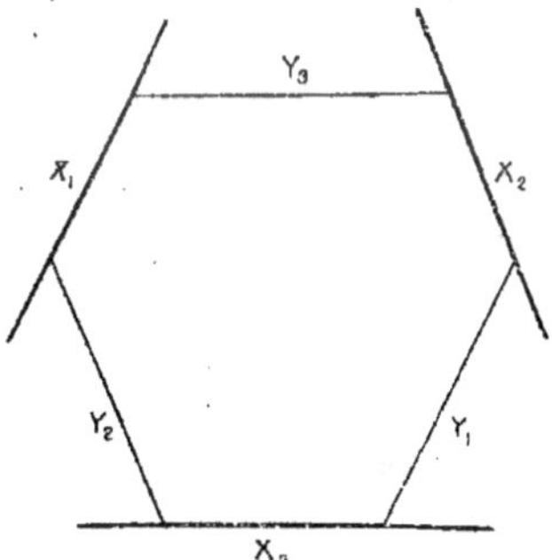

qui fait passer de Σ_1 à Σ_2, X_1 celui du vissage V_1 qui fait passer
de Σ_2 à Σ_3, X_2 celui du vissage V_2 qui fait passer de Σ_3 à Σ_1. On a,

comme on l'a vu,

$$V_1 = R(Y_2, \pi) R(Y_3, \pi), \qquad V_2 = R(Y_3, \pi) R(Y_1, \pi).$$

Si donc on appelle Σ' la position qui provient de Σ_2 par le renversement $R(Y_2, \pi)$, on passe de Σ' à Σ_3 par le renversement $R(Y_3, \pi)$, et aussi de Σ' à Σ_1 par le renversement $R(Y_1, \pi)$, ce qui démontre le théorème.

234. Configuration de Morley-Petersen. — Comme application géométrique des propriétés générales du déplacement dans l'espace, je vais établir l'existence d'une figure remarquable constituée par dix droites, telles que chacune d'elles en rencontre trois autres à angle droit.

1° Soient A et B deux droites orientées quelconques (*fig.* 94), A' et B' les droites opposées. Par le milieu de leur perpendiculaire

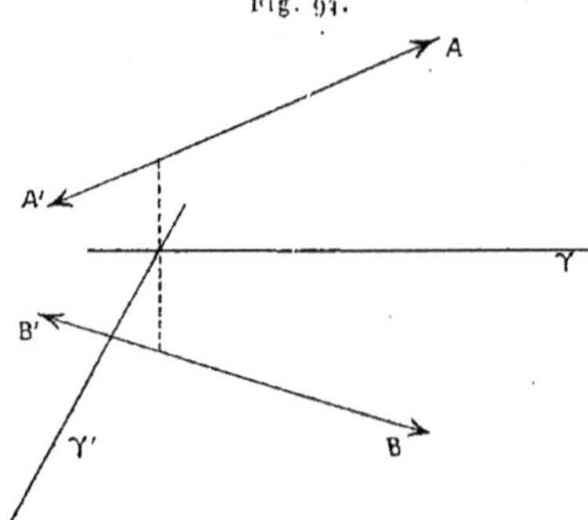

Fig. 94.

commune menons la droite γ, bissectrice de l'angle formé par les parallèles à A et B menées de ce milieu et orientées comme A et B. Je dirai que γ est la *bissectrice intérieure* de A et de B (ou de A' et de B'), et la *bissectrice extérieure* de A et de B' (ou de A' et de B).

La droite γ', bissectrice extérieure de A et de B et intérieure de A' et de B', rencontre γ à angle droit.

A et B sont symétriques par rapport à γ, A et B' sont symétriques par rapport à γ'. Autrement dit, les renversements R (γ) et R (γ') [1] amènent A à coïncider respectivement avec B et avec B'.

2° Soient maintenant A, B, C trois droites orientées quelconques, ayant pour opposées A', B', C'. Soient α, α', β, β', γ, γ' les bissectrices intérieures et extérieures des trois couples qu'elles forment (α et α' sont les bissectrices du couple B, C, etc.) [2].

Les trois droites α, β, γ n'ont pas entre elles de relations intrinsèques; c'est-à-dire qu'on peut se les donner arbitrairement et trouver trois droites orientées A, B, C qui, prises deux à deux, les admettent pour bissectrices intérieures.

Supposons en effet le problème résolu. Considérons le produit de renversements R (α) R (β) R (γ). R (α) amène B sur C, R (β) amène C sur A, R (γ) amène A sur B. Donc le produit considéré laisse la droite orientée B en coïncidence avec elle-même (bien entendu, il n'en est pas nécessairement de même pour les *points* de cette droite). Par conséquent, le vissage auquel ce produit est réductible, comme tout déplacement, a pour axe B et l'on peut écrire

$$R(\alpha)\,R(\beta)\,R(\gamma) = V(B).$$

Les règles connues pour la multiplication des déplacements permettent donc de trouver B. Cette droite est en général déterminée (à son orientation près). La connaissance de B entraîne celles de C et de A.

B ne serait indéterminée que si V (B) se réduisait à une translation. Il est aisé de reconnaître que, pour qu'il en soit ainsi, il faut et il suffit que α, β, γ soient parallèles aux arêtes d'un trièdre trirectangle. Je n'entrerai pas dans la discussion de ce cas singulier.

3° *Au contraire, les bissectrices extérieures α', β', γ' ne peuvent*

---

[1] Comme je ne considère dans ce paragraphe d'autres rotations que des renversements, j'écris pour abréger R (X) au lieu de R (X, π).

[2] Il convient d'observer que si A, B, C forment un triangle et si l'on oriente ces droites d'après l'un ou l'autre des sens de circulation sur ce triangle, les bissectrices que nous considérons ici comme *intérieures* sont celles qu'on appelle d'habitude bissectrices *extérieures*.

être données arbitrairement. Considérons en effet le produit

$$R(\alpha')\,R(\beta')\,R(\gamma').$$

$R(\alpha')$ amène B sur C', $R(\beta')$ amène C' sur A, $R(\gamma')$ amène A sur B'. Donc le produit considéré amène B à coïncider avec la droite opposée B'. Si l'on suppose des points marqués sur B, il en existe un et un seul I qui vient coïncider avec lui-même. Le produit $R(\alpha')\,R'(\beta')\,R(\gamma')$ qui laisse ce point invariable est donc une *rotation* dont l'axe X passe par I. De plus, B venant sur B', X doit être perpendiculaire à B, et l'angle de la rotation doit être égal à π. Cette rotation est donc un renversement, et l'on a

$$(1) \qquad R(\alpha')\,R(\beta')\,R(\gamma') = R(X).$$

Multiplions à droite les deux membres de cette égalité par $R(\gamma')$. Il vient, en tenant compte de ce que le carré de ce renversement est égal à l'unité,

$$(2) \qquad R(\alpha')\,R(\beta') = R(X)\,R(\gamma').$$

Le premier membre est, comme l'on sait, un vissage dont l'axe est la perpendiculaire commune à α' et à β'; le second membre est un vissage dont l'axe est la perpendiculaire commune à X et à γ'. Il faut donc que les quatre droites α', β', γ' et X rencontrent à angle droit une même droite. Ainsi, en laissant de côté X :

Les trois bissectrices extérieures α', β', γ' doivent rencontrer à angle droit une même droite (ce qui fait deux conditions).

Réciproquement, si cette condition est satisfaite, on peut trouver une droite X satisfaisant à la condition (2), c'est-à-dire à la condition (1). Si l'on se donne alors une droite B rencontrant X à angle droit (ce qui peut se faire de ∞^2 manières), le produit $R(\alpha')\,R(\beta')\,R(\gamma')$ amène B à coïncider avec B'; C', étant symétrique de B par rapport à α' et A' étant symétrique de B par rapport à γ', les trois droites orientées A, B, C, prises deux à deux, ont bien pour bissectrices extérieures α', β', γ'.

On reconnaît de même qu'*une bissectrice extérieure et deux bissectrices intérieures, par exemple α', β et γ, rencontrent à angle droit une même droite.* En effet, ces trois droites sont les bissectrices extérieures du système A', B, C.

4° D'après ce qu'on vient de voir,

$$\alpha', \beta', \gamma' \quad \text{rencontrent à angle droit une droite } \delta;$$
$$\alpha', \beta, \gamma \quad\quad\quad » \quad\quad\quad a;$$
$$\alpha, \beta', \gamma \quad\quad\quad » \quad\quad\quad b;$$
$$\alpha. \beta, \gamma' \quad\quad\quad » \quad\quad\quad c.$$

Nous introduisons ainsi dix droites α, β, γ, α', β', γ', δ, a, b, c; *chacune en rencontre trois autres à angle droit;* ainsi α' rencontre à angle droit δ et a, et aussi α, puisque α et α' sont les deux bissectrices intérieure et extérieure du couple B, C; α rencontre à angle droit b, c et α'; mêmes vérifications pour β', γ', β, γ; enfin le tableau ci-dessus met en évidence le fait pour chacune des droites δ, a, b, c.

La figure 95 représente le système des dix droites. Leurs relations

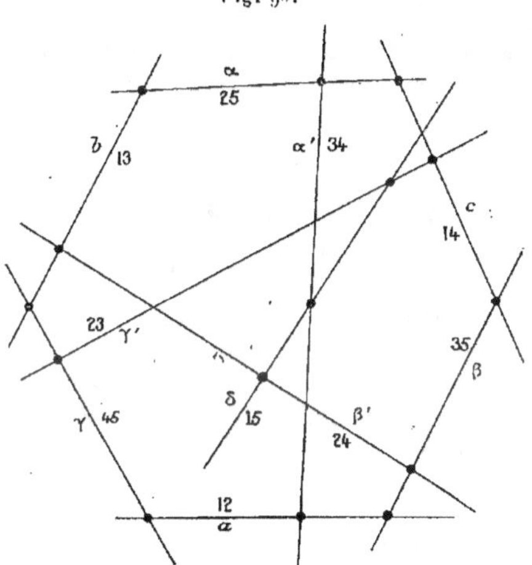

mutuelles sont plus frappantes, si on les désigne par les combinaisons deux à deux de cinq symboles 1, 2, 3, 4, 5. Posons

$$a = 12, \quad b = 13, \quad c = 14,$$
$$\alpha = 25, \quad \beta = 35, \quad \gamma = 45,$$
$$\alpha' = 34, \quad \beta' = 24, \quad \gamma' = 23,$$
$$\delta = 15.$$

On reconnaît que toute droite ij rencontre à angle droit les trois droites dont les symboles ne contiennent ni i ni j. Par exemple, 12 rencontre à angle droit 34, 35 et 45. *Les dix droites jouent le même rôle*, ce qui vaut à leur système le nom de *configuration*, d'après le sens qu'on attache aujourd'hui à ce mot.

Comme les droites α, β, γ peuvent être données arbitrairement, ainsi qu'on l'a vu, on peut énoncer le résultat obtenu sous la forme suivante :

Soient données trois droites arbitraires α, β, γ; menons les perpendiculaires communes a, b, c, à ces droites prises deux à deux; menons ensuite α', perpendiculaire commune à α et a et les droites analogues β' et γ'. Les trois droites α', β', γ' rencontrent à angle droit une même droite.

235. Formules d'Olinde Rodrigues. — Soient $Oxyz$ et $O\,x'\,y'\,z$, deux trièdres trirectangles positifs de même sommet et

	x	y'	z
x'	α	β	γ
y'	α'	β'	γ'
z'	α''	β''	γ''

le tableau des cosinus des angles que font deux à deux leurs arêtes. Les formules dites d'*Olinde Rodrigues* donnent les expressions de ces cosinus en fonctions rationnelles de trois paramètres. Elles sont souvent utiles, par exemple dans l'étude des *mouvements algébriques* (*voir* la Note finale).

Pour les obtenir, traitons d'abord la question suivante : Étant donné un axe OU, on fait tourner un point M d'un angle donné θ autour de cet axe, dans le sens positif. On obtient ainsi un point M′ (*fig.* 96). Connaissant les coordonnées (x, y, z) du point M par rapport à des axes rectangulaires d'origine O, trouver celles du point M′, (x', y', z').

Soient N le milieu de MM′, P sa projection sur OU. MM′ est perpendiculaire au plan OPN, et l'on a

$$MM' = 2\,PN \tan\frac{\theta}{2}.$$

Marquons sur OU le point I, tel que $OI = \tang \frac{\theta}{2}$. L'égalité précédente peut s'écrire

$$MM' = 2S,$$

en appelant S l'axe du parallélogramme construit sur OI et ON. On conclut de là l'égalité vectorielle

$$(1) \qquad M' - M = 2(I - O) \wedge (N - O).$$

En effet, les deux membres ont bien le même module, en vertu de ce qui précède, et l'examen de la figure montre que $M' - M$ a bien la direction et le sens requis.

Fig. 96.

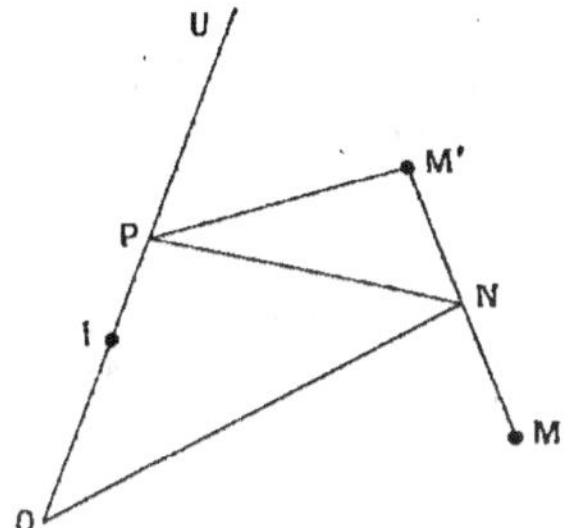

Cela posé, introduisons les vecteurs unités i, j, k, portés par les axes de coordonnées. On a

$$M' - M = (x' - x)\,i + (y' - y)\,j + (z' - z)\,k,$$
$$N - O = \frac{x + x'}{2}\,i + \frac{y + y'}{2}\,j + \frac{z + z'}{2}\,k.$$

Posons enfin

$$I - O = l\,i + m\,j + n\,k.$$

L'égalité (1) s'écrit alors

$$(x' - x)\,i + (y' - y)\,j + (z' - z)\,k$$
$$= (l\,i + m\,j + n\,k) \wedge [(x + x')\,i + (y + y')\,j + (z + z')\,k]$$
$$= [m(z + z') - n(y + y')]\,i + \dots.$$

D'où, en égalant les coefficients de $\mathbf{i}$, $\mathbf{j}$, $\mathbf{k}$,

$$x' - x = m(z - z') - n(y + y')$$

ou

$$x' + ny' - mz' = x - ny + mz,$$

et de même

$$- nx' + y' + lz' = \quad nx + y - lz,$$
$$mx' - ly' + z' = - mx + ly + z.$$

Il suffit, pour achever, de résoudre les équations précédentes en x', y', z'. Récrivons-les d'abord, en remplaçant l, m, n par $\dfrac{l}{p}$, $\dfrac{m}{p}$, $\dfrac{n}{p}$, de manière à introduire des paramètres homogènes. Il vient

$$px' + ny' - mz' = \quad px - ny + mz,$$
$$- nx' + py' + lz' = \quad nx + py - lz,$$
$$mx' - ly' + pz' = - mx + ly + pz.$$

Ajoutons ces trois équations, multipliées respectivement par l, m, n. On a, après suppression du facteur p,

$$lx' + my' + nz' = lx + my + nz.$$

Ajoutons enfin les quatre équations précédentes, multipliée chacune par le coefficient correspondant de x'. On trouve

$$(l^2 + m^2 + n^2 + p^2)x' = (l^2 - m^2 - n^2 + p^2)x + 2(lm - np)y + 2(ln + mp)z,$$

d'où x'; par permutation circulaire, on obtient les valeurs de y', et de z'.

Cela posé, revenons aux trièdres $Oxyz$ et $Ox'y'z'$. On peut passer du premier au second par une rotation autour d'un axe convenable OU. Si donc (x, y, z) et (x', y', z') sont, par rapport à $Oxyz$, les coordonnées d'un point lié au trièdre, avant et après rotation, on peut exprimer (x', y', z') en fonction de (x, y, z) comme on vient de le voir.

D'autre part, on sait que l'on a

$$x' = \alpha x + \alpha'y + \alpha''z,$$
$$y' = \beta x + \beta'y + \beta''z,$$
$$z' = \gamma x + \gamma'y + \gamma''z.$$

En identifiant les deux sortes d'expressions obtenues pour x', y',

z', on a les formules d'Olinde Rodrigues :

$$\alpha = \frac{l^2 - m^2 - n^2 + p^2}{H}, \qquad \alpha' = \frac{2(lm - np)}{H}, \qquad \alpha'' = \frac{2(ln + mp)}{H},$$

$$\beta = \frac{2(ml + np)}{H}, \qquad \beta' = \frac{-l^2 + m^2 - n^2 + p^2}{H}, \qquad \beta'' = \frac{2(mn - lp)}{H},$$

$$\gamma = \frac{2(nl - mp)}{H}, \qquad \gamma' = \frac{2(nm + lp)}{H}, \qquad \gamma'' = \frac{-l^2 - m^2 + n^2 + p^2}{H},$$

où l'on a posé

$$H = l^2 + m^2 + n^2 + p^2.$$

Rappelons que l, m, n sont les paramètres directeurs de l'axe OU de la rotation qui amène le trièdre $Oxyz$ sur $O\,x'\,y'\,z'$. Quant à l'angle θ de cette rotation, il est tel que l'on ait

$$\operatorname{tang}^2 \frac{\theta}{2} = \frac{l^2 + m^2 + n^2}{p^2}.$$

CHAPITRE XII.

APPLICATIONS DE LA THÉORIE DU MOUVEMENT PLAN.

---

236. Objet de ce Chapitre. — Les applications de la théorie du mouvement plan sont très variées. Nous étudierons dans ce Chapitre quelques questions isolées, de caractère plus ou moins général, propres à illustrer les principes exposés au Chapitre VIII.

237. Une détermination de tangente. — Une courbe C_2 roule sur une courbe C_1 fixe (*fig.* 97). D'un point A fixe on mène une tan-

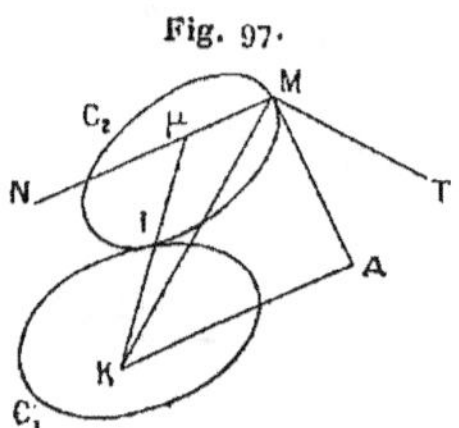

Fig. 97.

gente AM à C_2. Construire la tangente en M à la courbe (M), lieu de ce point.

Soit MN la normale à C_2 en M. Considérons les mouvements relatifs de trois plans Π_1, Π_2, Π_3 glissant l'un sur l'autre, savoir le plan Π_1 fixe, lié à C_1, le plan Π_2 lié à C_2, le plan Π_3 lié à l'équerre AMN. Soient I_{12}, I_{13}, I_{23} les c. i. r. correspondant aux trois mouvements relatifs. Le point I_{12} est en I, point de contact de C_1 et de C_2. Le point I_{23} est en μ, centre de courbure de C_2 en M. Donc le point I_{13} appartient à la droite $I\mu$. D'autre part, le point caractéristique de AM étant le point A, le point I_{13} doit se trouver sur la perpendiculaire

élevée en A à AM. Le point I_3 est donc au point de rencontre K de
cette perpendiculaire et de la droite $I\mu$. La normale à (M) en M
est MK, et la tangente demandée est MT, perpendiculaire à MK.

238. Roulement d'une courbe sur deux rouleaux. — Soit C une
courbe plane rigide assujettie à rouler sur deux rouleaux R et R′
(*fig.* 98). Ces deux rouleaux sont deux cylindres de révolution égaux.

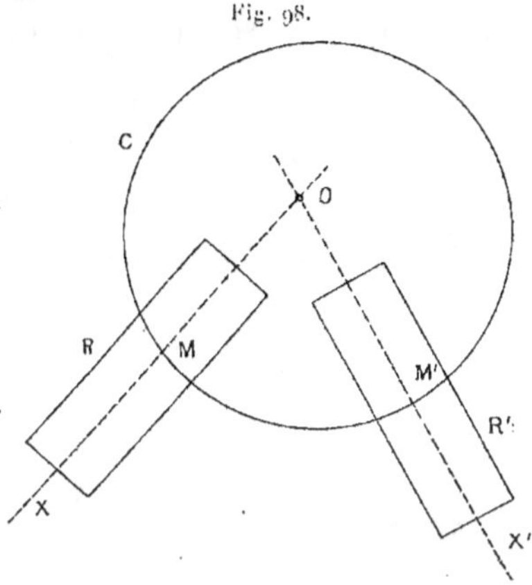

Fig. 98.

Ils sont montés fous sur leurs axes X et X′ qui concourent en un
point O. Le plan de C est astreint à rester parallèle au plan de ces
axes. Étudions le mouvement du plan II entraîné avec C.

Soient M et M′ les points de contact de C avec les rouleaux.
Puisque C roule sur R, le point M a le même vecteur vitesse, qu'on
le suppose lié à C où à R. Mais, si on le suppose lié à R, son vecteur
vitesse est évidemment perpendiculaire à X. Par conséquent, il en
est de même du vecteur vitesse de M, supposé lié à C. Donc la normale à la trajectoire de ce point est la projection de l'axe X de R
sur le plan de C. Il en est de même, pour la trajectoire du point M′.
Par conséquent, le c. i. r. du plan II n'est autre que la projection
du point O sur le plan de C.

Ce point est fixe. Il doit donc aussi être fixe dans II. Donc *le mou-*

vement du plan II *entraîné avec* C *est simplement une rotation autour de la perpendiculaire commune aux axes des deux rouleaux.*

On peut remarquer que, si la courbe C est supportée par d'autres rouleaux en nombre quelconque, égaux aux deux premiers, ayant des axes qui passent tous par O, elle roulera encore sur ces rouleaux. Il est remarquable que ces résultats, susceptibles d'applications industrielles, soient indépendants de la forme de la courbe C. Il va sans dire que les roulements considérés ne sont pas *purs* en général. On voit aisément qu'ils ne sont tels que si C est un cercle de centre O.

239. **Courbe isoptique.** — Soient C et C′ deux courbes données. On appelle *courbe isoptique* de ces deux courbes toute courbe (M),

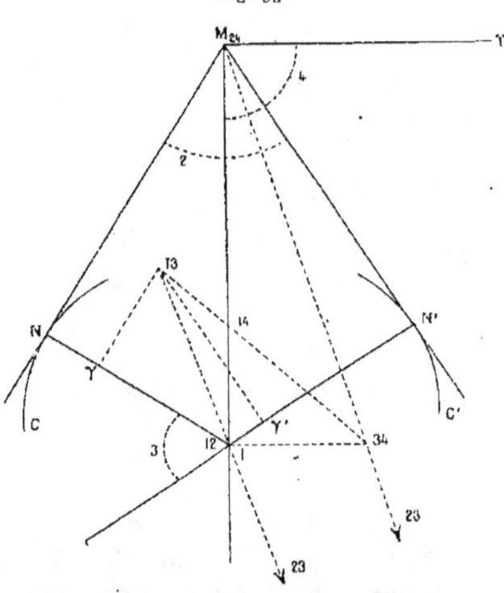

Fig. 99.

lieu du sommet M d'un angle de grandeur constante α, dont les côtés touchent respectivement C et C′ (*fig.* 99).

Cet angle de grandeur constante entraîne un plan II_2 dont nous allons étudier le mouvement par rapport au plan II_1 des courbes C et C′. Cela permettra de construire la normale et le centre de courbure en M à la courbe (M).

$1°$ *Normale.* — Soient à un instant donné N et N' les points de contact des côtés de l'angle avec C et avec C'. Le c. i. r. I_{12} est à l'intersection I des normales en N et N' aux deux courbes. La normale à (M) en M est donc IM.

$2°$ *Centre de courbure.* — Soient γ et γ' les centres de courbure de C et de C' en N et en N'. Ces points, centres de courbure d'enveloppes de droites, appartiennent au cercle des rebroussements G_1 du mouvement $\left(\dfrac{\Pi_2}{\Pi_1}\right)$. Comme ce cercle passe aussi en I, il est connu. On peut construire ensuite le cercle des inflexions G_2. En appliquant la construction du n° 196, on aura le centre de courbure de (M).

On obtient une construction plus élégante en raisonnant comme il suit : Considérons, outre Π_1 et Π_2, le plan Π_3 lié à l'angle $\widehat{NIN'}$ qui, étant égal à $\pi - \alpha$, est de grandeur invariable, et le plan Π_4 lié à l'angle droit IMT, MT étant la tangente en M à (M). Cherchons les six c. i. r. I_{ij} $(i, j = 1, 2, 3, 4)$. Sur la figure, on a, pour plus de simplicité, désigné ces points seulement par leurs indices ij.

I_{12} est le point I.

I_{13} est au point de rencontre des perpendiculaires élevées à IN et IN' en leurs points caractéristiques γ et γ'.

I_{23} appartient à la droite $I_{12} I_{13}$, et ce point est rejeté à l'infini, car le mouvement relatif $\left(\dfrac{\Pi_3}{\Pi_2}\right)$ est une translation.

I_{24} est le point M, car le mouvement relatif $\left(\dfrac{\Pi_4}{\Pi_2}\right)$ est une rotation de centre M.

I_{34} appartient à la droite $I_{23} I_{24}$. D'autre part, dans le mouvement $\left(\dfrac{\Pi_3}{\Pi_1}\right)$, la trajectoire du point I lié à Π_3 est la droite MI liée à Π_1. I_{34} est donc sur la perpendiculaire élevée en I à MI, ce qui achève de déterminer ce c. i. r.

Enfin I_{14} se trouve sur la droite maintenant connue $I_{13} I_{34}$. Ce point est en outre sur MI, qui est normale à la trajectoire du point M, lié à Π_4, par rapport à Π_1. D'après le théorème de l'équerre, I_{14} est le centre de courbure à la courbe (M).

On a donc obtenu la construction suivante de ce centre de courbure : construire le point de rencontre 13 des parallèles à MN et à MN' menées par γ et par γ'; le point de rencontre 34 de la perpendiculaire élevée de I à IM et de la parallèle à I.13 menée par le point M; la droite 13.34 rencontre MI au point 14, qui est le centre de courbure cherché.

Comme cas particulier, on peut considérer le cas où la courbe C se réduisant à un point, l'angle NMN′ est droit. Alors la courbe (M) est la *podaire* de C′ par rapport au point C.

240. Épicycloïde. — Une application intéressante de la théorie du mouvement plan se rencontre dans l'étude des courbes connues sous le nom d'*épicycloïdes*. On appelle ainsi les trajectoires des points dans un mouvement plan, quand la base et la roulante sont deux cercles C_1 et C_2.

Le contact de ces deux cercles peut être extérieur ou intérieur. C'est généralement le premier cas que l'on vise, quand on parle d'épicycloïde, et l'on réserve pour le second le terme d'*hypocycloïde*.

On rencontre aussi les désignations : *épitrochoïde* et *hypotrochoïde*.

Enfin quand, le contact des deux cercles étant intérieur, le rayon du cercle roulant est plus grand que celui du cercle de base (en sorte que le mouvement considéré est analogue à celui d'un rond de serviette qu'on fait tourner autour du doigt), on appelle parfois *péricycloïde* la trajectoire d'un point du plan mobile.

J'emploierai dans tous les cas le terme d'*épicycloïde*.

Quand le point décrivant est sur le cercle C_2, on dit que l'épicycloïde est *ordinaire*, ou encore *cuspidale* (parce qu'elle a alors des points de rebroussement, comme on le verra plus loin); quand il est extérieur à C_2, on dit qu'elle est *allongée;* quand il est intérieur à C_2, qu'elle est *raccourcie*.

Une épicycloïde ne dépend, à la position près, que du rayon R_1 de C_1, du rayon R_2 de C_2 et de la distance d du point décrivant M au centre O_2 de C_2. Je désignerai par $E(R_1, R_2, d)$ l'épicycloïde définie par ces éléments. Dans cette notation, R_1, R_2 et d peuvent être positifs ou négatifs. On conviendra que les rayons de C_1 et de C_2 sont $|R_1|$ et $|R_2|$, R_1 et R_2 étant de même signe ou non, suivant que le contact des deux cercles est intérieur ou extérieur c'est-à-dire suivant que la courbe est une hypocycloïde ou une épicycloïde proprement dite. La distance O_2M est égale à $|d|$. Par conséquent, les quatre notations suivantes, par exemple,

$$E(2, 3, 5), \quad E(2, 3, -5), \quad E(-2, -3, 5), \quad E(-2, -3, -5)$$

désignent une même courbe (hypocycloïde).

241. Forme générale des épicycloïdes. — Considérons une épicycloïde $E(R_1, R_2, d)$. Au cours du mouvement, la distance du point M, décrivant la courbe, au centre O_1 de C_1 est toujours comprise entre $|R_1 - R_2 + d|$ et $|R_1 - R_2 - d|$. L'épicycloïde est donc contenue tout entière entre deux cercles de centre O_1 et de rayons $|R_1 - R_2 + d|$ et $|R_1 - R_2 - d|$.

Si C_2, partant d'une position quelconque, roule sur C_1 le long d'un arc égal à $2\pi|R_2|$, le point M reprend la même position relativement à la droite $O_1 O_2$. Si l'on continue à faire rouler C_2 le long d'un arc égal au précédent, le nouvel arc décrit par le point M dérive de l'arc décrit au cours du premier roulement par une rotation de centre O_1. L'angle de cette rotation a pour valeur

$$\theta = \left| \frac{2\pi R_2}{R_1} \right|.$$

Le raisonnement peut se répéter et l'on voit que la courbe se compose d'une suite d'arcs dérivant de l'un d'eux par des rotations successives de centre O, et d'angles égaux à θ, 2θ, 3θ, ...

Deux cas sont à examiner :

1° *Le rapport* $\left|\dfrac{R_2}{R_1}\right|$ *est un nombre commensurable.* Soit $\dfrac{p}{q}$ sa valeur mise sous forme de fraction irréductible. On a

$$\theta = \frac{2\pi p}{q}, \qquad q\theta = 2\pi p.$$

Les nombres p et q étant premiers entre eux, $q\theta$ est le premier multiple de θ qui soit multiple de 2π. On a d'ailleurs

$$q|R_2| = p|R_1|, \qquad q|2\pi R_2| = p|2\pi R_1|,$$

et l'on voit que le point décrivant M reprend sa position initiale quand le point de contact I des deux cercles a fait q fois le tour de C_2 et p fois le tour de C_1. *L'épicycloïde est donc une courbe fermée,* dans le cas examiné. Il est en outre aisé de reconnaître, en en formant une représentation paramétrique, *que c'est une courbe algébrique.*

$2°$ *Le rapport* $\left|\dfrac{R_2}{R_1}\right|$ *est incommensurable.* — Alors le cercle C_2 roulant indéfiniment sur C_1, le point de contact I ne reprend jamais à la fois la même position sur les deux cercles, et l'*épicycloïde est une courbe non fermée, évidemment transcendante.*

Elle est *dense* dans la couronne comprise entre les deux cercles de centre O_1 et de rayons $|R_1 - R_2 + d|$, $|R_1 - R_2 - d|$, c'est-à-dire qu'étant donné un point quelconque intérieur à cette couronne, le tracé de l'épicycloïde peut être poursuivi assez longtemps pour qu'elle passe, soit par ce point, soit aussi près de lui qu'on voudra.

Voici comment on peut établir d'une manière rigoureuse ce fait presque évident; soit P un point quelconque intérieur à la couronne (*fig.* 100). Traçons le cercle C de centre O_1 et de rayon $O_1 P$. Comme

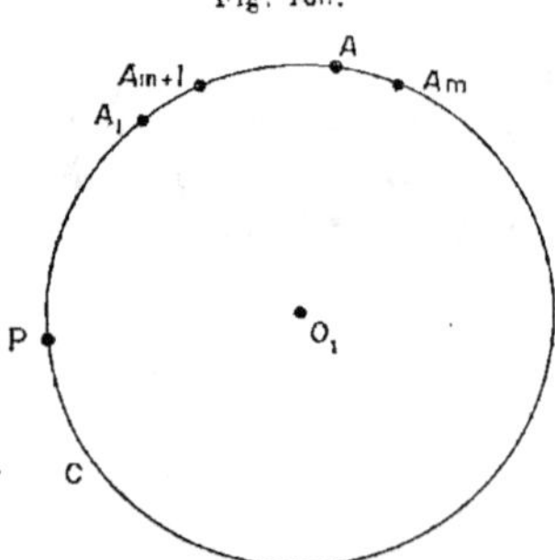

Fig. 100.

l'épicycloïde E est une courbe continue ayant des points sur les deux cercles qui limitent la couronne, elle a certainement un point A sur C. Donc E rencontre encore C au point A_1 tel que l'on ait

$$\widehat{AOA_1} = \left|\frac{2\pi R_2}{R_1}\right|.$$

Posons

$$\text{arc } AA_1 = \alpha.$$

E passe par tous les points A_i tels que

$$AA_1 = A_1 A_2 = A_2 A_3 = \ldots = \alpha.$$

Le rapport $\dfrac{R_2}{R_1}$ étant incommensurable, A_i n'est jamais confondu avec A. Soit A_m le dernier point précédant A. A est sur l'arc $A_m A_{m+1}$, et l'un des arcs $A_m A$, AA_{m+1} est au plus égal à $\dfrac{\alpha}{2}$. Supposons par exemple que ce soit le premier.

Répétons le raisonnement en considérant les points A, A_m, A_{2m}, A_{3m}, ... équidistants sur le cercle C. On trouvera un point A'_m tel que l'arc (AA'_m) soit au plus égal à $\dfrac{\alpha}{4}$, et ainsi de suite.

On conclut de là qu'on peut trouver sur C un point A_p, appartenant à E et tel que l'on ait

$$\text{arc} \, | \, AA_p \, | < \varepsilon,$$

ε étant donné à l'avance et de petitesse arbitraire. Construisons les points A_p, A_{2p}, ... Ou bien l'un de ces points est confondu avec P, ou bien deux points consécutifs encadrent le point P, et l'on voit que la courbe E rencontre le cercle C à une distance de P au plus égale à $\dfrac{\varepsilon}{2}$, ce qui démontre le théorème.

L'épicycloïde donne un exemple remarquable du rôle que peuvent jouer en géométrie des considérations d'ordre arithmétique.

242. Points singuliers et points d'inflexion des épicycloïdes. — 1° Il est clair que, dès que les nombres p et q introduits au n° 241 prennent des valeurs un peu élevées, l'épicycloïde a des points doubles. Je ne m'arrêterai pas à les compter.

2° Quand l'épicycloïde est ordinaire, c'est-à-dire quand on a $|d| = |R_2|$, le point décrivant M vient périodiquement coïncider avec le point de contact I des deux cercles, c'est-à-dire avec le c. i. r. du mouvement de C_2. *Il est alors point de rebroussement sur la courbe.* D'où le nom d'épicycloïde *cuspidale* que l'on donne aussi à l'épicycloïde ordinaire, ainsi que je l'ai dit au n° 240.

3° Les épicycloïdes allongées et raccourcies ne peuvent avoir de points de rebroussement. En revanche, *elles peuvent avoir des points d'inflexion.*

En effet, à chaque instant, le cercle des inflexions G du mouvement de C_2 est tangent en I à C_1 et à C_2 et a pour diamètre

$$- h = \frac{R_1 R_2}{R_1 - R_2}.$$

Si, au cours du mouvement, le point M peut se trouver sur le cercle G, l'épicycloïde aura des points d'inflexion. Sinon, elle n'en aura pas.

Considérons par exemple l'épicycloïde E $(R_1,\ R_2,\ d)$, où

$$R_2 = \frac{-2}{3} R_1.$$

Alors

$$\frac{R_1 R_2}{R_1 - R_2} = - \frac{2}{5} R_1,$$

en sorte que G est disposé par rapport aux cercles C_1 et C_2 comme

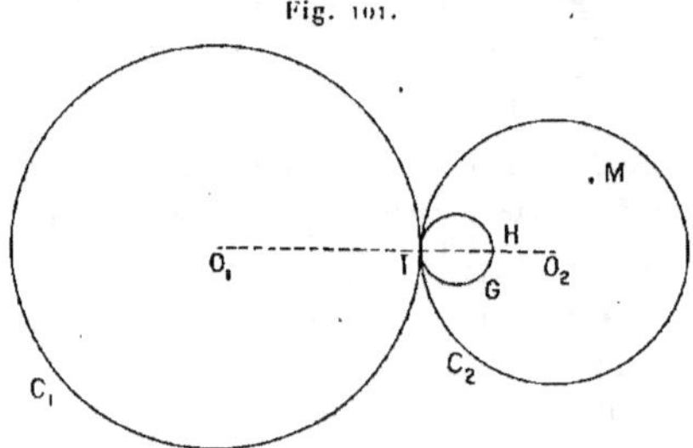

Fig. 101.

l'indique la figure 101. Si la distance $O_2 M = |d|$ est comprise entre

$$| R_2 | = \frac{2}{3} R_1 \qquad \text{et} \qquad | O_2 H | = \frac{2}{3} R_1 - \frac{2}{5} R_1 = \frac{4}{15} R_1 = \frac{2}{5} | R_2 |,$$

le point M se trouvera périodiquement sur G, et l'épicycloïde E aura des points d'inflexion. Elle n'en aura pas, si elle est allongée, ou si c'est une épicycloïde raccourcie telle que l'on ait $|d| < \frac{2}{5} | R_2 |$.

243. Double génération des épicycloïdes. — Une des propriétés les plus intéressantes des épicycloïdes consiste en ce qu'*une telle courbe est susceptible d'une double génération*, c'est-à-dire que toute épicycloïde peut être engendrée de deux manières par le roulement d'un cercle sur un autre.

Considérons une épicycloïde donnée $E\,(R_1, R_2, d)$. Pour une position donnée de C_2 (*fig.* 102), construisons le parallélo-

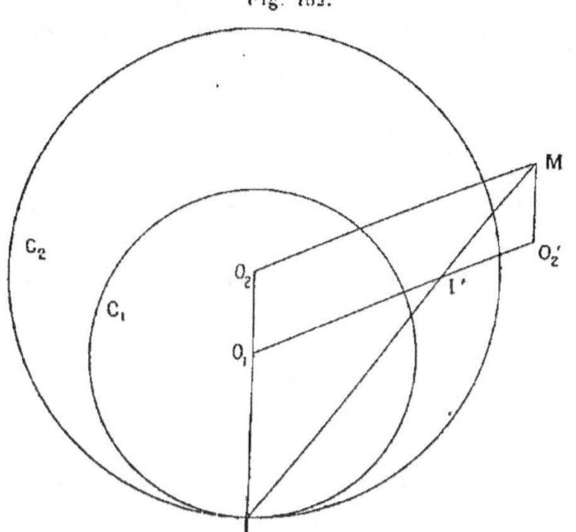

Fig. 102.

gramme $O_1 O_2 M O'_2$. MO'_2 est un segment de longueur constante $|R_2 - R_1|$. On peut donc étudier le mouvement d'un plan Π_2 lié à ce segment. Ce mouvement est distinct de celui du plan Π_2 entraîné par C_2, mais le point M, lié à l'un ou à l'autre de ces plans, a la même trajectoire. Le point O'_2 décrit un cercle de centre O_1 et de rayon égal à $|d|$. Le c. i. r. de Π'_2 se trouve au point de rencontre des normales aux trajectoires des points M et O'_2, c'est-à-dire au point de rencontre I' de MI et de $O'_1 O'_2$.

Cherchons maintenant la base et la roulante du mouvement de Π'_2. La base est le lieu du point I' dans le plan fixe. C'est un cercle de centre O_1, car on a, en grandeur et en signe,

$$\frac{O_1 I'}{O_2 M} = \frac{IO_1}{IO_2}, \qquad \text{d'où} \qquad O_1 I' = O_2 M \frac{IO_1}{IO_2} = \frac{R_1 d}{R_2},$$

ce qui montre que $O_1 I'$ est constant. La roulante est le lieu de I' dans le plan mobile. C'est un cercle de centre O'_2, car on a

$$O'_2 I' = O'_2 O_1 + O_1 I' = MO_2 + O_1 I' = -d + \frac{R_1 d}{R_2} = \frac{R_1 - R_2}{R_2} d ;$$

$O_2 I'$ est donc bien constant. Enfin on a

$$MO'_2 = O_2 O_1 = R_1 - R_2.$$

Par conséquent, le point M peut être considéré comme décrivant l'épicycloïde

$$E \left(\frac{R_1 d}{R_2}, \ \frac{R_1 - R_2}{R_2} d, \ R_1 - R_2 \right),$$

ce qui démontre la proposition.

244. Épicycloïdes remarquables. — Comme cas limites, on peut avoir soit $R_1 = \infty$, soit $R_2 = \infty$. Dans le premier cas, le cercle base se réduit à une droite, et l'épicycloïde devient la *cycloïde*, dont les propriétés sont bien connues. Dans le second, le cercle roulant est une droite. Quand le point décrivant est sur cette dernière, on a une *développante de cercle*.

On a encore des épicycloïdes remarquables dans les cas $R_2 = -R_1$ (*limaçon de Pascal*), $R_2 = \frac{1}{2} R_1$ (nous retrouverons ce cas tout à l'heure), $R_2 = \frac{1}{3} R_1$ et $d = \frac{1}{3} R_1$ (*hypocycloïde à trois rebroussements*). Cette dernière courbe, en particulier, jouit de propriétés élégantes dont les unes s'établissent aisément par la méthode cinématique, et dont les autres s'obtiennent mieux par application de la théorie générale des courbes algébriques.

245. Développée de l'épicycloïde cuspidale. — *Une épicycloïde cuspidale a pour développée une épicycloïde semblable.*

Soit donnée l'épicycloïde cuspidale $E (R_1, R_2, R_2)$. Cherchons le centre de courbure en un point M (*fig.* 103). Il faut pour cela, d'après la construction d'Euler-Savary, mener IM' perpendiculaire à IM et prendre le point d'intersection de cette droite avec MO_2, ce qui donne le point M', diamétralement opposé à M sur C_2. Le point μ, centre de courbure en M, est au point de rencontre de $O_1 M'$ avec IM.

Soit M'' le second point où IM rencontre C_1. $O_1 M''$ est parallèle à MM' et l'on a

$$\frac{\mu O_1}{\mu M'} = \frac{O_1 M''}{M'M} = \text{const.}$$

Le rapport $\dfrac{O_1 \mu}{O_1 M'}$ est donc aussi constant, et le lieu du point μ, c'est-à-dire la développée de E, est homothétique du lieu du point M'.

Fig. 103.

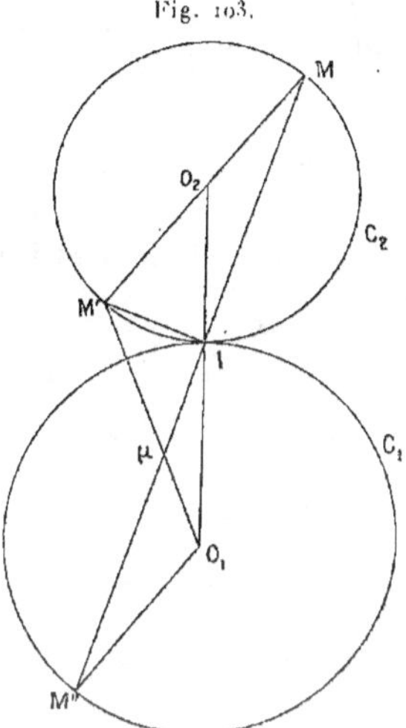

Mais le point M', diamétralement opposé à M sur C_2, est fixe sur ce cercle et décrit par conséquent une épicycloïde égale à l'épicycloïde donnée E. La proposition est donc établie.

246. Épicycloïdes cuspidales considérées comme enveloppes. — Comme dernière propriété générale des épicycloïdes, je démontrerai la suivante :

Soient M et N deux points décrivant un cercle C avec des vitesses dont le rapport est constant. La corde MN enveloppe une épicycloïde cuspidale (fig. 104).

Désignons par K le rapport constant $\dfrac{V(N)}{V(M)}$. M′ N′ étant une position infiniment voisine de MN rencontre cette dernière corde en son

Fig. 104.

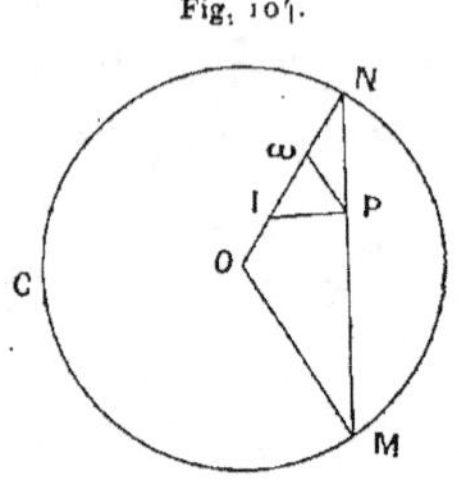

point caractéristique P. On reconnaît que les triangles PMM′ et PN′ N sont semblables. On a donc

$$\frac{PN'}{PM} = \frac{N'N}{MM'}\cdot$$

Passons à la limite, et tenons compte de ce que le point P est intérieur ou extérieur à MN, suivant que V (N) et V (M) sont de même signe ou de signes contraires. On trouve

$$\frac{PN}{PM} = -\frac{V(N)}{V(M)} = -k.$$

Ainsi le point P divise MN dans un rapport constant. Il faut chercher le lieu de ce point.

A cet effet, menons Pω parallèle à MO, le point ω étant sur ON. Pω est dans un rapport constant avec OM, donc constant lui-même, et l'on peut, encore ici, considérer le mouvement d'un plan Π_2 lié au segment P ω. Cherchons le c. i. r. Il est d'abord sur la normale à la trajectoire du point P, qui est tangente à MN, puisque P est le point caractéristique de cette droite. On voit ensuite que

$$O\omega = ON - \omega N = ON - \omega P$$

est constant. Donc le point ω décrit un cercle de centre O, et le c. i. r. cherché est le point I de ON qui se projette en P sur MN. On reconnaît enfin que ω I $=$ ω P étant constant, il en est de même de OI. Le point I décrit donc dans le plan fixe un cercle C_1 de centre O, et dans le plan mobile Π_2 un cercle C_2 de centre ω. Le mouvement de Π_2 est engendré par le roulement de C_2 sur C_1, et comme le point P est sur C_2, le lieu de P est bien une épicycloïde cuspidale.

Pour préciser, désignons par R le rayon de C. On a, en grandeur et en signe,

$$\frac{\omega N}{\omega O} = \frac{PN}{PM} = -k,$$

d'où

$$\frac{\omega N}{k} = \frac{\omega O}{-1} = \frac{ON}{k+1} = \frac{R}{k+1},$$

et, par suite,

$$\omega N = \frac{kR}{k+1}, \qquad \omega O = \frac{-R}{k+1}, \qquad O\omega = \frac{R}{k+1}.$$

$$OI = O\omega - I\omega = O\omega - \omega N = \frac{R}{k+1} - \frac{kR}{k+1} = \frac{1-k}{1+k}R.$$

On en conclut qu'on peut noter l'épicycloïde, lieu du point P,

$$E\left(\frac{1-k}{1+k}R, -\frac{kR}{1+k}, \frac{kR}{1+k}\right).$$

247. Mouvement à trajectoires elliptiques. — *Considérons le mouvement d'un plan* Π *dont deux points* M *et* N *décrivent respectivement deux droites non parallèles* $O_0 x_0$ *et* $O_0 y_0$ *(fig. 105) (si ces droites étaient parallèles, les propriétés du mouvement seraient évidentes).*

A un instant donné, le c. i. r. est le point de rencontre I des perpendiculaires élevées en M à $O_0 x_0$ et en N à $O_0 y_0$. La roulante est le lieu du point I dans le plan Π. Comme on a

$$\widehat{MIN} = \pi - \widehat{x_0 O_0 y_0},$$

ce lieu est un cercle C passant par les points M et N. Il est clair qu'il passe constamment par le point O_0, et que O_0 et I sont des points de C diamétralement opposés.

La base est le lieu du point I dans le plan fixe. Comme $O_0 I$, diamètre de C, est de longueur constante, ce lieu est un cercle C_0 de centre O_0. Son rayon est double du cercle C. On vérifie que les cercles C_0 et C se touchent au point I.

Ainsi, *le mouvement considéré est engendré par le roulement d'un cercle* C *à l'intérieur d'un cercle de rayon double* C_0.

Cherchons la trajectoire d'un point quelconque du plan Il. Prenons d'abord un point P appartenant au cercle C. La normale à sa trajectoire est PI, donc la tangente est PO_0. Cette tangente passant par le point fixe O_0, on voit que la trajectoire considérée est une droite passant par O_0.

Ainsi *tous les points du cercle C décrivent des droites passant par le point O_0* (théorème de La Hire). Plus exactement, ces points décrivent seulement les segments de ces droites intérieures à C_0.

Soit maintenant R un point quelconque du plan Il. Menons le diamètre PQ du cercle C qui passe par ce point. Les points P et Q

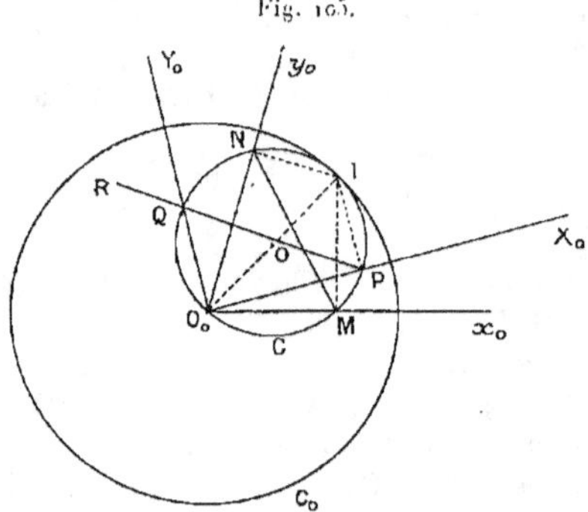

Fig. 165.

décrivent, comme on vient de le voir, deux droites $O_0 X_0$ et $O_0 Y_0$, et l'on reconnaît en outre que ces droites sont rectangulaires. On peut donc considérer le point R comme marqué sur un segment PQ de longueur constante, dont les extrémités décrivent deux droites rectangulaires $O_0 X_0$ et $O_0 Y_0$. En vertu d'un théorème bien connu, le lieu du point R est une ellipse dont les axes sont dirigés suivant $O_0 X_0$ et $O_0 Y_0$. Les longueurs de ces axes sont 2 RQ et 2 RP.

Ainsi, *les trajectoires des points du plan Il sont des ellipses concentriques*. Si l'on se reporte à la génération du mouvement, on voit que l'*hypocycloïde* E $(R, \frac{1}{2} R, d)$ *est une ellipse*. Si $d = R$, l'hypocycloïde se réduit à un diamètre du cercle base, diamètre que l'on peut considérer comme une ellipse dont le petit axe est de longueur nulle. Chaque point du cercle C passe deux fois en chaque point du diamètre qu'il décrit.

On reconnaît encore que toutes les ellipses décrites par des points extérieurs au cercle C ont des longueurs d'axes dont la différence est égale à deux fois le diamètre de ce cercle. Il faut remplacer, dans cet énoncé, le mot *différence* par le mot *somme*, quand il s'agit de points intérieurs au cercle C.

Remarquons enfin qu'un seul point du plan Il décrit un cercle, à savoir le point O, centre de C.

248. Construction des axes d'une ellipse dont on donne deux diamètres conjugués. — Ce problème célèbre peut être traité comme application immédiate de ce qui précède.

Soient OA, OB les deux demi-diamètres conjugués donnés (*fig.* 106).

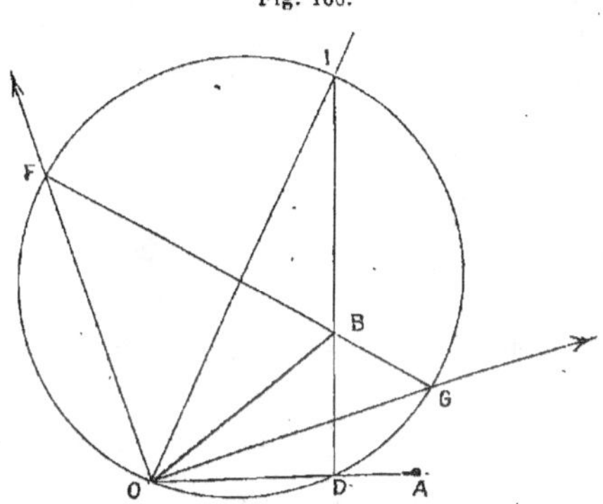

Fig. 106.

Menons BD perpendiculaire à OA et prolongeons le segment DB de la longueur BI = OA. Menons la droite OI.

Considérons le mouvement d'un plan Il dont le point D décrit OA et dont le point I décrit OI. Le point actuellement en B décrit une ellipse E de centre O. E passe au point B et aussi au point A, car, lorsque le point I vient en O, le point B vient en A, à cause de la relation BI = OA. On voit en outre que, pour la position actuelle du plan Il, le c. i. r., point commun aux normales aux trajectoires des points D et I, est confondu avec ce dernier point. Donc la tangente en B à l'ellipse E est perpendiculaire à BI, c'est-à-dire parallèle à OA. Il résulte de tout cela que l'ellipse E n'est autre que celle qui est déterminée par les deux demi-diamètres conjugués OA et OB.

Cela établi, construisons le cercle de diamètre OI : c'est la roulante du mouvement. Menons le diamètre FG de ce cercle, qui passe par B. Comme on vient de le voir au n° 247, les axes OX et OY de l'ellipse E sont dirigés suivant OF et OG. La demi-longueur de l'axe dirigé suivant OG est BF, la demi-longueur de l'axe dirigé suivant OF est BG.

249. Remarque sur le mouvement à trajectoires elliptiques. — On peut se demander si le mouvement que nous venons d'étudier est bien le mouvement le plus général, dans lequel toutes les trajectoires des points du plan mobile sont des coniques (dont certaines peuvent être réduites à des droites). Je vais établir que la réponse est affirmative.

Pour cela, démontrons d'abord le lemme suivant, en reprenant les notations employées dans la théorie générale :

Si, dans le mouvement $\left(\dfrac{\Pi_2}{\Pi_1}\right)$, les trajectoires des points du plan Π_2 sont des courbes algébriques d'ordre $\leqq m$, les enveloppes des droites du plan Π_1, dans le mouvement réciproque $\left(\dfrac{\Pi_1}{\Pi_2}\right)$, sont des courbes algébriques de classe $\leqq m$.

Il est d'abord clair que le mouvement $\left(\dfrac{\Pi_2}{\Pi_1}\right)$ est *algébrique*, c'est-à-dire que l'hypothèse implique l'existence de relations algébriques entre les coordonnées ξ, η et les lignes trigonométriques de l'angle φ qui fixent la position de Π_2 par rapport à Π_1 (n° 108). Donc le mouvement réciproque $\left(\dfrac{\Pi_1}{\Pi_2}\right)$ est également algébrique, et les droites du plan Π_1 enveloppent, dans ce mouvement, des courbes algébriques.

Chercher la classe d'une telle enveloppe revient à chercher pour combien de positions relatives des deux plans une droite donnée dans Π_1 vient passer par un point donné dans Π_2, c'est-à-dire pour combien de positions un point donné dans Π_2 vient sur une droite donnée dans Π_1. Ce dernier nombre n'est autre que l'ordre de la trajectoire du point considéré, dans le mouvement $\left(\frac{\Pi_2}{\Pi_1}\right)$. Cet ordre étant $\leqq m$, il en est de même de la classe cherchée. $\quad$ C. Q. F. D.

Cela posé, supposons que dans le mouvement $\left(\frac{\Pi_2}{\Pi_1}\right)$, les trajectoires de tous les points soient des coniques ou des droites. D'après le lemme, les enveloppes des droites du plan Π_1, dans le mouvement réciproque $\left(\frac{\Pi_1}{\Pi_2}\right)$, seront des courbes de classe 2 ou 1, c'est-à-dire des coniques ou des points.

Ces courbes ne peuvent toutes être réduites à des points, car si une droite enveloppe un point, toutes les droites parallèles qui lui sont liées enveloppent des cercles.

Ce sont donc des coniques en général. Mais, si une droite enveloppe une conique, toutes les droites parallèles à cette droite enveloppent des courbes qui sont, comme on sait, des courbes du quatrième ordre, *sauf dans le cas où la conique est un cercle*, auquel cas les enveloppes considérées sont toutes des cercles concentriques, dont l'un se réduit à un point.

Par conséquent, parallèlement à toute direction, il existe dans le plan Π_1 une droite qui, dans le mouvement $\left(\frac{\Pi_1}{\Pi_2}\right)$ passe par un point fixe.

Si ce point fixe est rejeté à l'infini, le mouvement $\left(\frac{\Pi_1}{\Pi_2}\right)$ se réduit à une translation, le mouvement $\left(\frac{\Pi_2}{\Pi_1}\right)$ aussi. Il suffit qu'un point de Π_2 décrive une conique pour que tous les autres fassent de même. C'est une solution banale.

Si tous les points fixes sont confondus, on est conduit à une autre solution banale : le mouvement de Π_2 est une rotation autour d'un point fixe, et tous ses points décrivent des cercles concentriques.

Enfin il reste le cas où les points fixes sont à distance finie et distincts. Alors il existe dans Π_1 au moins deux droites non parallèles qui passent par des points distincts de Π_2. Donc, dans le mouvement $\left(\frac{\Pi_2}{\Pi_1}\right)$, il existe deux points distincts qui décrivent des droites non parallèles de Π_1. On est ramené à la définition du n° 247.

CHAPITRE XIII.
APPLICATIONS DE LA THÉORIE DU MOUVEMENT D'UN SOLIDE.

A. — APPLICATION A LA THÉORIE DES COURBES GAUCHES.

250. Mouvement du trièdre principal d'une courbe. — Comme première application des propriétés du mouvement général d'un solide, étudions *le mouvement* $(\mathfrak{M})$ *du trièdre principal en un point* M *d'une courbe* C, *quand* M *décrit cette courbe.*

La question est analogue à celle du mouvement de l'*équerre* attachée à une courbe plane (nº 190), mais naturellement plus compliquée.

Je conserverai les notations du Chapitre II, et j'emploierai le calcul vectoriel.

Soit P un point lié au trièdre principal, de coordonnées x, y, z, par rapport à ce trièdre (*fig.* 107). On a

$$P = M + x\mathbf{t} + y\mathbf{n} + z\mathbf{b},$$

d'où, pour le vecteur vitesse du point P, en tenant compte des formules de Frenêt,

$$(1) \qquad \mathbf{v}(P) = \frac{dP}{dt} = \frac{ds}{dt}\frac{dP}{ds} = V\left(\frac{dM}{ds} + x\frac{d\mathbf{t}}{ds} + y\frac{d\mathbf{n}}{ds} + z\frac{d\mathbf{b}}{ds}\right)$$

$$= V\left[\mathbf{t} + x\frac{\mathbf{n}}{R} + y\left(-\frac{\mathbf{t}}{R} - \frac{\mathbf{b}}{T}\right) + z\frac{\mathbf{n}}{T}\right]$$

$$= V\left[\left(1 - \frac{y}{R}\right)\mathbf{t} + \left(\frac{x}{R} + \frac{z}{T}\right)\mathbf{n} - \frac{y}{T}\mathbf{b}\right].$$

On a désigné par V la vitesse de M sur C.

Cela posé, il existe dans chacune des faces du trièdre principal un point remarquable, son pôle, et une droite remarquable, sa caractéristique. Cherchons ces divers éléments en utilisant la formule (1), ou bien par un raisonnement géométrique, dans les cas où il est immédiat :

1° *Plan osculateur* MTN. — On sait déjà que *la caractéristique de ce plan est la tangente* MT.

Son pôle est le point dont la vitesse est normale au plan. On l'obtient

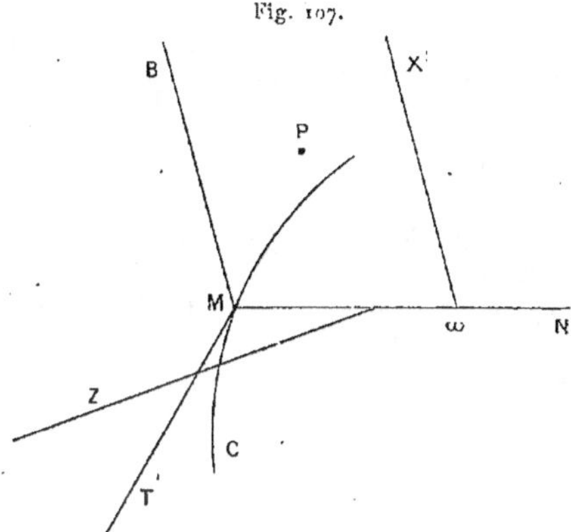

en faisant dans (1) $z = 0$, et en déterminant x et y de telle manière que $\mathbf{v}(P)$ soit parallèle à $\mathbf{b}$. On trouve

$$x = 0, \qquad 1 - \frac{y}{R} = 0 \qquad \text{ou} \qquad y = R.$$

Ces égalités définissent le centre de courbure ω. Ainsi *le pôle du plan osculateur, dans le mouvement* $(\mathfrak{M})$, *est le centre de courbure* ω *de* C *en* M.

2° *Plan normal* MNB. — Par définition, *le pôle de ce plan est le point* M.

La caractéristique de ce plan est le lieu des points P dont le vecteur vitesse est parallèle à ce plan et par conséquent normal à MT. On a donc pour un tel point

$$x = 0, \qquad \mathbf{v}(P) \times \mathbf{t} = 0,$$

ce qui se réduit à

$$1 - \frac{y}{R} = 0 \qquad \text{ou} \qquad y = R.$$

Donc *la caractéristique du plan normal* MNB *est la parallèle* X *à la binormale* MB *menée par le centre de courbure.* On donne à X le nom *d'axe de courbure* ([1]) de C en M.

3° *Plan rectifiant* MTB. — Le pôle de ce plan serait celui de ses points dont le vecteur vitesse serait parallèle à **n**. On aurait donc à la fois

$$y = 0, \qquad 1 - \frac{y}{R} = 0,$$

ce qui est impossible. Donc *le plan rectifiant n'a pas de pôle,* ou, ce qui revient au même, *a son pôle rejeté à l'infini.* Cela tient, comme on le verra tout à l'heure, à ce que ce plan est parallèle à l'axe du vissage tangent à $(\mathfrak{M})$.

Quant à la caractéristique du plan rectifiant, c'est le lieu des points P tels que l'on ait

$$y = 0, \qquad \mathbf{v}(P) \times \mathbf{n} = 0$$

ou

$$\frac{x}{R} + \frac{z}{T} = 0.$$

Cette caractéristique est donc une droite passant par M, facile à construire quand on connaît R et T. On lui donne le nom de *droite rectifiante.*

Les résultats obtenus sont résumés dans le tableau suivant :

Plans.	Pôles.	Caractéristiques.
Plan osculateur...............	Centre de courbure	Tangente
Plan normal..................	Le point M	Axe de courbure
Plan rectifiant..............	A l'infini	Droite rectifiante

251. Rotations d'où résulte le mouvement $(\mathfrak{M})$. — On sait (n° 215, 2°) que *la caractéristique d'un plan et la perpendiculaire à ce plan menée par son pôle sont deux droites conjuguées par rapport au com-*

([1]) On dit aussi *droite polaire.* Mais les mots de *pôle* et de *polaire* ont déjà trop d'acceptions diverses en géométrie.

plexe des normales attaché au mouvement. En appliquant ce théorème au plan osculateur MTN, on voit que MT *et* X *sont deux droites conjuguées.* Donc (n° 210, 5°), *le vissage tangent à* ($\mathfrak{M}$) *résulte de deux rotations dont les axes sont* MT *et* X.

Si l'on désigne par u et u' les vitesses angulaires de ces rotations, leurs vecteurs glissants respectifs seront (MT, $u\,\mathbf{t}$) et (X, $u'\,\mathbf{b}$). Cherchons u et u'.

Pour cela, remarquons que le point ω étant sur X, sa vitesse provient uniquement de la rotation (MT, $u\,\mathbf{t}$). On a donc, en tenant compte de (1),

$$u\mathbf{t} \wedge (\omega - \mathrm{M}) = u\mathbf{t} \wedge \mathrm{R}\mathbf{n} = u\mathrm{R}\mathbf{b} = -\,\mathrm{V}\frac{\mathrm{R}}{\mathrm{T}}\mathbf{b},$$

d'où

$$(2) \qquad\qquad u = -\frac{\mathrm{V}}{\mathrm{T}}.$$

De même, la vitesse du point M provient uniquement de la rotation de vecteur glissant (X, $u'\,\mathbf{b}$). On a donc

$$u'\mathbf{b} \wedge (\mathrm{M} - \omega) = -\,u'\mathbf{b} \wedge \mathrm{R}\mathbf{n} = u'\mathrm{R}\mathbf{t} = \mathrm{V}\mathbf{t},$$

d'où

$$(3) \qquad\qquad u' = \frac{\mathrm{V}}{\mathrm{R}}.$$

Ainsi *le mouvement* ($\mathfrak{M}$) *est tangent au mouvement résultant des deux rotations de vecteurs glissants respectifs*

$$\left(\mathrm{MT}, -\frac{\mathrm{V}}{\mathrm{T}}\mathbf{t}\right), \quad \left(\mathrm{X}, \frac{\mathrm{V}}{\mathrm{R}}\mathbf{b}\right).$$

252. Vissage tangent au mouvement ($\mathfrak{M}$). — Le torseur attaché au mouvement étant la somme des deux vecteurs glissants dont on vient d'écrire l'expression, on voit d'abord que l'axe du vissage tangent à ($\mathfrak{M}$) est parallèle au vecteur libre

$$-\frac{\mathrm{V}}{\mathrm{T}}\mathbf{t} + \frac{\mathrm{V}}{\mathrm{R}}\mathbf{b} = \mathrm{V}\left(-\frac{\mathbf{t}}{\mathrm{T}} + \frac{\mathbf{b}}{\mathrm{R}}\right),$$

c'est-à-dire, comme on le reconnaît immédiatement, à la droite rectifiante.

Pour achever de déterminer la position de cet axe, il suffit de chercher le lieu des points P dont le vecteur vitesse est parallèle au précédent. On aura donc, pour un tel point,

$$\frac{x}{R} + \frac{z}{T} = 0, \qquad \frac{1 - \dfrac{y}{R}}{-\dfrac{t}{T}} = \frac{-\dfrac{y}{T}}{\dfrac{1}{R}},$$

d'où

$$(4) \qquad\qquad y = \frac{RT^2}{R^2 + T^2}.$$

Ainsi *l'axe du vissage tangent à* $(\mathfrak{M})$ *est la parallèle à la droite rectifiante menée par le point de MN dont la distance au point M est donnée par l'expression* (4).

Quant au pas réduit du vissage, il a pour valeur (n° 94, 3°) $\dfrac{A}{u^2}$, A étant l'automoment du torseur

$$\left(MT, -\frac{V}{T} t \right) + \left(X, \frac{V}{R} b \right)$$

et **u** son vecteur

$$V\left(-\frac{t}{T} + \frac{b}{R} \right).$$

Pour calculer A, cherchons le moment du torseur par rapport au point M. Il se réduit à celui du second vecteur,

$$\mathbf{m} = (\omega - M) \wedge \frac{V}{R} \mathbf{b} = V \mathbf{t}.$$

Donc

$$A = \mathbf{m} \times \mathbf{u} = V\mathbf{t} \times V\left(-\frac{t}{T} + \frac{b}{R} \right) = -\frac{V^2}{T}.$$

D'autre part,

$$\mathbf{u}^2 = V^2 \left(-\frac{t}{T} + \frac{b}{R} \right)^2 = V^2 \left(\frac{1}{T^2} + \frac{1}{R^2} \right).$$

On obtient donc, comme valeur du pas réduit cherché,

$$(5) \qquad\qquad h = \frac{-\dfrac{1}{T}}{\dfrac{1}{T^2} + \dfrac{1}{R^2}} = -\frac{R^2 T}{R^2 + T^2}.$$

On aurait pu traiter cette dernière question par un raisonnement de forme plus géométrique; mais il serait à peine plus court et laisserait de l'incertitude sur le signe.

Les formules (4) et (5) sont faciles à vérifier sur l'hélice ordinaire.

253. Nouvelles propriétés des courbes gauches. Surface polaire. — Dans le mouvement du trièdre MTNB ou (T), le plan MNB a pour caractéristique, nous l'avons vu, l'axe de courbure X. L'enveloppe de ce plan, c'est-à-dire le lieu de X, est une développable S qui est dite la *surface polaire* de C.

Considérons alors un plan II qui, au cours du mouvement, glisse sur le plan MNB de telle manière qu'un de ses points coïncide constamment avec M. Alors le mouvement $\left(\dfrac{\text{II}}{\text{T}}\right)$ est une rotation d'axe MT. On précisera complètement le mouvement du plan II en imposant à cette rotation d'avoir pour vecteur libre, à chaque instant, $\dfrac{V}{T}\,t$.

Le mouvement absolu du plan II résulte du mouvement $(\mathfrak{M})$ et du mouvement $\left(\dfrac{\text{II}}{\text{T}}\right)$. Il est donc tangent au mouvement résultant des rotations de vecteurs glissants

$$\left(\text{MT}, -\frac{V}{T}t\right), \quad \left(X, \frac{V}{R}b\right), \quad \left(\text{MT}, \frac{V}{T}t\right),$$

c'est-à-dire à la rotation de vecteur glissant

$$\left(X, \frac{V}{R}b\right).$$

Le plan II enveloppant S et son mouvement étant constamment tangent à une rotation, on voit que *ce plan roule sur S*.

Réciproquement, *étant donnée une développable S, si l'on fait rouler un plan II sur celle-ci, tout point M de ce plan a pour trajectoire une courbe C dont S est la surface polaire.* On voit en effet immédiatement que le plan II est toujours normal à C.

Si S est un cylindre, il est clair que la courbe C est plane. Si S est un cône de sommet O, il existe dans II un point qui coïncide constamment avec le point O et, par conséquent, OM étant de longueur constante, le point M reste sur une sphère de centre O. Ainsi *toute courbe dont la surface polaire est un cône est une courbe sphérique.* La réciproque est évidemment vraie.

254. Développées d'une courbe gauche. — Quand le plan ll, défini au paragraphe précédent, roule sur la surface polaire S, *toute droite D de ce plan engendre une développable.* Soit en effet N un point quelconque de D, autre que le point d'intersection de D et de X. Sa trajectoire est normale au plan ll. Or la tangente à cette trajectoire et la droite D déterminent le plan tangent en N à la surface (D) engendrée par D. On voit que ce plan est le même, quel que soit le point N, ce qui démontre la proposition.

Il est clair que le point central de D est son point de rencontre avec X, point pour lequel la démonstration précédente tombe en défaut. Par conséquent, *l'arête de rebroussement de* (D) *est une courbe de la surface* S.

En particulier, si D passe par le point M, D est une normale de la courbe C. On voit donc qu'il existe une infinité de développables

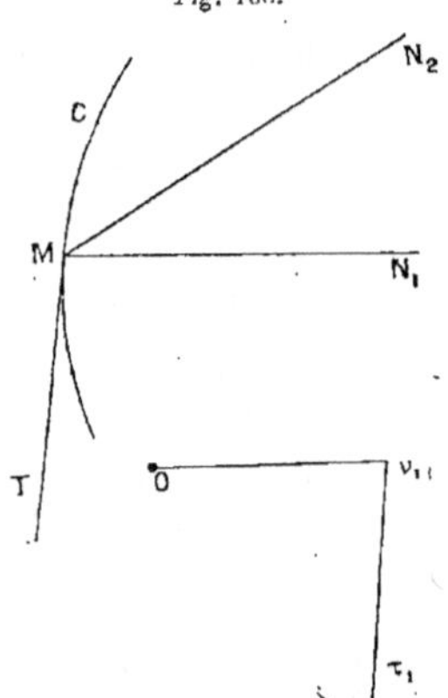

Fig. 108.

dont les génératrices sont des normales de C. Leurs arêtes de rebroussement, qui appartiennent toutes à la surface polaire de C, sont dites *développées* de la courbe C.

Réciproquement, on peut se proposer de trouver les diverses développables dont les génératrices sont des normales de C. Je dis qu'*il n'en existe pas d'autres que les précédentes.*

Pour établir cela, démontrons d'abord que *si* MN_1 *et* MN_2 *sont deux normales à* C, *engendrant toutes les deux des développables, l'angle* $\widehat{N_1 M N_2}$ *est constant* (*fig.* 108).

Soient en effet $\mathbf{n}_1$ et $\mathbf{n}_2$ deux vecteurs unitaires, parallèles respectivement à MN_1 et à MN_2. Construisons le point

$$\nu_1 = O + \mathbf{n}_1$$

$O\nu_1$ engendre le cône directeur $(O\nu_1)$ de la surface (MN_1), lieu de MN_1. Cette surface étant développable, le plan tangent à $(O\nu_1)$ est parallèle au plan tangent à (MN_1). Autrement dit, le plan déterminé par $O\nu_1$ et la tangente $\nu_1 \tau_1$ en ν_1 à la courbe lieu de ce point est parallèle au plan $MN_1 T$. Comme, en outre, $\nu_1 \tau_1$ et MT sont perpendiculaires aux droites parallèles $O\nu_1$ et MN_1, $\nu_1 \tau_1$ et MT sont elles-mêmes parallèles. On peut dire aussi que le vecteur $d\mathbf{n}_1$ est parallèle au vecteur $\mathbf{t}$.

Il en est de même du vecteur $d\mathbf{n}_2$. Par conséquent, le vecteur $d\mathbf{n}_1$ est perpendiculaire à $\mathbf{n}_2$ et le vecteur $d\mathbf{n}_2$ est perpendiculaire à $\mathbf{n}_1$. Cela se traduit par

$$\mathbf{n}_2 \times d\mathbf{n}_1 = 0, \qquad \mathbf{n}_1 \times d\mathbf{n}_2 = 0,$$

et, en ajoutant,

$$d(\mathbf{n}_1 \times \mathbf{n}_2) = 0, \qquad \mathbf{n}_1 \times \mathbf{n}_2 = \text{const.},$$

ce qui démontre la proposition.

Supposons maintenant que la développable (MN_1) soit une de celles que l'on obtient en faisant rouler le plan Π sur S. La droite MN_2, faisant un angle constant avec MN_1, est entraînée dans le même roulement. On reconnaît ainsi que la construction indiquée au début de ce paragraphe donne toutes les développables ayant pour génératrices des normales de C.

255. Roulement d'une courbe gauche sur une autre. — Nous pouvons maintenant compléter sur certains points la théorie du roulement (Chap. VII, A).

Soit C une courbe roulant sur une courbe C_0 (*fig.* 109). A un instant donné, ces deux courbes se touchent en un point M. Soient $MTNB$, $MT_0 N_0 B_0$ leurs deux trièdres principaux. L'arête MT est confondue avec MT_0.

Le mouvement $\left(\dfrac{C}{C_0}\right)$ peut être considéré comme résultant des mouvements :

$$\left(\frac{MT_0\,N_0\,B_0}{C_0}\right), \quad \left(\frac{MTNB}{MT_0\,N_0\,B_0}\right), \quad \left(\frac{C}{MTNB}\right).$$

Soient X_0 et X les axes de courbure des deux courbes en M. Ils sont dans leur plan normal commun et se coupent en un point I (qui peut être à l'infini).

Le mouvement $\left(\dfrac{MT_0\,N_0\,B_0}{C_0}\right)$ est tangent (n° 251) au mouvement résultant de deux rotations $R_0\,(X)$, $R_1\,(MT)$, d'axes respectifs X_0

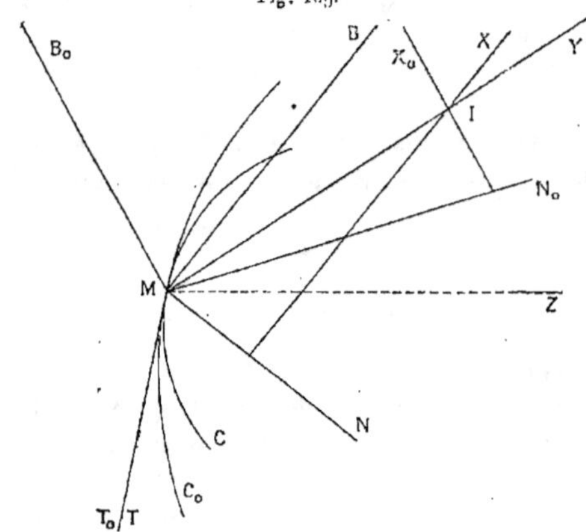

Fig. 109.

et MT. Le mouvement $\left(\dfrac{MT\,N\,B}{MT_0\,N_0\,B_0}\right)$ est une rotation $R_2\,(MT)$. Enfin le mouvement $\left(\dfrac{C}{MT\,N\,B}\right)$ est tangent au mouvement résultant de deux rotations $R_3\,(MT)$ et $R\,(X)$. Donc $\left(\dfrac{C}{C_0}\right)$ est tangent au mouvement résultant des cinq rotations $R\,(X_0)$, $R_1\,(MT)$, $R_2\,(MT)$, $R_3\,(MT)$, $R\,(X)$.

Les trois rotations R_1, R_2, R_3 se composent en une rotation unique $R_4\,(MT)$. Les deux rotations $R\,(X_0)$, $R\,(X)$ se composent en une rotation R (Y) dont l'axe Y passe par le point I. Ainsi $\left(\dfrac{C}{C_0}\right)$ est tangent à R_1 (MT) R (Y).

Mais, C roulant sur C_0, le mouvement $\left(\dfrac{C}{C_0}\right)$ est tangent à une rotation R (Z) dont l'axe Z passe par le point M. Il faut donc que MT et Y se rencontrent en un point qui ne peut être que le point M, puisque Y est dans le plan normal commun aux deux courbes. L'axe Z est dans le plan MTY. Ainsi :

L'axe Z de la rotation à laquelle est tangent le mouvement $\left(\dfrac{C}{C_0}\right)$ *appartient au plan MTI, déterminé par la tangente MT et le point I où se rencontrent les axes de courbure* X_0 *et* X.

256. Roulement d'une développable sur une développable. — On a vu au n° 172 que, si une développable générale S roule sur une développable générale S_0, l'arête de rebroussement Γ de la première roule sur l'arête de rebroussement Γ_0 de la seconde, et cela de telle

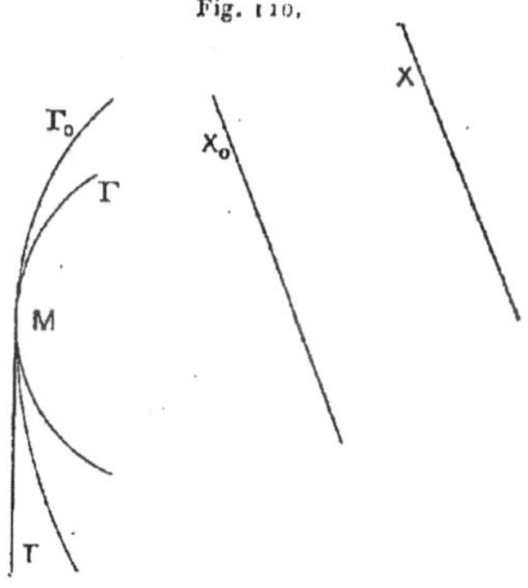

manière que les deux courbes aient constamment même plan osculateur en leur point de contact M (*fig.* 110). Il résulte aussi de la théorie du roulement linéaire que le mouvement $\left(\dfrac{\Gamma}{\Gamma_0}\right)$ est tangent à une rotation $\dot{R}$ (MT), MT étant la tangente commune aux deux courbes.

Il faut donc, en reprenant les notations du paragraphe précédent, que les rotations R (X_0) et R (X) se détruisent, ce qui n'est possible que si X_0 est confondu avec X. Ainsi *les deux courbes* Γ_0 *et* Γ *ont même axe de courbure, et par conséquent même centre de courbure en* M. C'est le théorème énoncé à la fin du n° 172.

257. Transformation de la courbure d'une courbe dans le développement d'une développable. — On peut encore rattacher simplement à ce qui précède une relation importante qui existe entre la courbure d'une courbe quelconque tracée sur une développable et celle de la transformée de cette courbe, quand on développe la développable sur un plan.

Soit S une développable. Faisons-la rouler sur un plan P. Les diverses courbes C de S roulent sur des courbes C_0 de P (*fig.* 111).

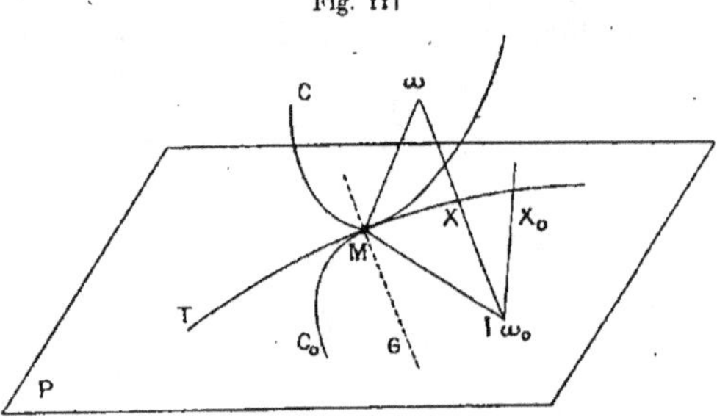

Les arcs des courbes C ont mêmes longueurs que les arcs correspondants des courbes C_0. Ces dernières ne sont donc autres que les transformées des courbes C, quand on effectue le développement de S sur P.

X et X_0 étant toujours les axes de courbure de deux courbes C et C_0, en leur point de contact M, et I le point de rencontre de ces deux axes, on sait que le mouvement $\left(\dfrac{C}{C_0}\right)$, identique au mouvement $\left(\dfrac{S}{P}\right)$, est tangent à une rotation dont l'axe appartient au plan MTI. Mais l'axe de cette rotation est aussi la génératrice G de contact du plan P et de la surface S. Il faut donc que le point I soit dans le plan P, ce qui revient à dire que *l'axe de courbure X de la courbe C passe par le centre de courbure ω_0 de la courbe C_0.*

$M\omega = R$ et R_0 étant les rayons de courbure respectifs de C et de C_0, appelons V l'angle $\widehat{\omega M \omega_0}$: c'est l'angle que fait le plan osculateur en M à C avec le plan tangent à S au même point. On a

$$(1) \qquad R_0 = \frac{R}{\cos V} \cdot$$

Ainsi, quand on effectue le développement d'une développable sur un plan, C étant une courbe de la développable et C_0 sa transformée, M et M_0 étant deux points correspondants de ces deux courbes, le rayon de courbure R de C en M est relié au rayon de courbure R_0 de C_0 en M_0 par la relation (1), *V désignant l'angle que fait le plan osculateur à C en M avec le plan tangent au même point à la développable.*

B. — ÉTUDE DE MOUVEMENTS PARTICULIERS DIVERS.

258. Mouvement $\mathfrak{M}_2$ d'une ponctuelle dont trois points décrivent des plans. — Considérons une ponctuelle (D), de support D, dont trois points M_1, M_2, M_3 sont assujettis à rester dans des plans donnés P_1, P_2, P_3 formant un trièdre de sommet O. *Je dis que tout autre point M de* (D) *décrit un ellipsoïde de centre O.*

D'abord, le nombre des conditions imposées montre que l'on a affaire à un mouvement $\mathfrak{M}_2$.

Pour démontrer le théorème en vue, le plus rapide est ici l'emploi de la géométrie analytique. Rapportons la figure à trois axes rectangulaires, l'origine étant placée en O. Soient (x, y, z) les coordonnées du point M, α, β, γ les cosinus directeurs de D. Si l'on désigne par l_1 la distance constante MM_1, les coordonnées du point M_1 sont

$$x + l_1\alpha, \quad y + l_1\beta, \quad z + l_1\gamma.$$

En écrivant que le point M_1 décrit le plan P_1, on a une équation de la forme

$$A_1(x + l_1\alpha) + B_1(y + l_1\beta) + C_1(z + l_1\gamma) = 0$$

ou

$$l_1(A_1\alpha + B_1\beta + C_1\gamma) = -(A_1 x + B_1 y + C_1 z),$$

A_1, B_1, C_1 étant des constantes. Les deux autres conditions donnent de même, avec des notations analogues,

$$l_2(A_2\alpha + B_2\beta + C_2\gamma) = -(A_2 x + B_2 y + C_2 z),$$
$$l_3(A_3\alpha + B_3\beta + C_3\gamma) = -(A_3 x + B_3 y + C_3 z).$$

Les plans P_1, P_2, P_3 formant un trièdre, le déterminant

$$\begin{vmatrix} A_1 & B_1 & C_1 \\ A_2 & B_2 & C_2 \\ A_3 & B_3 & C_3 \end{vmatrix}$$

n'est pas nul. On peut donc résoudre les équations précédentes en α, β, γ, et l'on a des égalités de la forme

$$\alpha = a_1 x + b_1 y + c_1 z,$$
$$\beta = a_2 x + b_2 y + c_2 z,$$
$$\gamma = a_3 x + b_3 y + c_3 z,$$

a_1, b_1, ..., c_3 étant de nouvelles constantes. En portant ces valeurs de α, β, γ dans la relation

$$\alpha^2 + \beta^2 + \gamma^2 = 1,$$

on obtient

$$(a_1 x + b_1 y + c_1 z)^2 + (a_2 x + b_2 y + c_2 z)^2 + (a_3 x + b_3 y + c_3 z)^2 = 1.$$

Le lieu du point M (x, y, z) est donc bien un ellipsoïde de centre O.

On a là une extension à l'espace du principe du *compas elliptique*

259. Mouvement $\mathfrak{M}_4$ d'une ponctuelle dont quatre points restent dans des plans donnés. — Considérons maintenant une ponctuelle (D), de support D, dont quatre points M_1, M_2, M_3, M_4 restent dans des plans donnés P_1, P_2, P_3, P_4 dont deux quelconques ne sont pas parallèles et dont trois quelconques ne sont pas parallèles à une même droite. Nous allons reconnaître *que tout point* M *de* (D), *y compris les points* M_1, M_2, M_3, M_4, *décrit une ellipse.*

Soient en effet (*fig.* 112) $M_i N_i$ les normales aux plans P. On sait que les plans normaux aux trajectoires des points de (D) forment un faisceau, ayant pour arête la droite Δ conjuguée de D. Δ appartenant au plan normal à la trajectoire de M_i, qui appartient par hypothèse au plan P_i, doit rencontrer $M_i N_i$. Donc Δ est la droite, autre que D, qui rencontre les quatre droites $M_i N_i$.

Le plan normal à la trajectoire du point M est le plan (M Δ).

Menons par un point O fixe des parallèles O n_i aux droites $M_i N_i$; ces parallèles sont fixes. Menons aussi O δ parallèle à Δ.

Le plan (O δ n_i) est parallèle au plan (Δ M_i). Le faisceau des quatre

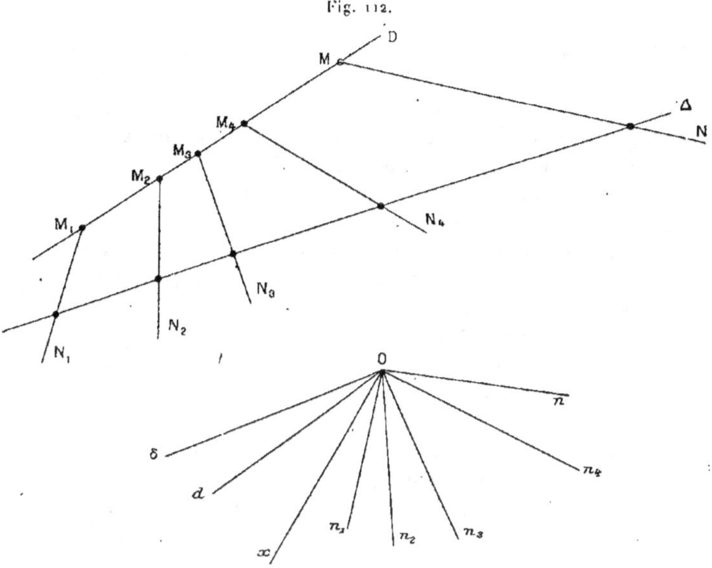
Fig. 112.

plans (O δ n_i) a donc même rapport anharmonique que celui des quatre plans (Δ M_i), ce qui s'écrit

$$O\delta(n_1 n_2 n_3 n_4) = \Delta(M_1 M_2 M_3 M_4).$$

Mais ce dernier rapport anharmonique est égal à celui des quatre points M_i, dont les distances mutuelles sont constantes. Il a donc une valeur constante et il en est de même du rapport anharmonique écrit au premier membre.

Il résulte des hypothèses faites sur les plans P_i que les quatre droites O n_i sont distinctes et que trois quelconques d'entre elles ne sont pas dans un même plan. Le rapport anharmonique

$O \delta (n_1 n_2 n_3 n_4)$ étant constant, *la droite* $O \delta$ *décrit un cône* Γ *dont quatre génératrices sont les droites* $O n_i$.

Menons maintenant par $O \delta$ un plan parallèle au plan (ΔM) et soit $O n$ la seconde génératrice suivant laquelle il coupe le cône Γ. On a l'égalité entre rapports anharmoniques

$$O \delta (n n_1 n_2 n_3) = \Delta (M M_1 M_2 M_3) = \text{const.},$$

d'où il résulte que $O n$ est une génératrice fixe du cône Γ. Il existe donc une droite MN de direction fixe rencontrant Δ, c'est-à-dire que la trajectoire du point M a une normale de direction fixe. *Cette trajectoire est donc une courbe plane*, et le point M reste dans un plan P.

D'autre part, du fait que les points M_1, M_2, M_3 restent dans les plans P_1, P_2, P_3, il résulte que le point M reste sur un ellipsoïde (n° 258). La trajectoire de M est donc l'intersection de cette ellipsoïde et du plan P. *C'est bien une ellipse*, comme je l'avais annoncé.

Il est clair que les points M_i décrivent aussi des ellipses dans les plans P_i.

Supposons que le point M soit le point à l'infini de D. Le plan (ΔM) devient le plan Π mené par Δ parallèlement à D et le plan parallèle mené par δ devient le plan $(O \delta d)$, Od étant la parallèle menée par O à D. La génératrice Ox autre que $O \delta$ suivant laquelle le plan $(O \delta d)$ coupe le cône Γ est encore fixe. Mais on sait (n° 220) que le plan Π' mené par D parallèlement à Δ est le plan central de la première droite, relativement à la surface S qu'elle engendre. $O d$ engendre le cône directeur de S, et le plan $(O \delta d)$, étant parallèle au plan Π et par conséquent au plan central Π' de D, est le plan normal à ce cône directeur suivant Od. Comme il passe par la droite fixe Ox, on voit que *le cône directeur de* S *est de révolution autour de* Ox. Donc D *fait un angle constant avec* Ox.

En résumé, *quand une ponctuelle se meut de telle manière que quatre de ses points restent dans des plans dont deux quelconques ne sont pas parallèles et dont trois quelconques ne sont pas parallèles à une même droite, tout point de la ponctuelle décrit une ellipse; la droite, support de la ponctuelle, fait un angle constant avec une droite fixe.*

On peut évidemment remplacer les conditions imposées au mouvement de (D) par les suivantes : *trois points de cette ponctuelle restent chacune dans un plan donné, et le support* D *fait un angle constant avec une direction fixe.*

l est un cas de figure où l'on n'a pas besoin de faire intervenir le
iltat du n° 258. C'est celui où le plan mené par le point O, perpen-
ilairement à O x, coupe le cône Γ suivant deux génératrices
lles et distinctes O n_0, O n'_0. A ces génératrices correspondent
(D) deux points M_0 et M'_0 décrivant des plans P_0 et P'_0 perpendi-
aires à O n_0 et O n'_0, et par conséquent tous les deux parallèles
x.

'rojetons alors sur un plan Q perpendiculaire à O x. La ponc-
le (D), dont le support fait un angle constant avec O x et par
séquent avec le plan de projection, se projette suivant une ponc-
le (D') de grandeur constante qui se meut dans le plan Q, tous
points décrivant des courbes qui sont les projections des tra-
oires des points M. Les plans P_0 et P'_0 étant perpendiculaires
, les points projections de M_0 et de M'_0 décrivent des droites,
es de ces deux plans, et tous les points de (D') décrivent des
ses (n° 247). Les trajectoires des points M, qui sont des courbes
es projetées suivant des ellipses, sont donc aussi des ellipses.
n voit en outre que, toutes les ellipses trajectoires des points
D') étant concentriques, *toutes les ellipses, trajectoires des points* M,
eurs centres alignés sur une parallèle à O x.
le plan mené par le point O, perpendiculairement à O x, ne coupe
réellement le cône Γ, la démonstration précédente et la dernière
arque restent valables, à la condition d'invoquer le *principe*
ontinuité de Poncelet, en vertu duquel les propriétés géomé-
es établies sur une figure dont certains éléments sont réels
istent, quand ces éléments deviennent imaginaires.

0. **Mouvement** $\mathfrak{M}_1$ **d'un solide dont tous les points décrivent**
llipses. — Ce mouvement se rattache simplement au précédent.
le définirai comme il suit : *un cylindre de révolution* (Cy) *vire*
itérieur d'un cylindre de révolution de rayon double (Cy$_0$) (*c'est-*
e, je le rappelle, est animé d'un mouvement résultant d'un roule-
à l'intérieur de ce dernier cylindre, combiné à chaque instant
un glissement le long de la génératrice de contact), et cela de telle
ère qu'un point M_1 *lié à* (Cy) *reste dans un plan donné quel-*
e P. Dans ce mouvement, qui est évidemment un mouve-
$\mathfrak{M}_1$, tout point M lié à (Cy) décrit une ellipse.

Je supposerai, pour simplifier le langage, que les cylindres (Cy_0) et (Cy) sont verticaux.

On reconnaît tout d'abord que tout point de (Cy) reste dans un plan vertical, passant par l'axe de (Cy_0). C'est une conséquence immédiate du théorème de La Hire (n° 247).

Cela posé, menons la droite $M_1 M$ et soient M_2 et M_3 les points (réels ou imaginaires) où elle rencontre le cylindre (Cy). Sur la ponctuelle $(M M_1 M_2 M_3)$, les points M_1, M_2, M_3 restent dans des plans, et d'autre part il est clair que sa droite-support fait un angle constant avec la verticale. Donc tous ses points, et en particulier le point M décrivent des ellipses.   C. Q. F. D.

On a donc obtenu une extension à l'espace du mouvement plan à trajectoires elliptiques.

261. Mouvement $\mathfrak{M}_4$ d'un solide dont tous les points décrivent des lignes sphériques. — Considérons le mouvement ainsi défini :

Un solide S a une droite Z qui glisse sur une droite fixe Z_0 et un point M de S reste sur une sphère fixe de centre M_0.

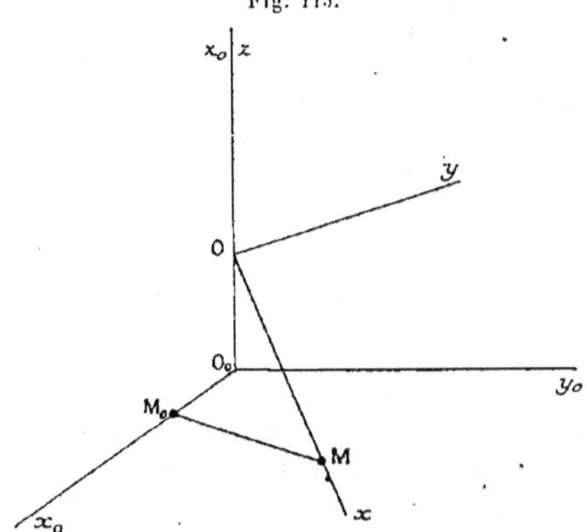
Fig. 113.

On a imposé cinq conditions au solide S, qui se trouve donc bien animé d'un mouvement $\mathfrak{M}_4$. Je dis que *tout point de S reste sur une certaine sphère fixe.*

Rapportons (*fig.* 113) l'espace fixe à trois axes rectangulaires $O_0 x_0 y_0 z_0$, en dirigeant $O_0 z_0$ suivant Z_0 et en faisant en sorte que $O_0 x_0$ passe par M_0. Rapportons S à trois axes rectangulaires $Oxyz$, Oz étant dirigé suivant Z et Ox passant par le point M.

Le trièdre $Oxyz$ a sa position définie par les paramètres $O_0 O = h$ et $\widehat{O_0 x_0, Ox} = \varphi$.

Si (x, y, z) et (X_0, Y_0, Z_0) sont les coordonnées relatives et absolues d'un même point, on a

$$(1) \quad \begin{cases} X_0 = x \cos\varphi - y \sin\varphi, \\ Y_0 = x \sin\varphi + y \cos\varphi, \\ Z_0 = z + h. \end{cases}$$

Soient $(a, 0, 0)$ les coordonnées relatives de M, $(a_0, 0, 0)$ les coordonnées absolues de M_0. Les coordonnées absolues de M sont

$$a \cos\varphi, \quad a \sin\varphi, \quad h.$$

Écrivons que la longueur MM_0 a une valeur constante R. On obtient

$$(a \cos\varphi - a_0)^2 + a^2 \sin^2\varphi + h^2 = R^2$$

ou

$$(2) \quad h^2 - 2 a a_0 \cos\varphi + a^2 + a_0^2 - R^2 = 0.$$

Telle est la relation entre h et φ qui traduit l'hypothèse.

Cherchons maintenant si à un point $P(x, y, z)$ de S on peut faire correspondre un point $P_0(x_0, y_0, z_0)$ de l'espace fixe tel que l'on ait

$$PP_0 = R',$$

R' étant une constante. En utilisant les (1), on a la relation

$$(x \cos\varphi - y \sin\varphi - x_0)^2 + (x \sin\varphi + y \cos\varphi - y_0)^2 + (z + h - z_0)^2 = R'^2,$$

ce qui se réduit à

$$(3) \quad h^2 + 2(z - z_0) h - 2(x x_0 + y y_0) \cos\varphi$$
$$+ 2(y x_0 - x y_0) \sin\varphi + x^2 + y^2 + x_0^2 + y_0^2 + (z - z_0)^2 - R'^2 = 0.$$

La relation (3) entre h et φ sera identique à (2) si l'on a

$$z - z_0 = 0,$$
$$x x_0 + y y_0 = a a_0,$$
$$y x_0 - x y_0 = 0,$$
$$x^2 + y^2 + x_0^2 + y_0^2 + (z - z_0)^2 - R'^2 = a^2 + a_0^2 - R^2.$$

On tire de là

$$(4) \qquad\qquad z_0 = z,$$

$$(5) \qquad\qquad x_0 = \frac{a a_0 x}{x^2 + y^2}, \qquad y_0 = \frac{a a_0 y}{x^2 + y^2},$$

$$R'^2 = x^2 + y^2 + x_0^2 + y_0^2 - a^2 - a_0^2 + R^2 = x^2 + y^2 + \frac{a^2 a_0^2}{x^2 + y^2} - a^2 - a_0^2 + R^2.$$

Le point P_0 cherché existe donc, et le théorème est démontré : la trajectoire du point P est la biquadratique gauche, intersection d'une sphère de centre P_0 et de rayon R', et d'un cylindre de révolution d'axe $O_0 z_0$.

La relation géométrique qui existe entre les points P et P_0 *liés* (c'est-à-dire qui restent à distance constante l'un de l'autre) est remarquable. La formule (4) montre d'abord que si P varie dans un plan perpendiculaire à Oz, P_0 varie dans un plan perpendiculaire à $O_0 z_0$. On peut supposer que ces deux plans sont Oxy et $O_0 x_0 y_0$, le cas général se déduisant immédiatement de ce cas particulier par une translation parallèle à $O_0 z_0$. Alors les formules sont identiques à celles qui, dans un même plan, définissent une *inversion*, ayant l'origine pour pôle et une puissance égale à $a a_0$.

262. Mouvement $\mathcal{M}_1$ à coniques liées. — Dans l'exemple précédent, tous les points du solide S en mouvement décrivaient des lignes sphériques (on peut démontrer qu'il n'existe pas d'autre mouvement jouissant de la même propriété).

On peut se poser une question plus générale : *Recherche des mouvements $\mathcal{M}_1$ au cours desquels tous les points d'une certaine figure, faisant partie du solide mobile, décrivent des lignes sphériques.* La figure en question doit évidemment être composée de *six* points au moins, pour que le résultat présente de l'intérêt.

Le problème est très compliqué et n'a pas encore été complètement résolu. Mais on a pu obtenir, par des procédés variés, un assez grand nombre de mouvements satisfaisants. Je me contenterai ici de signaler celui qui résulte du théorème suivant :

Soient C et C' deux coniques de grandeurs invariables entre lesquelles on établit une correspondance homographique quelconque. Si, C restant fixe, on donne à C' un mouvement tel que cinq points M_i de cette

conique restent sur des sphères ayant leurs centres aux points homo-
logues M_i de C ($i = 1, 2, 3, 4, 5$), et d'ailleurs quelconques, tout point M'
de C' reste sur une sphère ayant son centre au point homologue M de C.

Pour démontrer cela, établissons d'abord un lemme relatif aux coniques.

Une conique est une courbe unicursale, et l'on peut en obtenir une représentation paramétrique en coordonnées homogènes (x, y, z) par les formules

$$\frac{x}{f(t)} = \frac{y}{g(t)} = \frac{z}{h(t)},$$

f, g, h étant des polynomes en t. Si la représentation est *propre*, c'est-à-dire si à un point de la conique ne correspond qu'une valeur du paramètre t, ces polynomes sont du second degré : en effet, une droite quelconque d'équation

$$A x + B y + C z = 0$$

rencontre la conique en deux points. Cela revient à dire que, quels que soient A, B, C, l'équation

$$A f(t) + B g(t) + C h(t) = 0$$

est du second degré en t, ce qui exige bien que f, g, h soient du second degré.

Une conique peut aussi être considérée comme enveloppe d'une droite

$$u x + v y + w z = 0.$$

Les *coordonnées tangentielles homogènes* (u, v, w) d'une tangente à la conique peuvent être représentées paramétriquement par les formules

$$\frac{u}{F(t)} = \frac{v}{G(t)} = \frac{w}{H(t)},$$

F, G, H étant des polynomes en t, et l'on voit encore que, si la représentation est propre, ces polynomes sont du second degré : en effet, la conique étant de seconde classe, il doit passer deux de ses tangentes par un point quelconque de son plan. Autrement dit, l'équation

$$x_0 F(t) + y_0 G(t) + z_0 H(t) = 0$$

doit être du second degré. quels que soient x_0, y_0, z_0. F, G, H sont
donc bien du second degré.

Soient maintenant C et Γ deux coniques dans un même plan.
Établissons une correspondance homographique entre C et Γ. Si l'on
fait une représentation paramétrique *ponctuelle* de C et *tangentielle*
de Γ, il existe une relation homographique entre les deux paramètres
introduits. Mais on ne cesse pas d'avoir une représentation propre
d'une unicursale quand on effectue une substitution homographique
sur le paramètre. On peut, grâce à cette remarque, supposer, sans
diminuer la généralité, que le même paramètre t intervient dans la
représentation de C et dans celle de Γ. Finalement, les points de C
sont donnés par les formules

$$\frac{x}{f(t)} = \frac{y}{g(t)} = \frac{z}{h(t)},$$

et les tangentes de Γ par les formules

$$\frac{u}{F(t)} = \frac{v}{G(t)} = \frac{w}{H(t)},$$

les polynomes f, g, h, F, G, H étant du second degré.

Cherchons combien il existe de points de C qui se trouvent sur les
tangentes correspondantes de Γ. Pour les obtenir, il faut résoudre
l'équation

$$u x + v y + w z = 0$$

ou

$$(1) \qquad\qquad F f + G g + H h = 0,$$

qui est du quatrième degré. Il y a donc, en général, quatre points
de C satisfaisants.

Si l'on sait *a priori* qu'il en existe cinq, c'est que l'équation (1)
se réduit à une identité. On est ainsi conduit à énoncer le lemme
suivant :

*Soient dans un même plan deux coniques C et Γ, entre lesquelles on
établit une correspondance homographique. S'il existe cinq points
de C qui se trouvent chacun sur la tangente correspondante de Γ, alors
tout point de C se trouve sur la tangente correspondante de Γ.*

Cela vu, considérons les deux coniques C et C' de l'énoncé (*fig.* 114).

Menons les cinq droites $M_i M'_i$. Elles définissent un complexe linéaire (K). Quand un point M' décrit C', son plan polaire P', passant constamment par le pôle du plan de C', enveloppe un cône G de la seconde classe, c'est-à-dire du second ordre. Soit T' la trace de ce cône sur le plan de C; la trace T du plan P' sur le même plan enveloppe Γ.

Il est clair qu'il existe une correspondance homographique entre le point M' décrivant C' et le plan P' enveloppant le cône G; entre ce plan et sa trace T enveloppant Γ. D'autre part, il existe par

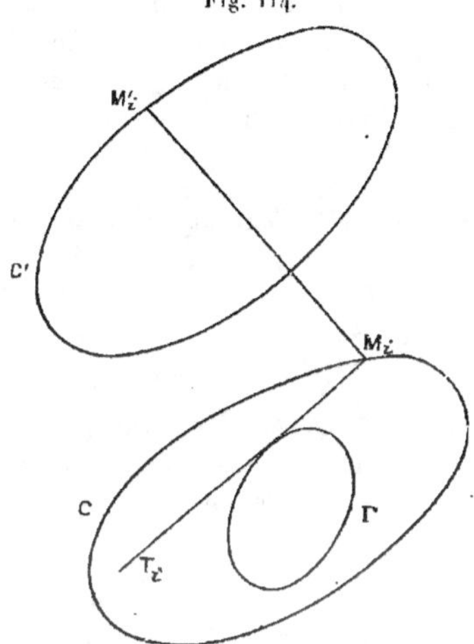

hypothèse une correspondance de même nature entre M' et M. Donc il existe une correspondance homographique entre le point M de C et la tangente T de Γ.

Quand le point M vient en M_i ($i = 1, 2, 3, 4, 5$), le point M' vient en M'_i et le plan P' contenant alors $M'_i M_i$, qui appartient à (K), sa trace T passe par M_i. Cette circonstance, se présentant cinq fois, se présentera toujours, en vertu du lemme. Ainsi, quel que soit M_i, la droite T passe par le point M. Il en est donc de même du plan P'. Par conséquent, *quel que soit le point M', la droite MM' appartient au complexe* (K).

Il suffit maintenant d'un mot pour achever la démonstration. Le complexe (K) est le complexe des normales attaché au mouvement de C′, puisque chacune des droites MM′ est normale à la trajectoire du point M′. Donc, quel que soit le point M′, la droite MM′ est normale à la trajectoire de ce point. Cette normale passant par un point fixe M, la proposition est établie.

263. Cas particuliers. — Le théorème précédent subsiste quand l'une des coniques C et C′, ou toutes les deux, se réduisent à des droites, c'est-à-dire que l'on peut *lier* une conique et une droite, ou bien deux droites, en laissant la possibilité d'un mouvement relatif. Mais, comme on a maintenant affaire à des mouvements de ponctuelles, l'énoncé doit être modifié dans chaque cas. Voici à quoi l'on aboutit :

$1°$ *Soit* (D′) *une ponctuelle dont quatre points sont assujettis à rester sur des sphères ayant leurs centres dans un même plan. Dans le mouvement* $\mathfrak{M}_1$, *ainsi défini, tout point de* (D′) *reste aussi sur une sphère. Les centres des sphères ont pour lieu une conique, sur laquelle ils correspondent homographiquement aux points de la ponctuelle.*

On appliquera aisément à ce théorème la démonstration du n° 262, avec des modifications convenables. On peut aussi imiter la démonstration donnée au n° 259, où l'on a établi un théorème qui n'est qu'un cas particulier du précédent.

$2°$ *Soit* (D′) *une ponctuelle dont trois points sont assujettis à rester sur des sphères ayant leurs centres sur une droite* D. *Dans le mouvement* $\mathfrak{M}_2$ *ainsi défini, tout point de* (D′) *décrit une sphère ayant son centre sur* D. *Les points de* (D′) *et les centres des sphères qu'ils décrivent se correspondent homographiquement.*

La démonstration directe est simple.

Soient M_i ($i = 1, 2, 3$) les points donnés de (D′) (*fig.* 115), M_i les centres des sphères correspondantes. On sait que les normales aux surfaces trajectoires des points de (D′) forment une semi-quadrique Q. Cette semi-quadrique est définie par les trois génératrices $M_i M_i$. D et D′ sont deux génératrices de la semi-quadrique complémentaire.

M' étant un point quelconque de D', la normale à la surface tra-jectoire de ce point est la génératrice de Q qui passe en M'. Cette génératrice rencontre D en un point M et l'on a, comme on sait, l'égalité entre rapports anharmoniques

$$(\mathrm{MM_1M_2M_3}) = (\mathrm{M'M'_1M'_2M'_3}),$$

d'où il résulte que le point M est fixe. Cela suffit à établir la propo-sition.

Fig. 115.

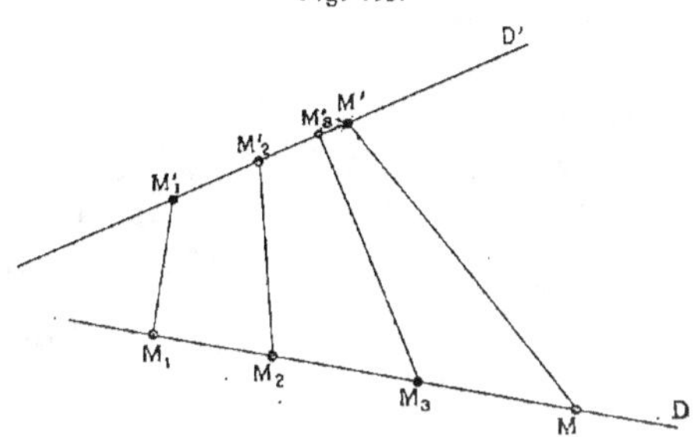

Si l'on appelle $\mathrm{M_\infty}$ le point de (D') qui correspond au point à l'infini de D, ce point décrit un plan perpendiculaire à D. Il y a de même sur D un point qui décrit un plan, dans le mouvement de (D) rela-tivement à (D').

264. **Mouvement $\mathfrak{M}_1$ tel que trois points du solide entraîné décrivent des droites.** — Comme je l'ai dit au commencement du paragraphe précédent, le problème de déterminer les mouvements $\mathfrak{M}_1$ au cours desquels tous les points d'une figure, faisant partie du solide mobile, décrivent des lignes sphériques, n'est pas complètement résolu. D'une manière plus générale on peut rechercher des mouvements $\mathfrak{M}_1$ ou $\mathfrak{M}_2$ tels que les trajectoires ou les surfaces trajectoires des points du solide mobile satisfassent à certaines conditions données *a priori*. Ces problèmes sont en général difficiles, qu'on les aborde par la méthode géométrique ou par l'analyse.

Pour donner un exemple des raisonnements qui peuvent être utiles en pareil cas, traitons la question suivante :

Déterminer un mouvement $\mathfrak{M}_1$ *tel que trois points (au moins) du solide mobile décrivent chacun une droite.*

Le nombre des conditions imposées étant de six, il n'est pas certain *a priori* qu'un tel mouvement existe (en laissant de côté le cas banal où les trois droites trajectoires sont parallèles).

Supposons qu'on ait un mouvement satisfaisant, au cours duquel trois points M_1, M_2, M_3 décrivent respectivement trois droites D_1, D_2, D_3.

Soient, avec des axes rectangulaires,

$$\frac{x - x_i}{\alpha_i} = \frac{y - y_i}{\beta_i} = \frac{z - z_i}{\gamma_i} \qquad (i = 1, 2, 3)$$

les équations de D_i, dont les cosinus directeurs sont α_i, β_i, γ_i. Les coordonnées d'un point M_i variable sur cette droite sont

$$X_i = x_i + \alpha_i \rho_i, \qquad Y_i = y_i + \beta_i \rho_i, \qquad Z_i = z_i + \gamma_i \rho_i,$$

ρ_i étant un paramètre. En écrivant que la longueur $M_i M_j$ a une valeur constante d_{ij}, on a

$$(x_i + \alpha_i \rho_i - x_j - \alpha_j \rho_j)^2 + (y_i + \beta_i \rho_i - y_j - \beta_j \rho_j)^2 + (z_i + \gamma_i \rho_i - z_j - \gamma_j \rho_j)^2 = d_{ij}^2.$$

Développons en tenant compte des relations

$$\alpha_i^2 + \beta_i^2 + \gamma_i^2 = \alpha_j^2 + \beta_j^2 + \gamma_j^2 = 1, \qquad \alpha_i \alpha_j + \beta_i \beta_j + \gamma_i \gamma_j = \cos\theta_k,$$

θ_k étant l'angle des droites D_i et D_j (l'indice k est celui des indices 1, 2, 3 qui n'est ni i ni j). Les trois équations obtenues peuvent s'écrire :

$$(1) \qquad \rho_2^2 + \rho_3^2 - 2\rho_2\rho_3 \cos\theta_1 + 2 C'_1 \rho_2 + 2 C''_1 \rho_3 - F_1 = 0,$$

$$(2) \qquad \rho_3^2 + \rho_1^2 - 2\rho_3\rho_1 \cos\theta_2 + 2 C''_2 \rho_3 + 2 C_2 \rho_1 + F_2 = 0,$$

$$(3) \qquad \rho_1^2 + \rho_2^2 - 2\rho_1\rho_2 \cos\theta_3 + 2 C_3 \rho_1 + 2 C'_3 \rho_2 + F_3 = 0,$$

C'_1, C''_1, ..., F_3 étant des constantes.

On est ramené à chercher dans quels cas les équations (1), (2), (3) ont une infinité de solutions communes en ρ_1, ρ_2, ρ_3. Si l'on considère ρ_1, ρ_2, ρ_3 comme étant des coordonnées cartésiennes, les équations dont il s'agit représentent trois cylindres (Cy_1), (Cy_2), (Cy_3), et le problème revient à reconnaître à quelles conditions ces trois cylindres ont une infinité de points communs, c'est-à-dire ont une courbe commune.

L'intersection complète des cylindres (Cy_2) et (Cy_3) ne peut être que de deux natures : ou bien c'est une biquadratique gauche, ou bien elle se décompose en deux coniques. Dans le premier cas (Cy_1) devrait appartenir au faisceau ponctuel déterminé par (Cy_2) et (Cy_3), et l'on voit que c'est impossible, l'équation (1) ne pouvant être obtenue comme combinaison linéaire des équations (2) et (3). Il faut donc que (Cy_2) et (Cy_3) se coupent suivant deux coniques *et par conséquent soient bitangents*. La même chose peut se dire des cylindres (Cy_1) et (Cy_2) et des cylindres (Cy_3) et (Cy_2). La courbe commune aux trois cylindres sera une conique.

Le cylindre (Cy_2) est parallèle à l'axe des ρ_2, le cylindre (Cy_3) est parallèle à l'axe des ρ_3. Si donc ces deux cylindres sont bitangents,

Fig. 116.

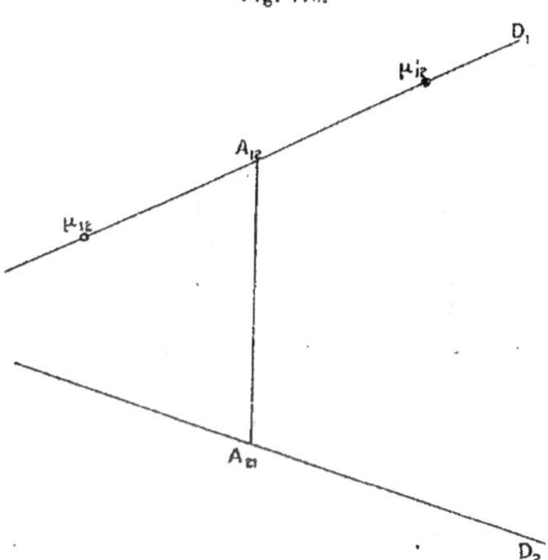

chacun de leurs plans tangents communs a une équation de la forme $\rho_1 = k_1$. En remplaçant ρ_1 par k_1 dans les équations (2) et (3), les deux équations obtenues, respectivement en ρ_3 et en ρ_2, ont chacune leurs deux racines égales. Si l'on appelle *valeurs critiques de ρ_1 relativement à ρ_2* (ou à ρ_3), les valeurs de ρ_1 telles que les deux valeurs correspondantes de ρ_2 (ou de ρ_3), définies par l'équation (2) [ou l'équation (3)] soient égales, on voit que *les valeurs critiques de ρ_1 relativement à ρ_2 sont les mêmes que les valeurs critiques de ρ_1 relati-*

vement à ρ_3. La même chose peut se répéter en permutant les indices.

Cela s'interprète géométriquement. Soit (*fig.* 115) $A_{12} A_{21}$ la perpendiculaire commune à D_1 et à D_2. Elle est bien déterminée, puisque l'on écarte le cas sans intérêt où D_1 et D_2 seraient parallèles. Cherchons sur D_1 les points M_1 *critiques relativement* à D_2, c'est-à-dire les points M_1 auxquels ne correspond sur D_2 qu'un seul point M_2 par la condition $M_1 M_2 = d_{12}$, alors qu'à un point quelconque M_1 correspondent en général deux tels points, intersections de D_2 et de la sphère (M_1, d_{12}). Si M_1 est un point critique, c'est que la sphère en question est tangente à D_2. Donc la distance du point M_1 à D_2 est égale à d_{12}. Autrement dit, les points critiques de D_1 sont à l'intersection de cette droite et du cylindre (D_2, d_{12}), d'axe D_2 et de rayon d_{12}. Il y a donc deux points critiques μ_{12} et μ'_{12}.

La droite $A_{12} A_{21}$ est axe de symétrie pour le cylindre (D_2, d_{12}) et pour la droite D_1. Les deux points μ_{12} et μ'_{12} sont donc symétriques par rapport à cette droite, et par conséquent A_{12} est le milieu du segment $\mu_{12} \mu'_{12}$.

De même, μ_{13} et μ'_{13} étant les points critiques de D_1 relativement à D_3, le milieu du segment $\mu_{13} \mu'_{13}$ est le pied A_{13} sur D_1 de la perpendiculaire commune à cette droite et à D_3. Mais le résultat obtenu plus haut, relativement aux ρ_1 critiques, se traduit ainsi : *Les points M_1 critiques relativement à D_2 sont les mêmes que les points M_1 critiques relativement à D_3.* Autrement dit, les points μ_{12} et μ'_{12} sont confondus (à l'ordre près) avec les points μ_{13} et μ'_{13}. *Il faut que le point A_{12} et le point A_{13} soient confondus, et de même, avec des notations analogues, les points A_{23} et A_{21}, les points A_{31} et A_{32}.*

Revenons aux équations (1), (2), (3). On peut encore les considérer comme représentant trois coniques G_1, G_2, G_3, appartenant respectivement aux trois plans coordonnés, et, d'après ce qui a été dit, ces coniques doivent être les projections sur ces plans d'une même conique G, commune aux trois cylindres (Cy_1), (Cy_2), (Cy_3).

Les directions asymptotiques de G_1 sont données par l'équation

$$\rho_2^2 + \rho_3^2 - 2\rho_2 \rho_3 \cos\theta_1 = (\rho_2 - \rho_3 \cos\theta_1)^2 - \rho_3^2 \sin^2\theta_1 = 0,$$

qui se décompose en

$$\rho_2 - (\cos\theta_1 + i\sin\theta_1)\rho_3 = 0 \qquad (i = \sqrt{-1}),$$
$$\rho_2 - (\cos\theta_1 - i\sin\theta_1)\rho_3 = 0.$$

ou encore

$$\rho_2 - e^{i\theta_1}\rho_3 = 0, \qquad \rho_2 - e^{-i\theta_1}\rho_3 = 0.$$

Les directions asymptotiques de G_2 et de G_3 sont données par des équations analogues.

Soit alors une direction asymptotique de G, définie par les équations

$$\frac{\rho_1}{m_1} = \frac{\rho_2}{m_2} = \frac{\rho_3}{m_3}.$$

Elle se projette sur chacun des plans coordonnées suivant l'une des directions asymptotiques de G_1, G_2 ou G_3. On a donc les relations

$$e^{\pm i\theta_1} = \frac{m_2}{m_3}, \qquad e^{\pm i\theta_2} = \frac{m_3}{m_1}, \qquad e^{\pm i\theta_3} = \frac{m_1}{m_2},$$

qui, multipliées membre à membre, donnent

$$e^{i(\pm\theta_1 \pm \theta_2 \pm \theta_3)} = 1,$$

d'où

$$\pm \theta_1 \pm \theta_2 \pm \theta_3 = \pm 2k\pi,$$

k étant un nombre entier. *Si l'on suppose les droites* D_1, D_2, D_3 *réelles, cette relation exige qu'elles soient parallèles à un même plan,* parce que la somme algébrique des faces d'un trièdre ne peut jamais être égale à $2k\pi$.

En définitive, les droites D_1, D_2, D_3 sont parallèles à un même plan et les pieds des perpendiculaires communes à ces droites, prises deux à deux, sont confondus. *Par conséquent* D_1, D_2, D_3 *rencontrent à angle droit une même droite.*

Soient alors D_1, D_2, D_3 trois droites rencontrant à angle droit une même droite. Figurons-les en projection sur un plan perpendiculaire à cette dernière droite (*fig.* 116). On a trois droites concourant en un point O.

Si un triangle de grandeur constante $M_1 M_2 M_3$ se meut de telle manière que ses sommets aient pour trajectoires, respectivement D_1, D_2, D_3, chacun de ses côtés a une projection de longueur constante sur la droite de bout (O). Ce côté étant lui-même de longueur constante fait un angle constant avec cette droite de bout, donc aussi avec le plan de la figure, donc a sur ce plan une projection de longueur constante. Ainsi le triangle $M_1 M_2 M_3$ de la figure est de grandeur constante. Les points M_1 et M_2 étant assujettis à décrire D_1 et D_2, le point M_3 décrira en général une ellipse, qui se réduira à une droite, d'après les propriétés du mouvement plan à trajectoires elliptiques (n° 247) si le point M_3 appartient au cercle $OM_1 M_2$.

On est donc parvenu à la solution complète et aussi générale que possible du problème posé : D_1, D_2, D_3 *étant trois droites qui ren-*

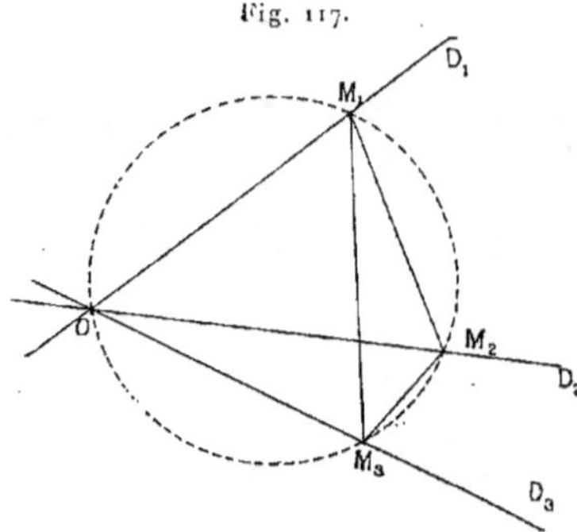

Fig. 117.

contrent à angle droit une même droite (O), *et qui sont d'ailleurs quel-conques, on marque sur ces droites leurs points de rencontre* M_1, M_2, M_3, *non situés sur* (O), *avec un cylindre de révolution* (Cy) *ayant* (O) *pour l'une de ces génératrices. Le triangle* $M_1 M_2 M_3$ *peut se mouvoir de telle manière que les trajectoires de ses sommets soient* D_1, D_2, D_3.

Il est clair que le mouvement du triangle s'obtient en le liant au cylindre (Cy) que l'on fait rouler à l'intérieur d'un cylindre (Cy$_0$) de rayon double. On a donc un cas particulier du mouvement étudié au n° 260. Tous les points de la surface de (Cy) ont des trajectoires rectilignes, rencontrant toutes (O) à angle droit.

En particulier, considérons une ellipse Γ tracée sur (Cy). On sait (n° 102) que les droites rencontrant (O) à angle droit et s'appuyant sur Γ engendrent un cylindroïde. Quand (Cy) roule à l'intérieur de (Cy$_0$), les divers points de Γ décrivent les génératrices de ce cylindroïde. Donc *le cylindroïde peut être engendré par le mouvement d'une ellipse de grandeur constante.*

NOTE I.

SUR LES SYSTÈMES DE POSITIONS.

Comme je l'ai dit au début du Chapitre III, il est possible de constituer toutes sortes de géométries en prenant comme élément fondamental un *être* de nature donnée. Si cet être dépend de *n* paramètres, on obtient ainsi une *multiplicité à n dimensions*, champ de la nouvelle géométrie.

Ainsi la géométrie ordinaire, dont l'élément fondamental est le point, a pour champ une multiplicité à 3 dimensions; de même la géométrie tangentielle, qui prend pour élément le plan. Le champ de la géométrie réglée est à 4 dimensions, et de même la *géométrie des sphères* de Sophus Lie, dont le champ est constitué par l'ensemble des sphères de l'espace. Une géométrie dont l'élément est une conique quelconque d'un plan donné a pour champ une multiplicité à 5 dimensions, etc.

MM. Study et R. de Saussure ont été conduits indépendamment à édifier une géométrie dont l'élément est la *position* que peut prendre un solide libre dans l'espace. Comme cette position dépend de 6 paramètres, on obtient ainsi une géométrie à 6 dimensions.

M. R. de Saussure donne à l'élément de cette géométrie le nom de *feuillet*. Il appelle ainsi la figure constituée par un plan, une droite tracée dans ce plan, un point appartenant à cette droite; c'est la plus simple de celles qui puissent déterminer sans ambiguïté la position d'un solide. M. Study emploie le terme de *soma* (du grec σῶμα, corps) pour désigner une position. Ces néologismes ne me paraissent pas indispensables.

Si l'on se borne à considérer les positions d'une figure variable dans un plan fixe, la multiplicité obtenue n'est qu'à 3 dimensions.

La nouvelle géométrie prend comme modèle la géométrie réglée : elle étudie les *variétés* obtenues en associant des positions dépendant de 1, 2, ... paramètres, en recherchant, dans chaque cas, les variétés les plus simples, analogues à ce que sont, en géométrie ponctuelle, la droite et le plan; en géométrie réglée, le faisceau, le système plan de droites, la congruence et le complexe linéaires.

Une exposition détaillée prendrait trop de place, et je me contenterai d'esquisser dans cette Note quelques-uns des principaux résultats obtenus. J'examinerai séparément la géométrie des positions d'une figure plane, et celle des positions d'un solide.

A. — GÉOMÉTRIE DES POSITIONS D'UNE FIGURE PLANE.

Ces positions forment, rappelons-le, une multiplicité à 3 dimensions. On y rencontre donc des variétés à 1 et à 2 paramètres.

La variété à 1 paramètre la plus simple est constituée par l'ensemble des positions qui ont un point commun. Avec M. de Saussure (dont j'emploie la terminologie dans toute cette Note), appelons *couronne* cette variété. Il y a ∞^4 couronnes.

Des couronnes particulières sont celles dont le *centre* est un point à l'infini.

La variété la plus simple à 2 paramètres est constituée par *l'ensemble des positions, symétriques d'une position fixe par rapport aux diverses droites du plan.* Appelons-la *couronoïde*. Il y a ∞^3 couronoïdes.

On démontre aisément les théorèmes suivants :

Par deux positions il passe une couronne et une seule.

Par trois positions qui n'appartiennent pas à une même couronne il passe un couronoïde et un seul.

Un couronoïde et une couronne ont en général en commun une position. Etc.

On voit que ces propositions rappellent d'une manière frappante celles qui concernent les relations entre les points, les droites et les plans de l'espace. On s'explique cette analogie de la manière suivante :

Comme il existe ∞^3 positions, il est naturel de chercher à représenter une position par un point de l'espace. Soient Π_0 une position fixe, Π une position quelconque. On peut passer de Π_0 à Π par une certaine rotation $R(1, \varphi)$. Prenons trois axes rectangulaires fixes Ox, Oy, Oz, les deux premiers étant dans le plan sur lequel glisse la figure considérée, et d'ailleurs quelconques. On conviendra de représenter la position II par le point M de coordonnées (x, y, z), (x, y, o) étant les coordonnées du point I, et z étant défini par la relation

$$z = \operatorname{cotang} \frac{\varphi}{2}.$$

On reconnaît qu'à une position II ne correspond qu'un point M (propre ou impropre), l'angle φ étant défini à 2π près, et réciproquement à un point M ne correspond qu'une position II.

Il n'est pas difficile de démontrer que *si* II *engendre une couronne, son point représentatif décrit une droite, et réciproquement; si* II *engendre un couronoïde, son point représentatif décrit un plan, et réciproquement.*

De la sorte, la géométrie des positions d'une figure plane peut être interprétée comme étant une expression nouvelle de la géométrie ponctuelle dans l'espace. D'où les théorèmes énoncés ci-dessus, et bien d'autres.

Il est clair que pour donner une généralité complète aux résultats obtenus, il faut introduire des conventions spéciales pour définir les *positions impropres,* c'est-à-dire les positions d'une figure qui s'éloigne à l'infini.

On peut rechercher quelles sont les variétés, à un ou deux paramètres, qui correspondent aux figures de l'espace les plus remarquables : coniques, surfaces réglées, développables, quadriques, etc. On obtient des résultats intéressants, sur lesquels je ne puis insister.

B. — Géométrie des positions dans l'espace.

La multiplicité considérée maintenant est à 6 dimensions. On y rencontrera donc des variétés dépendant de paramètres dont le nombre varie de 1 à 5.

Nous désignerons ces variétés sous les noms de *monosérie, bisérie, trisérie, tétrasérie, pentasérie* (¹).

(¹) Une question de langage : les puristes n'admettent pas de pareils termes dits *hybrides,* formés d'un préfixe grec et d'un radical latin. J'estime, pour mon compte, que *mono, di, tri,* ... ont acquis maintenant droit de cité dans la langue française, et qu'on peut les souder sans scrupule à n'importe quel radical. L'usage contemporain ne s'en fait pas faute (*monocle, monoplan, monoplace*).

M. de Saussure dit : *bisérie. Disérie* rend la famille plus homogène.

Pour étudier commodément la géométrie des positions, il est utile d'avoir un système de coordonnées convenable. Si l'on rapporte l'espace à un trièdre trirectangle $O_0\,x_0\,y_0\,z_0$, on fixe une position en fixant un trièdre $Oxyz$ qui lui est lié, et la première idée est de prendre pour les coordonnées de la position les coordonnées cartésiennes $(\xi,\,\eta,\,\zeta)$ du point O et trois paramètres dont dépendent les angles mutuels des axes. On prendra par exemple pour ces trois paramètres ceux d'Olinde Rodrigues (n° 235).

Nous conserverons ces paramètres, qui seront désignés ici par λ, μ, ρ, ν, de telle sorte que la première des formules du n° 235 est

$$x = \frac{\lambda^2 - \mu^2 - \nu^2 + \rho^2}{\lambda^2 + \mu^2 + \nu^2 + \rho^2}.$$

Mais, au lieu de prendre ξ, η, ζ pour les trois premières coordonnées de la position, introduisons les combinaisons

$$(1)\qquad
\begin{cases}
l = -\,\rho\xi - \nu\eta + \mu\zeta,\\
m = -\,\rho\eta - \lambda\zeta + \nu\xi.\\
n = -\,\rho\zeta - \mu\xi + \lambda\eta,\\
p = \quad \lambda\xi + \mu\eta + \nu\zeta,
\end{cases}$$

on a la relation

$$(2)\qquad l\lambda + m\mu + n\nu + p\rho = 0.$$

Réciproquement, étant donné un système de huit nombres l, m, n, p, λ, μ, ν, ρ (dont les quatre derniers ne sont pas tous nuls), satisfaisant à (2), on reconnaît qu'il leur correspond une position et une seule. En effet, les formules d'Olinde Rodrigues donnent les cosinus directeurs α, β, ..., et les équations (1), en ξ, η, ζ, qui se réduisent à trois distinctes, donnent ξ, η, ρ par les formules faciles à obtenir

$$\xi = \frac{-\,l\rho + m\nu - n\mu + p\lambda}{\lambda^2 + \mu^2 + \nu^2 + \rho^2}, \qquad \eta = \ldots, \qquad \zeta = \ldots.$$

On dira que les nombres l, m, n, p, λ, μ, ν, ρ, reliés par la relation (2), sont les *coordonnées homogènes* de la position considérée.

Si les quatre dernières coordonnées λ, μ, ν, ρ sont nulles, la position correspondante n'existe pas. On est alors conduit, pour la généralité des résultats, à définir une *position impropre* de coordonnées

$$l,\quad m,\quad n,\quad p,\quad 0,\quad 0,\quad 0,\quad 0.$$

On y parvient en considérant une position dont tous les points s'éloignent à l'infini dans une direction donnée. Je me borne à cette indication.

L'analogie des coordonnées d'une position avec les coordonnées pluckériennes d'une droite est évidente.

Cette analogie se poursuit, si l'on introduit la notion de *positions sécantes*. On sait que deux positions n'ont pas en général de point commun. Si elles en ont un, elles en ont une infinité, et l'on peut passer de l'une à l'autre par une rotation. Je dirai alors que les deux positions *se coupent*. On trouve qu'étant données deux positions Π_1 et Π_2 de coordonnées respectives

$$(l_1, m_1, n_1, p_1, \lambda_1, \mu_1, \nu_1, \rho_1) \quad \text{et} \quad (l_2, \ldots, \rho_2),$$

la condition nécessaire et suffisante pour qu'elles se coupent est donnée par la relation

$$(3) \qquad l_1 \lambda_2 + m_1 \mu_2 + n_1 \nu_2 + p_1 \rho_2 + l_2 \lambda_1 + m_2 \mu_1 + n_2 \nu_1 + p_2 \rho_1 = 0,$$

c'est-à-dire par l'évanouissement de la forme polaire du premier membre de (2). C'est la même condition que pour la rencontre de deux droites, en coordonnées plückériennes, avec deux coordonnées de plus.

Il faut naturellement examiner spécialement les cas où l'une au moins des positions Π_1 et Π_2 est impropre.

La géométrie des positions apparaît donc comme un prolongement de la géométrie réglée, et celle-ci donne un guide pour la construction de celle-là.

Ainsi, la première étude qui se présente en géométrie réglée est celle du complexe linéaire. De même, en géométrie des positions, il faut étudier tout d'abord la *pentasérie linéaire*, définie par une équation

$$(4) \qquad A\, l + B\, m + C\, n + D\, p + \alpha \lambda + \beta \mu + \gamma \nu + \delta \rho = 0,$$

où $A, B, \ldots, \delta$ sont des constantes.

Un cas particulier est celui où ces constantes satisfont à la relation

$$A \alpha + B \beta + C \gamma + D \delta = 0$$

et peuvent être considérées par conséquent comme étant les coordonnées d'une position II_0. L'équation (4) définit alors une *penta-série spéciale*, constituée par l'ensemble des positions qui coupent II_0.

Dans le cas général, on parvient à la définition géométrique suivante simple de la pentasérie linéaire : *elle est constituée par l'ensemble des positions que l'on obtient en soumettant une position fixe II_0 à tous les vissages dont la translation H et la rotation θ satisfont à l'équation*

$$\mathrm{H} \tan g \frac{\theta}{2} = k,$$

k étant une constante.

Dans l'étude approfondie de la pentasérie linéaire, on est amené à considérer la monosérie, dite *couronne*, constituée par l'ensemble des positions qui dérivent d'une position donnée par rotation autour d'un axe fixe; la disérie, dite *couronoïde*, constituée par l'ensemble des positions qui dérivent d'une position donnée par renversement autour des droites d'une gerbe; la trisérie, dite *hypercouronoïde*, constituée par l'ensemble des positions qui dérivent d'une position donnée par symétrie par rapport aux divers plans de l'espace, etc. On obtient ainsi de nombreux théorèmes qui rappellent ceux de la théorie du complexe linéaire.

En passant ensuite à l'étude des polyséries linéaires, on aboutit aux résultats suivants :

Les ∞^1 positions qui constituent une tétrasérie linéaire coupent deux positions fixes.

Les ∞^n positions qui constituent une n-série ($n = 3$, 2 ou 1) coupent ∞^{4-n} positions fixes constituant une $(4 - n)$-série linéaire.

Il existe en général deux positions qui coupent six positions données.

Les travaux de M. Study sur la géométrie des positions sont exposés dans son livre : *Geometrie der Dynamen* (Leipzig, 1903); ceux de M. de Saussure dans plusieurs écrits, entre autres, *Géométrie des feuillets* (Genève, 1906, 1909); *La Géométrie des feuillets cotés* (Genève, 1915). On peut consulter aussi *Introduction géométrique à la Mécanique rationnelle*, par Charles Cailler (Genève et Paris, 1924). Ici, je n'ai pu qu'effleurer le sujet.

NOTE II.

SUR LE MOUVEMENT A DEUX PARAMÈTRES DANS LE PLAN ET AUTOUR D'UN POINT FIXE.

Le mouvement d'un solide autour d'un point fixe se ramène à celui d'une sphère S glissant sur une sphère fixe S_0. Ces sphères sont remplacées par des plans quand le point fixe s'éloigne à l'infini.

Parlons d'abord du cas général.

La position de S dépend de trois paramètres, et si ces paramètres satisfont à une seule relation, S est animée d'un mouvement $\mathfrak{M}_2$.

On sait que tout mouvement M_1 peut s'obtenir en faisant rouler une courbe C de S sur une courbe C_0 de S_0. Donc à tout mouvement $\mathfrak{M}_1$ on peut attacher une correspondance par égalité d'arcs entre deux courbes sphériques C et C_0.

Il est naturel de rechercher si l'on peut attacher au mouvement $\mathfrak{M}_2$ une correspondance du même genre. La réponse à cette question est donnée par les résultats suivants.

S étant supposée dans une certaine position peut recevoir à partir de cette position une infinité de mouvements $\mathfrak{M}_1$ contenus dans le mouvement $\mathfrak{M}_2$ considéré. Ces mouvements sont tangents à des rotations dont les axes ont pour lieu un plan P passant par le point fixe O (cas particulier d'un théorème établi au n° 223). La perpendiculaire élevée au plan P en O perce les sphères S et S_0 en deux points dont on choisira l'un, désigné par ω si on le considère sur S et par ω_0 si on le considère sur S_0. Ce point peut être appelé *pôle instantané* du mouvement $\mathfrak{M}_2$.

Quand S prend toutes ses positions, les points ω_0 et ω couvrent les sphères S_0 et S, ou tout au moins remplissent des régions de ces deux sphères. A un point ω_0 de S_0 correspond un point ω de S. Donc à tout mouvement $\mathfrak{M}_2$ on peut attacher une correspondance ponctuelle entre deux sphères. On a le théorème suivant :

Cette correspondance a lieu par égalité d'aires ([1]).

Dans le cas particulier du $\mathfrak{M}_2$ plan, le résultat est moins simple, parce que la considération du pôle instantané fait défaut. Voici ce que l'on obtient :

Un plan P, glissant sur un plan fixe P_0, étant animé d'un mouvement $\mathfrak{M}_2$, les centres des rotations tangentes aux divers mouvements qu'il peut prendre à partir d'une de ses positions, ont pour lieu une droite que j'appellerai *droite des centres*. Je la désigne par X, considérée dans le plan P et par X_0, considérée dans le plan P_0.

En général, il existe ∞^2 droites des centres, en sorte qu'au mouvement $\mathfrak{M}_2$ on peut attacher une correspondance entre les droites X du plan P et les droites X_0 du plan P_0. Voici quelle est la propriété fondamentale de cette correspondance :

Toute courbe donnée C de P peut être considérée comme enveloppe de droites X, et les droites X_0 correspondantes enveloppent une courbe C_0 de P_0. Si C est fermée, il en est de même de C_0. *Les deux courbes fermées C et C_0 ont même longueur totale* ([2]).

Il est à remarquer que ce théorème n'est vrai que pour des courbes *fermées :* deux arcs correspondants de C et de C_0 n'ont pas même longueur, en général.

([1]) J'ai donné ce théorème dans une Note insérée aux *Comptes rendus* (1er semestre 1918, p. 734). Voir aussi mon article : *Sur le mouvement à deux paramètres autour d'un point fixe* (*Nouvelles Annales de Mathématiques*, 1925, p. 328).

([2]) *Nouvelles Annales de Mathématiques*, 1913, p. 302.

FIN.

NOTES HISTORIQUES ET BIBLIOGRAPHIQUES.

Chapitre I. — La première idée du calcul vectoriel se trouve dans le *Calcul barycentrique* de Mœbius (1826) et dans le *Calcul des équipollences* de Bellavitis (1832). Mais elle n'est pleinement développée que dans les travaux simultanés et indépendants de Hamilton et de Grassmann (1843-1844). Les *Lectures on quaternions* du premier (1853) et la *Lineale Ausdehnungslehre* du second (1844) ont, historiquement, une grande importance.

Les successeurs principaux de Hamilton et de Grassmann sont Tait, Gibbs, Heaviside.

Le calcul vectoriel peut être présenté de diverses manières, et l'accord n'est pas fait encore sur la terminologie et sur les notations. Dans cet Ouvrage, j'ai suivi de près les *Éléments de Calcul vectoriel* de C. Burali-Forti et R. Marcolongo (traduction française par S. Lattès, Paris, 1910).

Un Ouvrage français didactique a récemment paru sur le sujet : *Calcul vectoriel* de A. Chatelet et J. Kampé de Fériet (Paris, 1924). Il faut signaler aussi les *Leçons de géométrie vectorielle* de G. Bouligand (Paris, 1924). Ce dernier livre, écrit pour servir d'introduction à l'étude de la Relativité, est d'un niveau élevé.

Chapitre III. — La constitution de la Géométrie réglée est l'œuvre de Plücker (*Neue Geometrie des Raumes*, 1868). C'est lui qui a introduit dans la science les termes de *complexe* et de *congruence*.

Antérieurement à Plücker, les propriétés du complexe linéaire avaient été reconnues par Giorgini (1827), Chasles (1830), Mœbius (1830).

Pour une étude plus approfondie de la Géométrie réglée, on pourra consulter la Note de G. Fouret dans la *Géométrie du mouvement* de A. Schœnflies (traduction française par Ch. Speckel, Paris, 1893) et la *Géométrie réglée* de G. Kœnigs (Toulouse, 1893).

Chapitre IV. — Le terme de *Cinématique*. de ($\varkappa \ell \nu \eta \mu \alpha$, mouvement) est dû à Ampère (*Essai sur la philosophie des sciences*, 1814).

La théorie du déplacement fini, telle qu'elle est exposée dans ce Chapitre, résulte des travaux de plusieurs auteurs, parmi lesquels il faut citer Hamilton, Darboux, Halphen. L'assimilation à un produit du résultat de plusieurs déplacements successifs et le symbolisme qui traduit cette assimilation reposent au fond sur les idées générales introduites dans la Science par Évariste Galois.

Le théorème général d'après lequel tout déplacement est réductible à un vissage est de Giulio Mozzi (1765). Il fut retrouvé en 1830 par Chasles. Le théorème relatif au déplacement autour d'un point fixe est d'Euler (1776). Il avait été donné par d'Alembert, dans le cas d'un déplacement infiniment petit, en 1749. Quant au déplacement plan fini, c'est Chasles qui a le premier signalé explicitement l'existence du centre de rotation (1830). Le centre instantané de rotation, pour le déplacement infiniment petit, était connu depuis Jean Bernoulli (1742).

Chapitre VI. — La démonstration du n° 155 a été donnée par son auteur, M. G. Kœnigs, dans le *Bulletin des Sciences mathématiques* (t. 57, 1922, p. 198).

Coriolis a fait connaître en 1831 le théorème qui porte son nom.

Chapitre VII. — Les formes canoniques des mouvements sont dues : pour le mouvement plan, à Cauchy (1827); pour le mouvement autour d'un point fixe, à Poinsot (1851); quant au mouvement général, d'après Mannheim (*Cours de Géométrie descriptive de l'École Polytechnique*, 2ᵉ édition, p. 360), Poncelet a donné le théorème du n° 174 dans son Cours de la Faculté des Sciences.

Descartes savait déjà que lorsqu'une courbe roule sur une autre, le c. i. r. du mouvement, à un instant quelconque, est le point de contact des deux courbes. C'est en quelque sorte la réciproque de ce théorème que Cauchy a établie.

Chapitre VIII. — La construction et la formule des nᵒˢ 193 et 194 sont dues à Euler (1765). L'usage est d'attacher à la construction le nom de Savary. Mais ce savant l'a simplement vulgarisée dans son Cours de l'École Polytechnique.

La belle démonstration du n° 193 est due à M. Kœnigs (*Bulletin des Sciences mathématiques*, t. 42, 1907, p. 29).

Le théorème de Bobillier se trouve dans le *Cours de Géométrie* de cet auteur.

Chapitre IX. — Le rôle du complexe linéaire dans le mouvement d'un solide a été reconnu par Chasles (1830). L'étude des propriétés géométriques qui s'y rattachent a été reprise par Mannheim (*Principes et développements de Géométrie cinématique*, Paris, 1894).

Chapitre X. — Les théorèmes fondamentaux sur le M_2 et sur le M_3 ont été publiés par Schœnemann en 1855. Ils ont été retrouvés en 1866 par Mannheim.

Chapitre XI. — On trouvera dans l'Ouvrage de Schœnflies, cité plus haut, d'autres théorèmes relatifs aux systèmes de plusieurs positions, avec les conséquences de ces théorèmes sur les singularités des trajectoires des points d'un solide en mouvement.

Le théorème de Stephanos a été donné dans le *Bulletin de la Société philomathique de Paris*, 1881.

La configuration étudiée au n° 234 a été découverte indépendamment par F.-V. Morley (*Proceedings of the London mathematical Society*, 1898, p. 670) et J. Petersen (*Mémoires de l'Académie de Copenhague*, 1898).

Chapitre XII. — La théorie générale des épicycloïdes est due à La Hire (1694).

Le mouvement à trajectoires elliptiques (n° 247) paraît connu depuis longtemps, car le *tour ovale*, dont l'invention est attribuée à Léonard de Vinci, sur la foi de Lomazzo (1584), en est une application.

Chapitre XIII. — Le théorème du n° 258 est de Ch. Dupin.

Le mouvement du n° 259 a été découvert par Mannheim (*Comptes rendus*, t. 76, 1873, p. 635).

Le mouvement du n° 260 a été découvert par Darboux (*Comptes rendus*, t. 92, 1881, p. 118). Mannheim s'est attaché à l'étude du mouvement réciproque (*Principes et développements*, etc., p. 389).

J'ai donné les théorèmes des n°ˢ 261 et 262 aux *Comptes rendus* (t. 123, 1896, p. 939). Les cas particuliers visés au n° 263 étaient déjà connus (le premier est dû à Mannheim, le second à Darboux).

Pour la question générale des mouvements algébriques, consulter la Note III de Darboux aux *Leçons de Cinématique* de G. Kœnigs, 1895. Pour l'étude spéciale des mouvements à trajectoires sphériques, *voir* deux Mémoires, l'un de E. Borel (*Mémoires des Savants étrangers*, t. 33, 1905) et l'autre de l'Auteur (*Journal de l'École Polytechnique*, 1906).

INDEX ALPHABÉTIQUE [1].

(Les chiffres renvoient aux pages.)

---

[1] Pour les théorèmes, constructions, etc. auxquels s'attachent des noms propres, chercher à ces noms propres. Ils sont imprimés en PETITES CAPITALES.

TABLE DES MATIÈRES
DU TOME I.

LIVRE II.

DÉPLACEMENT ET MOUVEMENT.

LIVRE III.

DÉVELOPPEMENTS ET APPLICATIONS DIVERSES.

CHAPITRE XI.

Additions à la théorie du déplacement.

CHAPITRE XII.

Applications de la théorie du mouvement plan.

CHAPITRE XIII.

Applications de la théorie du mouvement d'un solide.

FIN DE LA TABLE DES MATIÈRES

PARIS. — IMPRIMERIE GAUTHIER-VILLARS ET Cie,

75431   Quai des Grands-Augustins, 55.